# 煤岩界面动态感知技术及识别方法

张 强　王海舰　著

U0226162

科学出版社

北京

# 内 容 简 介

煤岩界面的动态感知与识别技术是一门集信号检测、数据处理和多源信息融合于一体的煤矿开采领域专业技术。本书系统、深入地介绍煤岩界面感知与识别的基本原理、系统组成与识别方法，详细阐述综采工作面煤岩界面轨迹的预先感知与精准识别关键技术。全书分为7章，包括绪论、采煤机煤岩截割特征信号分析、煤岩截割特征信号提取与识别、基于D-S证据理论的煤岩界面动态识别、非接触式主动热激励煤岩红外感知、基于主动激励红外图像的煤岩界面识别技术，以及结论与技术创新。

本书可供煤炭开采领域的工程技术人员及研究人员学习参考，也可作为高等院校和科研院所中机械电子工程、采矿工程、安全工程等专业高年级本科生的专业参考书籍。

**图书在版编目（CIP）数据**

煤岩界面动态感知技术及识别方法 / 张强，王海舰著. —北京：科学出版社，2023.3

ISBN 978-7-03-073479-2

Ⅰ. ①煤… Ⅱ. ①张… ②王… Ⅲ. ①煤岩－研究 Ⅳ. ①P618.11

中国版本图书馆 CIP 数据核字（2022）第 193437 号

责任编辑：张　庆　霍明亮 / 责任校对：王萌萌
责任印制：吴兆东 / 封面设计：无极书装

科学出版社 出版
北京东黄城根北街 16 号
邮政编码：100717
http://www.sciencep.com
北京中科印刷有限公司 印刷
科学出版社发行　各地新华书店经销

\*

2023 年 3 月第　一　版　开本：720 × 1000　1/16
2023 年 3 月第一次印刷　印张：15
字数：302 000
定价：138.00 元
（如有印装质量问题，我社负责调换）

# 作者简介

张强，男，1980 年生，辽宁岫岩人，博士（博士后），教授，博士生导师，山东科技大学机械电子工程学院院长；辽宁省"百千万人才工程"百人层次，山东省泰山学者青年专家，辽宁省青年科技奖获得者，孙越崎能源科学技术奖获得者；担任煤炭工业技术委员会煤矿智能化与新技术专家委员会委员、中国煤炭工业协会设备管理分会理事、中国煤炭学会青年专家委员会委员、山东省机械工程学会常务理事等职，以及《煤炭学报》科学编辑、《中国矿业大学学报》《煤炭科学技术》《山东科技大学学报（自然科学版）》编委；主持国家自然科学基金项目 4 项、省部级课题 12 项、企事业委托课题 40 余项；出版学术专著 1 部；以第一作者/通讯作者发表 SCI 论文 22 篇、EI 论文 35 篇，入选 F5000 学术论文 2 篇；以第一发明人申报及获批国家发明专利 42 项、国际专利 12 项、国际 PCT 专利 15 项；获山东省科技进步奖、中国煤炭工业科学技术奖等多项省部级奖项（一等奖 6 项、二等奖 12 项）；作为主要起草人完成国家能源行业技术标准 6 项；研究方向：煤矿智能化技术、难采煤岩高效破碎技术、煤矿设备可靠性及寿命预测技术。

王海舰，男，1987 年生，辽宁铁岭人，博士，副教授，硕士生导师，桂林电子科技大学机电工程学院院长助理；主要从事矿山自动化、智能化监测及高效开采领域的研究；主持和参与国家级、省部级科研项目 5 项，发表国内外高水平学术论文 40 余篇，其中 SCI 论文 8 篇（一区 Top 期刊 2 篇），EI 论文 6 篇，入选 F5000 学术论文 2 篇；获辽宁省科技进步奖、中国循环经济协会科学技术奖、中国商业联合会科学技术奖、广西机械工程学会科学技术进步奖等省部级科技奖励多项（一等奖 1 项、二等奖 5 项、三等奖 8 项）；申报及获批国家发明专利 40 余项，获批实用新型专利 22 项，获批国家软件著作权 19 项。

# 前　言

随着煤炭开采环境、工况日益复杂，采面易出现随机走向的岩石层。采煤机一旦截割到岩石层，开采进度和效率将大受影响。煤岩识别是实现综采工作面采煤机自动化调高及自动化开采的关键技术。而传统人为识别及调高控制受采面高浓度粉尘及截割噪声影响严重，识别结果及调高效果不理想；采煤机截割过程中多特征信号提取与识别受现场环境干扰严重，不易辨识真实的截割工况；截齿截割硬岩过程中能耗过大、截齿损耗严重、效率降低，同时影响采煤机整机稳定性；截割硬岩过程中产生火花和瞬时高温，易发生粉尘或瓦斯爆炸，严重威胁工作人员的生命安全。因此，实现煤岩界面的动态感知与识别是推动无人化"井下机器人"智能开采、最大程度降低井下作业人员数量、保证安全高效开采的关键，同时也满足"中国制造 2025"发展的迫切需求。

本书作者根据多年从事煤岩界面感知识别方向的研究和实践经验，从多传感信息融合和主动激励红外感知两个角度深入剖析综采工作面的煤岩界面识别机理。利用煤岩开采过程中的多截割信号表征，结合最小模糊熵理论、PSO 算法和 D-S 证据理论研究构建煤岩界面的多传感信息融合识别模型；通过采集煤岩介质主动激励作用下的红外图像信息，考虑多影响因素参数对煤岩界面识别精度的影响，研究基于主动激励红外图像的煤岩界面预先感知与精准识别方法。

本书第 1 章、第 5 章和第 6 章由山东科技大学机械电子工程学院张强教授编写，第 2 章、第 3 章、第 4 章和第 7 章由桂林电子科技大学机电工程学院王海舰副教授编写。特别感谢国家自然科学基金项目"采煤机煤岩界面多传感融合的偏好动态识别研究"（5177041303）、"基于雷达预探与截割反馈的采煤机煤岩界面精细化建模方法研究"（U1810119）、"基于振动/声发射多源特性分析与融合的截齿状态识别研究"（51804151）、"低照度环境下多路卷积神经网络的煤岩界面多光谱识别"（52174144）、"坚硬煤层高压注水预裂与截割协同开采及过程调控研究"（52174120），感谢国家重点研发计划课题"掘进工作面高精度智能感知与数字孪生系统研究"（2020YFB1314001）、"面向冲击地压矿井防冲钻孔机器人"子课题 2 "钻进系统运行状态监测与全自主运行控制"（2020YFB1314202），感谢山东省泰山学者培养资助项目（tsqn201909113）、山西省重点自然基金项目"采煤机视觉重构与截割反馈的多信息煤岩界面精准辨识理论研究"（201901D111007），感谢广西自然科学基金项目"煤岩界面主动红外感知识别及采煤机智能调高控制关键技术研究"（桂科 AD18281051）、"煤岩界面预先感知识别及采煤机智能截割控制机理研究"（2018GXNSFAA294081），以及广西制造系统与先进制造技术重点实验室基金项目"煤岩界面预先感知识别及采煤机智能预测调高控制机理研究"（17-259-05-001Z）对本书相关研究的支持。

　　由于作者水平有限，书中不足之处在所难免，恳请读者和相关专家批评指正。

张 强<br>2022 年 6 月

# 目　录

# 第1章 绪 论

中国作为煤炭大国，煤炭存储量和年煤炭产量均居世界前列[1, 2]。煤炭作为中国的主要能源，既是主要的燃料，也是重要的工业原料。20 世纪 80 年代，中国提出能源工业的成长和建设要以电力为中心，以煤炭为根基。近年来，中国经济的快速发展，对煤炭能源的需求也不断增大，世界主要国家煤炭储量占比如图 1.1 所示。2020 年世界各国的煤炭总产量约为 74.38 亿 t，而仅仅中国一个国家的煤炭产量就达到 38.4 亿 t，煤炭消费量高达 49.8 亿 t，其产量和消费量均占世界煤炭总产量和消费量的一半以上。而在中国能源消费结构中，煤炭的消费比重更是高达64%，远远超过全世界 30%的煤炭消费平均水平。

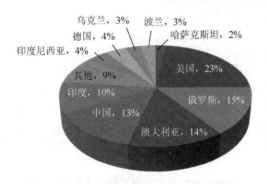

图 1.1 世界主要国家煤炭储量占比

中国的煤炭资源分布面广。在全国 2800 多个县中，1200 多个县具有预测储量，从煤炭资源分布地区来看，华北地区最多，占全国保有储量的 49.25%；其次为西北地区，占全国的 30.39%；之后依次为西南地区，占 8.64%，华东地区，占5.69%，中南地区，占 3.06%，东北地区，占 2.97%。中国煤炭资源分布范围广泛，地质条件错综复杂，导致煤矿安全问题一直是制约煤矿开采效率和影响煤炭产量的首要难题。

2004~2020 年全国煤矿死亡人数及百万吨死亡率如图 1.2 所示。2004 年，全国煤矿死亡 6027 人，百万吨死亡率为 3.08；随着新技术的引进和安全操作规范的形成，年煤矿死亡人数和百万吨死亡率总体是下降趋势。2009 年，全国煤矿死亡 2630 人，百万吨死亡率为 0.892；2019 年，全国煤矿死亡 316 人，百万吨死亡率为 0.083。2020 年，全国煤矿死亡 225 人，百万吨死亡率为 0.058。2021 年，全国煤矿死亡 503 人，百万吨死亡率为 0.044。虽然年煤矿死亡人数和百万吨死亡率呈逐年递减趋势，但与发达国家相比，在年煤矿死亡人数和百万吨死亡率控制上仍存在相当大的差距，煤炭开采行业在中国仍然属于高危行业。

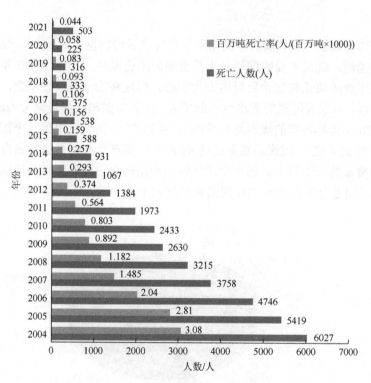

图 1.2　2004～2020 年全国煤矿死亡人数及百万吨死亡率

　　综采工作面作为煤炭开采的主要区域，其空间狭窄、重型机械装备多、噪声大、粉尘浓度较高，是煤矿事故的高发地带，容易发生粉尘爆炸、局部冒顶、大面积切顶、垮面等事故[3-5]，造成严重的人员伤亡和财产损失。因此，提高综采工作面机械设备的自动化、智能化水平，最大限度地降低工作面开采作业的人数，是煤矿开采亟须解决的问题。

## 1.1　煤岩识别研究现状

　　煤岩界面快速、准确识别是实现采煤机智能调高控制、综采工作面自动化、智能化的主要阻碍之一。在现有的采煤机滚筒调高控制方法中，记忆存储截割技术是目前少数国家采用的调高控制技术，其主流仍是采用手动操作，即依靠现场采煤机操作人员的视觉观察和截割噪声来判断当前采煤机滚筒的截割介质情况。然而在实际截割过程中，工作面中会产生大量粉尘，如图 1.3 所示，粉尘显著地降低能见度，且采煤机械自身产生很大的噪声，现场工作人员很难及时、准确地判断出滚筒当前的截割状态[6]。尤其是在薄煤层工作面上，现场操作人员行走不便，很难及时地对滚筒的截割高度进行调节，此时一旦遇到岩层，滚筒常常会截割进入岩石，造成截齿的严重磨损[7-9]，如图 1.4 所示。截割岩石产生的粉尘既影响现场操作人员的身体健康，又遮挡工作视线；如果矿井中瓦斯浓度较高，岩石截割过程中产生的火花易引发爆炸等恶性事故[10-14]；如果振动非常剧烈，则会引起大面积的顶岩崩塌，顶岩的大量崩落会使岩石混入原煤中，造成原煤质量下降；如果滚筒调高控制不当会造成留煤过厚，降低回采率[15-17]。

(a)          (b)

图 1.3 采煤机截割工况及综采面粉尘特征

(a) 正常磨损    (b) 齿体早期磨损    (c) 合金头单面磨损    (d) 完全磨损

图 1.4 不同磨损程度截齿

　　近年来，随着中国煤炭资源作业环境趋于复杂，岩石断层或煤岩层走向突变等情况经常出现，传统记忆截割法已不能满足智能化开采的需求[18]，同时，恶劣的开采条件加剧了采煤装备振动与损坏，甚至产生截割高温，从而导致瓦斯爆炸等事故。基于目前的采矿技术水平，减少煤炭开采工作面的作业人员，实现无人化"井下机器人"智能开采是保障煤炭安全开采的关键，也是"中国制造 2025"发展的迫切需求。一方面，煤岩截割特征信号受环境因素干扰不易辨识、煤中含矸量过高界面辨识困难；另一方面采煤机截割岩石能耗高、截割过程中截齿损耗严重，降低采煤机的可靠性。因此，深入研究煤岩截割特征与界面识别方法具有重要的理论和现实意义。

　　（1）煤岩界面识别是实现综采工作面自动化、无人化开采的先决条件。目前，综采工作面采煤机的牵引速度已基本实现了自动化控制，而采煤机滚筒高度的调节、控制大部分还停留在人工手动控制的阶段，煤岩界面识别是实现采煤机自动调高控制的关键技术。国家"十三五"规划明确提出了"井下无人机器人"的重要发展战略，煤岩界面识别的研究对实现国家"十三五"重大战略目标，加快推动井下自动化、智能化和无人化开采进程具有深远的意义，同时也符合中国以人为本、走可持续发展的原则。因此，煤岩界面识别是实现综采工作面自动化、无人化开采的先决条件。

　　（2）煤岩界面识别是实现煤炭高效开采，高质输出的重要保证。综采工作面作业环境复杂，煤岩趋势走向错综复杂，经常出现岩石断层或煤岩层走向突变等情况，因此在实际截割过程中采煤机驾驶员很难判断采煤机截割煤岩的实时状态，造成原煤中夹杂大量截割破碎的岩石，显著地降低原煤的质量与热值。煤岩界面识别能够实时、动态地反映煤岩界面的分布状态，使采煤机具有自动追踪煤岩界面截割的能力，最大限度保证煤炭输出率，实现煤炭的高效、高质量开采。

　　（3）煤岩界面识别是实现采煤机低能耗、延长采煤机使用寿命的必要前提。采煤机滚筒在截割岩石过程中与岩石产生剧烈碰撞和摩擦，会加速截齿的磨损，缩短截齿的使用寿命。同时，当采煤机由截煤突然过渡到截岩状态时，截割负载与整机振动都大幅度增加，进而增大采煤机的能量消耗，降低采煤机整机的可靠性。煤岩界面识别技术能够实现采煤机滚筒有效地避开岩层截割，降低采煤机的截割能耗和截齿的磨损程度，对煤炭工业的可持续发展有很大的促进作用。

　　煤岩界面的快速、准确识别一直以来都是影响采煤机智能化的首要难题。国外对于煤岩识别技术的研究比较早，自 19 世纪 60 年代起，国外针对煤岩界面识别领域就开始进行了研究。1966 年，英国首先提出采用具有辐射特性的煤岩自然 γ 射线（natural gamma radiation，NGR）传感器法。通过在顶煤下方安装人工放射源和放射性探测器，采用放射性探测器来探测人工放射源放出的与顶煤发生作用后的 γ 射线[19-21]。该 γ 射线的强度与顶煤的厚度有关，该方法相对适用于高瓦斯煤矿，但该方法受采煤工艺的限制，即要求预留一定厚度的顶煤，且顶、底板围岩必须同时具有放射性元素，很大程度降低了煤炭的输出率，且适用性较差。50%的英国矿井及 90%的美国矿井采用了这一技术，而在中国适用此方法的矿井仅有20%，因而这种方法在中国的推广使用具有很大的局限性。

1980 年，英国与美国合作提出了一种自然 γ 射线法，其原理是根据顶、底板岩石中钾、砷、铀三大系放射性元素含量的差异而导致放射出的 γ 射线能量和强度的不同来判断煤层的厚度。自然 γ 射线法具有无放射源、便于管理、探测范围比较大及传感器不易损坏等优点。但自然 γ 射线法不适用于顶板无放射性元素、放射性元素含量较低或煤层中夹矸太多的开采工况。

到了 20 世纪 80 年代，英国、美国开始致力于研究基于截割力响应的煤岩识别方法，其原理是根据煤岩截割过程中截齿所受的截割阻力不同来判断煤层的厚度。基于截割力响应的煤岩识别方法不受采煤工艺的限制，通过采集截割过程中摇臂的振动信号、截齿的应力信号、电流信号及调高油缸压力信号等对采煤机的截割状态进行识别。美国麻省理工学院采矿系统改造中心于 1985 年研制了一台截齿振动监测样机系统。采用实时监测方法发现截齿的振动随煤岩层性质的变化而变化，但采煤机在截割过程中，滚筒一直处于连续旋转状态，信号不易传输，此后该项研究一直处于停滞状态。

煤层界面红外线探测装置根据煤岩对温度的敏感程度，采用热成像红外摄像机探测开采煤层和邻近岩层的温度变化，当视频探测装置发现煤层或岩层的温度出现变化后，即发出报警信号。红外探测技术是近年来重点研究的煤岩界面识别技术。美国矿业局与美国匹兹堡研究中心针对这一技术展开了大量研究，分别开发了无源红外煤岩界面探测系统与煤层界面红外线探测装置，但到目前为止尚未见到成熟的产品问世。

美国 JOY 公司应用角位移传感器、倾角传感器等开发了记忆切割方法，如图 1.5 所示。通过拾取采煤机沿工作面第一次截割的相应数据，传输到数据采集与控制系统进行分析、处理，确定采煤机的截割路径，后续采煤机均以此路径为准进行截割。但由于综采面煤岩走向错综复杂，记忆截割方法无法处理岩石走向突变等特殊工况。

国内针对煤岩界面识别与自动调高控制技术的研究相对较晚。20 世纪 80 年代末，我国才开始采用自然 γ 射线法对煤岩进行识别。中国矿业大学通过现场实验分析了自然 γ 射线穿透顶煤后的衰减规律，并针对屏蔽尺寸对 γ 射线探测的影响状况进行了深入研究，为自然 γ 射线传感器的设计奠定了重要的理论基础。

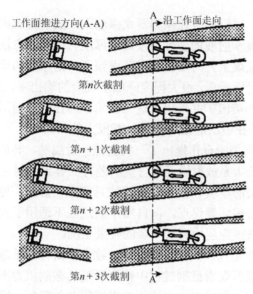

图 1.5　记忆截割方法

　　陈延康等[22]根据采煤机截割过程中截割力的响应变化，对煤岩的分界进行区分和辨识，同时设计开发记忆截割程序对识别到的煤岩分界面进行有效跟踪，通过对当前煤岩截割工况的截割力进行逐点对比，采用 MFIC 软件分析滚筒当前的垂直位置以便进行后续的记忆截割控制。该成果为我国实现煤矿自动化开采提供了重要的技术支撑。

　　为了实现井下机器人式自动化、无人化和智能化开采，提高采煤机的开采效率，近年来，随着科学技术水平不断提高，国内外专家学者针对煤岩界面识别方法进行了大量深入的研究，其研究的切入点主要包括以下四方面内容：一是煤岩截割特性的识别理论研究；二是煤岩物理特征的识别理论研究；三是煤岩识别实验及信号提取方法研究；四是多信息融合的智能辨识理论研究。

### 1. 煤岩截割特性的识别理论研究

　　煤岩截割特性是实现煤岩识别的重要方法。在煤岩截割过程中，煤岩反作用于采煤机，采煤机的电流、功率、转矩、扭矩、振动等参数也发生变化，这些参数可直接反映出当前采煤机的截割介质。

　　Muro 等[23, 24]通过实验分析，确定截割速度与比能耗之间具有双曲线关系；Tiryaki 和 Cagatay[25]对煤岩性能和比能耗之间的关系进行深入研究，发现煤岩的截割比能耗与抗压强度呈线性变化关系。

　　刘芮葭等[26]根据刨煤机刨刀截割煤岩阻力谱及截割机理，辨识出刨头破碎煤岩所受的截割阻力，提出了基于单刨刀截割阻力、刨刀截割规律及运行参数来确定刨头瞬时截割阻力的方法，构建了刨头截割阻力理论与实验的综合模型，给出了截割阻力模型算法。薛光辉等[27]采用测振记录仪获取煤、矸石和顶板岩石垮落时液压支架后尾梁与后部刮板输送机的振动信号时域指标，采用统计学分析其方差、偏度和峭度指标对工况变化的敏感性，发现峭度指标最为敏感，并以此作为综放工作面煤岩性状识别的评判依据。Wang 等[28]利用液压支架尾梁的振动信号，对放顶煤岩界面识别进行了研究。采用小波包变换对振动信号进行处理，提出了一种基于小波包能量谱的放顶煤煤岩界面识别的新方法。Liu 等[29]提出了一种基于希尔伯特谱信息熵的振动特征提取方法，采用经验模态分解将原始振动信号分解为固有模态函数，采用希尔伯特变换计算所选择的固有模态函数的瞬时频率和振幅，在时间-频率域提供了一种新的希尔伯特谱，发现放顶煤希尔伯特谱分布比煤、矸石崩落分布更均匀。郝志勇等[30]采用销轴传感器对采煤机不同截割工况下的摇臂惰轮轴载荷进行测试，得到惰轮轴 $Z$ 向和 $Y$ 向的实时载荷曲线，为采煤机煤岩界面识别提供有效的数据支持。田立勇等[31]通过分析采煤机截割不同煤岩介质时惰轮轴的受力，建立采煤机截割路线的智能预测系统，实现采煤机截割轨迹的实时修正。张翠平等[32]提出了一种基于声音识别的新型煤岩识别技术，根据截割过程中噪声信号的强弱实现煤岩判定。Xue 等[33]基于声压数据的时域指标根据物理学与煤岩体力学参数的差异，初步探讨了煤岩特征的识别和表征方法，提出了采用声压数据的方差时域特征实现煤岩界面的识别与分析。Zhang 等[34]提出了一种基于堆叠稀疏自动编码器的煤岩识别方法，采用加速度传感器测试放顶煤时的振动信号，并将振动信号转换成固有模态函数来实现特征提取，并将其作为输入，训练整个深层网络的权值并搜索全局最优解，识别精度较高。刘俊利等[35]提出了一种利用采煤机滚筒截割振动信号来进行煤岩界面辅助识别的方法。丛晓妍等[36]根据截割煤和矸石过程中的振动信号在频域内的差异特征，采用经验模态分解方法，对差异最大信号进行重新合成和滤波，提高了煤岩界面的识别精度。王水生[37]采用三向振动传感器测试采煤机滚筒截割煤岩时的振动信号，提取、分析煤岩截割过程中的振动信号变化特征，对截割过程中的煤岩介质进行有效识别。张强等[38]对采煤机截齿截割煤岩过程中的红外热成像特性与瞬态闪温差异进行研究，截齿截割煤岩过程中在齿尖一侧均产生突兀的点状闪温区，截岩时高温区范围与闪温瞬态峰值明显大于截煤过程，且采煤机牵引速度及滚筒转速的变化对截齿的温度场及闪温峰值均有明显的影响，如图1.6 和图1.7 所示。硬度系数 $f$ 分别取 3.2 和5.5 的情况下，牵引速度和滚筒转速越大，截齿截割煤岩时温度场的最高温度越高，两者的峰值差越大，实验分析结果为实现煤岩界面动态识别提供了重要的理论及数值依据。

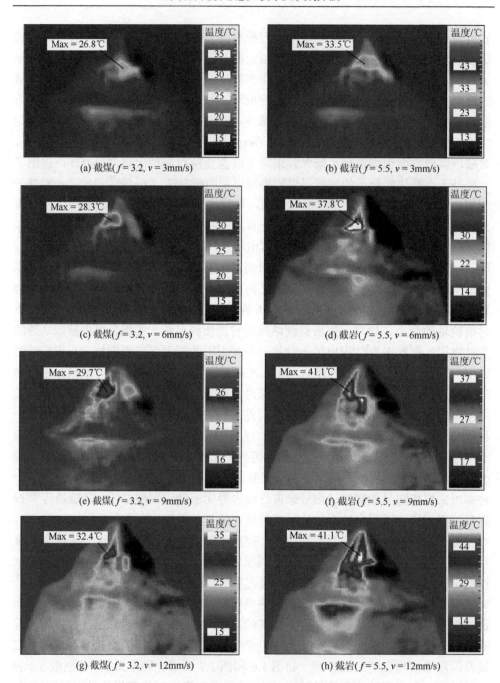

(a) 截煤($f$ = 3.2, $v$ = 3mm/s)　　　　　　　　(b) 截岩($f$ = 5.5, $v$ = 3mm/s)

(c) 截煤($f$ = 3.2, $v$ = 6mm/s)　　　　　　　　(d) 截岩($f$ = 5.5, $v$ = 6mm/s)

(e) 截煤($f$ = 3.2, $v$ = 9mm/s)　　　　　　　　(f) 截岩($f$ = 5.5, $v$ = 9mm/s)

(g) 截煤($f$ = 3.2, $v$ = 12mm/s)　　　　　　　　(h) 截岩($f$ = 5.5, $v$ = 12mm/s)

图 1.6　不同牵引速度截割条件下截齿红外热成像图

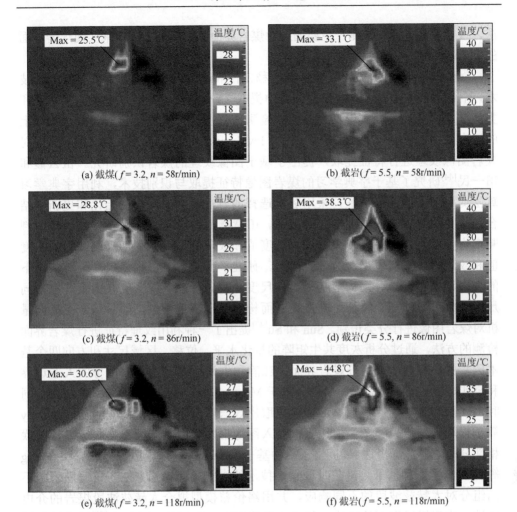

(a) 截煤(f = 3.2, n = 58r/min)  (b) 截岩(f = 5.5, n = 58r/min)

(c) 截煤(f = 3.2, n = 86r/min)  (d) 截岩(f = 5.5, n = 86r/min)

(e) 截煤(f = 3.2, n = 118r/min)  (f) 截岩(f = 5.5, n = 118r/min)

图 1.7 不同滚筒转速截割条件下截齿红外热成像图

  杨桢等[39,40]通过测试和提取复合煤岩体受载破裂过程中的红外热成像图，分析内部红外温度场的变化规律，得到煤、顶底板砂岩的内部红外辐射温度与应变、应力均呈较强线性正相关关系。Okan 和 Nuri[41]采用离散元法模拟分析岩石的截割过程，用颗粒流程序（particle flow code，PFC）3D 存储截齿截割过程中的受力情况，通过对比理论结果与实验结果和调查模型之间的关系并进行回归分析，结果表明模拟与实验和理论研究有很强的相关性。

### 2. 煤岩物理特征的识别理论研究

通过煤岩的物理特征来反映当前截割的煤岩介质情况是近年来普遍采用的方

法，该方法属于无损检测，主要通过对煤岩界面的图像处理分析来实现煤岩界面的分析和判别。

　　Sun 和 Su[42]基于煤岩纹理特征的稳定性和不均匀性，采用数字图像分析技术，利用灰度共生矩阵，从煤岩图像中提取 22 个纹理特征，基于类间平均差和类内散度可分性判据实现煤岩界面的检测与识别。章华等[43]根据煤岩在纹理上的巨大差别，利用灰度共生矩阵（gray level concurrence matrix，GLCM）分别对煤岩图像纹理进行特征提取，提出了基于图像纹理的煤岩识别研究。伍云霞和田一民[44]研究了基于字典学习的煤岩图像特征提取与识别技术，利用字典学习算法提取煤岩的图像特征，采用随机选择的方法对字典进行初始化和更新，结合分类算法对煤岩图像进行分类识别。田慧卿和魏忠义[45]应用图像处理技术判断煤岩界面及煤层厚度，根据煤岩灰度值和纹理的不同，分别提取煤岩的灰度值和纹理特征来实现煤岩的有效识别。孙继平和佘杰[46]根据多尺度分解情况下的煤岩图像特征，分别构造基于不同尺度分解条件、不同灰度共生矩阵和不同尺度分解系数的三个特征子向量，进而构造纹理特征向量，最后结合支持向量机对煤岩图像进行分类识别。Sun 和 Su[47]提出了一种利用纹理特征进行煤岩界面检测的方法，通过分析灰度共生矩阵的量化水平、位移、区域尺寸和方向四个基本因素的集群突出来区分煤岩界面。江静和朱元忠[48]利用煤岩图像的人造边界和真实边界进行仿真，提出了一种基于 Mean shift 算法的煤岩分界识别方案。同时，江静和张雪松[49]运用小波变换提取出煤岩图像中大尺度特征，利用 Canny 算子提取出二值聚类图像的边缘，引入图像形态学中的腐蚀与膨胀运算，关联相邻分段边界并平滑边界，提出了一种基于 K-means 的煤岩边界提取算法。Wang 等[50]提出了一种基于太赫兹时域光谱技术的煤岩界面识别方法，根据煤岩中不同组分对太赫兹波段的不同响应，并用洛伦兹模型拟合太赫兹波段煤岩的介电特性，实现煤岩界面的快速、稳定和准确识别。张万枝和王增才[51]根据煤岩图像分析煤岩纹理差异，提出了一种基于视觉技术的煤岩特征分析与识别方法。田子建等[52]根据灰度共生矩阵理论，设计了一种基于机器视觉的煤岩界面识别系统，通过提取煤岩图像的纹理特征，采用增 $l$ 减 $r$ 法对特征进行优选，最后构建基于线性函数判别法的煤岩分类器模型。Xue 等[53]提出了一种基于图像灰度分布和灰度平均值的煤岩特征识别方法，采用剪切、灰度变换、对比度增强、中值滤波等方法对综放面煤岩崩落的原始图像进行处理，抽取煤岩图像信号的灰度直方图并计算灰度，实现对煤岩特征的有效识别。黄韶杰和刘建功[54]依据煤与岩石的性状差异，结合数字图像处理技术，应用高斯混合模型，建立基于高斯混合聚类算法的煤岩识别模型。王昕等[55]采用探地雷达方法进行煤岩界面探测，建立了煤岩界面的分层介质模型，结合雷达方程分析了雷达波在该模型中的散射规律，提出了煤岩界面雷达回波强度计算方法。李亮等[56]利用探地雷达技术进行煤岩界面探测，分别对煤岩界面的雷达静态图像和动态图像进行了分析与处理，结合静态与动态测试数据实现煤岩界面探测。

3. 煤岩识别实验及信号提取方法研究

由于煤矿井下开采工况复杂，现场截割过程中的特征信号提取实现相对困难，因此，众多专家学者普遍开展实验室煤岩截割实验及特征信号的测试与提取。

汪玉凤等[57]通过分析放顶煤时的声波种类、数量和环境特点，采用含噪的超完备独立分量分析方法成功分离放顶煤过程中产生的煤岩混合声波信号。Scholz[58]根据声发射 S 波的初次振铃间的时差，利用六个声发射探头监测单轴压缩条件下的岩石声发射事件，用最小二乘法拟合声发射源实现定位。李力等[59]采用改进 S 变换方法对煤岩界面的超声反射回波信号进行处理，实现混叠回波的有效分离，获得较准确的超声波煤岩界面反射回波的到达时间，为煤岩界面的识别提供了重要的理论基础。王大勇和王慧[60]采用有限元模拟方法模拟动态截割过程，针对煤岩性质对截割载荷的影响进行研究，分析不同性质的煤岩对截割载荷的影响，推导出三向力与坚固性系数之间的关系。Zhang 等[61]通过对煤岩截割过程中的低频信号进行重构，并对不同硬度煤岩的振动信号进行功率谱仿真，获取煤岩截割过程中振动信号的差异。Sahoo 和 Mazid[62]开发了一种安装于采煤机上的光触觉传感器，可对顶板和底板的煤岩界面进行识别，同时可实现对煤、石灰石及砂岩的有效区分。他们以采煤机调高油缸压力信号为特征信号，提取特征信号的均方差为特征变量，提出了一种煤岩分界模式识别方法，证明该方法对识别煤岩分界是有效的。煤岩分界模式识别系统结构图如图 1.8 所示。

图 1.8　煤岩分界模式识别系统结构图

蔡卫民等[63]通过建立煤岩截割实验台，采集采煤机割煤状态下的实验数据并进行分析处理。吴立新等[64]运用 RFPA2D 模拟非连续断层的应力及声发射场，通过红外辐射实验结果，对比、分析其温度-应力-声发射的多场耦合关系。赵毅鑫等[65, 66]通过开展具有冲击倾向性煤岩的单轴压缩实验，研究分析煤岩破裂过程中声的热效应，得到煤岩破坏过程中的声热特征及破坏前的异常信息，同时根据煤岩的声发射-红外辐射特征，得到"煤-围岩"系统的破坏失稳规律。苗金丽等[67]在煤岩及花岗岩的单轴压缩实验过程中，连续监测其红外图像及声发射信号，研究发现岩石材料的破坏过程是从局部破坏到整体破坏的。李国良[68]综合采用物理模拟实验与数值模拟方法，分析了隧道岩石受力破坏过程中的声发射、红外温度及应力应变的耦合关系和时空演化规律。梁鹏等[69]采用实验方法测试和提取岩石破裂过程中的声发射与红外辐射特征，发现两者的变化规律与力学的阶段性变化有良好的同步性。Ralston 和 Strange[70]提出了一种基于红外热传感器的煤岩界面识别方法，通过热红外传感器自动采集采煤机相对于煤层的垂直高度，实现采煤机的自动调高控制。马立强等[71]利用红外测温仪实时测量煤岩体孔内的温度来得到其内部的温度变化特征，对煤和泥岩试件进行单轴加载红外观测实验，分析其受压过程中红外辐射温度的时空演化特征。王昕等[72]采用太赫兹时域光谱技术对煤岩介质进行了测试，对基于平面煤层模型的煤岩介质吸收系数、折射率、复介电常数和复电导率等物理参数随频率变化的关系进行了研究，发现在太赫兹频带，岩壁的反射特性、电磁波的勘探能力及其在井下的传播特性将发生较大改变。

### 4. 多信息融合的智能辨识理论研究

随着信息技术的快速发展，多信息融合理论和方法被广泛应用到煤岩识别技术中。

梁义维和熊诗波[73]针对煤岩界面识别精度无法满足采煤机自动调高的问题，采用神经网络融合工作面的三边信息，使用 Dempster-Shafer（以下简称 D-S）证据理论将此信息和不断获得的煤岩界面识别信息进行二次融合，实现煤岩界面的在线融合和预测。Xu 等[74]提出了一种基于 Mel 频率倒谱系数（Mel frequency cepstral coefficient，MFCC）和神经网络的新方法，通过对放顶煤过程中声信号的噪声分离和独立成分分析，提取其煤岩的 MFCC 特征并通过反向传播（back propagation，BP）神经网络对煤岩界面进行识别。杨健健等[75]利用多传感信息融合的模糊集合隶属度函数，采用加权平均法求解隶属度作为煤岩性状截割硬度因子判别煤岩性状的依据。刘俊利[76]采用自适应模糊神经网络推理系统将采煤机工作状态信息进行融合，构建了多信息融合的煤岩识别模型。Lei 等[77]采用并行拟牛顿算法神经网络和 D-S 证据理论，提出了一种智能多传感器数据融合识别方法，通过分析 6 种截割工况的振动加速和电流信号，采用融合算法实现截割工况的有效识别。Nan 和 Li[78]通过将 Kullback Leibler（以下简称 K-L）信息距离函数替换为冲突系数，解决 D-S 证据理论信息融合问题的约束和冲突，从而实现多源信息的特征识别聚集和合成规则的应用约束，获得正常的合成优化的收敛结果。王冷[79]以模糊神经网络算法作为系统的核心算法，提取采煤机滚筒截割煤壁时振动、阻力矩和电机电流等信号，通过模糊神经网络算法进行网络训练，最终得到基于神经网络信息融合的采煤机煤岩识别模型。张强等[80]提出了一种基于模糊神经网络的多传感器信息融合煤岩识别方法，通过实验数据采集和分析得到不同截煤比截面截割过程中的振动、电流和声功率谱信号特征样本，采用基于自适应神经模糊系统构建的多维模糊神经网络实现多传感器信息的决策融合，实现煤岩界面的有效识别。宋庆军等[81]采用多传感器信息融合技术构建参数化模型，分析放顶煤过程中各阶本征模函数（intrinsic mode function，IMF）分量的总能量、经验模态分解（empirical mode decomposition，EMD）能量熵和峭度，确定其与煤、矸石含量的关系，实现煤、矸石的分类识别。对于煤岩分界面为水平 0.25m 处、均匀分割的煤岩试件，采用不同信号的煤岩识别截割界面对比如图 1.9 所示。

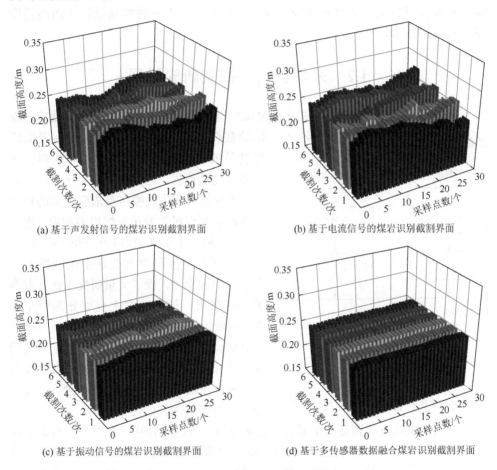

(a) 基于声发射信号的煤岩识别截割界面

(b) 基于电流信号的煤岩识别截割界面

(c) 基于振动信号的煤岩识别截割界面

(d) 基于多传感器数据融合煤岩识别截割界面

图 1.9 不同信号的煤岩识别截割界面对比

通过对煤岩界面识别方法及技术的国内外发展现状的分析和研究可以看出，目前针对煤岩识别的几种方法均存在不同程度的不足及有待研究之处：采用图像处理技术对煤岩界面的差异进行识别，虽然通过不断改进算法能够实现煤岩界面的精确识别，但其方法适用于理想环境状态下，未考虑煤岩截割过程中的实际工况，如采面的采光条件、截割时巷道内浓密的粉尘和采煤机自身的降尘水雾均会对图像的采集和识别造成巨大困难，甚至难以辨识。而根据煤岩截割过程中反映出来的单一截割特性进行煤岩界面的识别，识别精度较低，误差范围较大，虽然不断采用优化算法及信号处理方法提高其识别精度，但单一信号条件下煤岩界面的识别仍远不能满足实际的识别精度需求。多信息融合技术在煤岩界面识别技术方面的应用虽然一定程度上提高了煤岩界面识别的精度，但融合结果仅限于对当前截割工况为全煤、全岩或半煤半岩的分类识别，未实现煤岩界面真正意义上的精确识别。因此，目前尚未有一种实现煤岩界面高精度识别的成熟技术。

## 1.2　采煤机调高控制研究进展

采煤机滚筒自动调高技术是实现采煤机自动化、无人化开采的关键技术，原始的截煤方式主要根据截割过程中采煤机驾驶员的视觉和听觉来判定当前截割的介质是煤还是硬岩，但实际开采工作面环境复杂，各种设备产生的噪声及浓度较大的粉尘严重影响采煤机驾驶员对煤岩的判定，误判率较高。近几十年来，国内外一些生产单位、科研院所的专家和学者在这个领域投入了大量人力和物力，做了大量研究工作，取得了一定成果。这些研究主要可分为两个方向，即应用直接调高方法和间接调高方法进行滚筒调高[82, 83]。图 1.10 分别给出了直接调高方法和间接调高方法的原理流程图，体现了两种方法的各自组成与工作原理，以及所涵盖的各环节之间的内在联系。

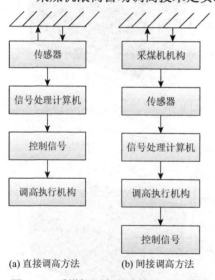

(a) 直接调高方法　　(b) 间接调高方法

图 1.10　采煤机调高方法的原理流程图

实现采煤机自动调高的重要前提是实现煤岩界面的识别，即首先要有识别煤岩界面的传感装置。20 世纪 60 年代，最早的滚筒垂直导向系统是利用核子传感器来测量顶煤厚度的，放射源向顶板煤层发出放射性同位素，装在探测器内的探测元件接收从顶板反射回来的同位素，根据探测到的同位素量便可计算出顶煤厚，工业性实验于 1966 年在英国南约克郡的“巴拜”矿进行，由于一些技术上的问题，实验后来被迫中止，但相关的研究工作并未中断，到 20 世纪 70 年代初，实验又重新在“巴拜”矿进行。1976 年，装备了自动调高系统的采煤机在 M25S 工作面进行截割，之后应用自然 γ 射线探测器和微处理器的“7000 系统”随即问世，该系统通过探测煤层顶板岩石中一些天然放射性物质所发出的 γ 射线量来确定顶煤厚度。到了 20 世纪 80 年代初，英国研发出功能更全、更实用的"多元智能发展测评系统（multiple intelligences developmental assessment scales，MIDAS）"，MIDAS 也采取自然 γ 射线传感技术，它在"7000 系统"的基础上增加了一些数据监测和处理功能，MIDAS 装备到采煤机上后，不仅可对采煤机进行自动调高，而且可对采煤机的运行状况进行监控。到了 20 世纪 80 年代末，英国已有三种自动调高系统在应用，即安德森公司的 MIDAS、杰弗里·戴蒙德（Jeffrey Diamond）公司的 DIAM（decentralized ID and access management）系统和采矿设备公司的 MS（mining supplies）系统。

联邦德国在 20 世纪 80 年代中期，曾研制出基于记忆截割技术的采煤机调高系统[84]，该系统中采煤机根据事先给定的滚筒目标轨迹曲线进行自适应跟踪，同时该系统可采用人工干预的自动化操纵模式，如图 1.11 所示。目前该系统已在美国等生产的采煤机上得到较为成熟的应用，如 JOY 7LS6、Eickhof SL500 和 DBTEL3000 型采煤机。

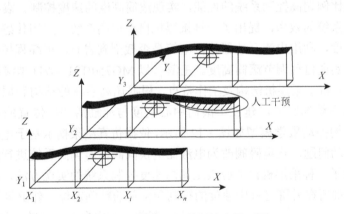

图 1.11　采煤机记忆截割技术原理图

1987 年，英国的斯科钦斯基矿业学院与矿山机械设备科学公司形成的联合工作小组在分析 γ 射线工作原理之后，又研制出一种新的煤层厚度测量系统，并在英国的一些煤矿中局部地得到试用。

1994 年，雷玉勇等[85]提出了一种基于液压振动测试和频谱分析的调高系统，该系统通过分析调高系统中的压力变化规律来间接地识别煤岩界面，并进一步进行了理论研究和计算机模拟仿真。

梁文林[86]针对调高系统结构进行设计改制，去掉不必要部件，改内置式为外部管路控制，对于 MG250/571WD 型采煤机调高系统的设计改制具有可行性，减少了调高系统故障和维修检修的工作量。曾庆良等[87]针对调高系统中调高油缸行程较大的情况，利用 AMESim 软件建立了采煤机调高系统机液协同仿真模型，实现液压系统与机械系统的耦合。苏秀平和李威[88]深入分析了采煤机调高系统的等效负载，建立了调高系统等效负载数学模型，为调高系统的设计、改进和控制提供了依据。权国通等[89]采用模糊自适应 PID（proportion integral differential）算法对采煤机调高系统进行了仿真研究。樊启高等[90]提出了一种利用灰色马尔可夫组合模型的采煤机自适应记忆截割策略，提高了滚筒截割高度的控制精度。折力兵[91]从采煤机自动调高系统的技术和相关研究理论出发，总结了采煤机自动控制技术的要点，对采煤机的自动化发展提供一定的参考意义。高永新和张新鑫[92]针对采煤自动调高的电液比例控制，建立了调高液压缸的数学模型，采用 MATLAB 中的 Simulink 仿真模块对设计的采煤机控制器进行仿真分析，给定阶跃信号和正弦信号，采用模糊 PID 控制策略设计了采煤机自动调高控制器。曹鹏等[93]根据采煤机滚筒调高机构，在机械系统动力学自动分析（automatic dynamic analysis of mechanical systems，ADAMS）中建立了动力学模型，同时在 AMESim 软件中建立液压系统模型，实现滚筒调高过程的匀速和变速调节，验证了角位移测量的电液比例调高控制系统的性能，实现滚筒高度的速度控制。袁小鹤等[94]为了改善调高系统的效率，提出了一种采煤机自动调高系统，采用传感器检测采煤机滚筒的高度，利用电流互感器检测滚筒是否截割到岩石，可编程控制器根据检测到的数据实现自动调节滚筒高度。王滨[95]以 MG750/1910-WD 型滚筒采煤机为研究对象，分析了采煤机结构及工作特点，根据调高系统的结构和原理，分析了负载对液压系统的影响，建立了滚筒中心高度与油缸活塞杆位置的数学关系，构建调高机构振动数学模型如图 1.12 所示，依据仿真结果揭示基于电磁阀调高系统存在的波动问题，将电磁阀改为电液比例换向阀，对调高系统进行改进。张岩军等[96]提出了一种采煤机自适应液压调高速度控制系统的实现方法，该方法能够解决采煤机摇臂在升降过程中速度的控制和位置的精确定位。郭卫等[97]研究记忆

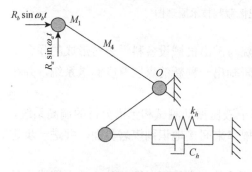

图 1.12　调高机构振动数学模型

截割过程中自动调高的实现及完善，通过分析比较几种不同的控制策略来选择最佳的采煤机滚筒调高控制策略，并用 MATLAB 进行仿真验证结果的可行性。季瑞等[98]针对单一的采煤机记忆切割技术不适合中国复杂地质条件的情况，提出了一种以记忆切割为主、截割负载煤岩分界辨识为辅的采煤机滚筒自动调高的液压控制方法，在自动跟踪采煤机记忆切割路径的基础上能够有效地识别出滚筒切割到岩石时的异常状态，并对滚筒高度做自动液压调节，能

够满足复杂地质条件下采煤机滚筒自动调高的控制要求。张扬[99]针对采煤机滚筒自动调高存在的技术难题和单纯采用记忆调高的局限性，采取以记忆调高为主，预见控制和模糊控制为辅的综合控制方法实现采煤机滚筒的自动调高。钟立雯[100]针对采煤机调高系统的非线性、延时性等特性，设计了基于极限学习机的 PID 控制策略，并利用 MATLAB 中的 Simulink 软件对截割轨迹进行跟踪控制，给出误差曲线。朱宁[101]进行了相应的记忆截割自动调高实验，并依次记录首刀截割轨迹曲线上的离散点信息，预测后面的截割轨迹的路径，通过误差分析证明了神经网络控制策略的合理性及控制方法的正确性，从而在实验系统中实现了采煤机第二刀及后续各刀截割轨迹的自动预测和自动调高的截割操作。王光耀[102]针对某型薄煤层采煤机，根据相似理论建立了模型与原型间相似参数的相似准则，对液压泵站关键元部件进行计算选型，设计集成阀块和液压油箱组件，将各部件集成为液压站。在设计完成了所有功能模块后，综合考虑稳定性、机身振动、截割侧向力等因素，将功能模块整合完成实验装置整机设计[102]。徐二宝[103]针对 MG300-W 型采煤机的调高液压系统进行电液比例改造，使用电磁比例方向阀替换现有调高液压系统中使用的开关式换向阀，对改造后的调高系统进行了仿真分析。曹鹏[104]以 WG750/1830-WD型采煤机为例，通过建立采煤机系统的虚拟样机，分别进行了 AMESim-ADAMS 机液联合仿真及 MATLAB 的 Simulink 仿真，最终比较分析得出调高系统的响应时间，基于该响应时间对记忆截割的调高控制策略进行了优化改进，并对不同工况进行了仿真分析，给出了不同工况下的调高控制策略。曾庆良等[105]基于传统的记忆截割法，结合采煤机的振动信号和截割电机电流信号，建立了基于虚拟仪器的采煤机信号检测系统，搭建了基于虚拟仪器的采煤机自动调高硬件系统。李晓豁等[106]利用预测控制的理论和方法，建立了基于预测控制的采煤机截割滚筒自动调高系统，该系统通过历史数据对煤岩界面进行预测，实时调节调高油缸的位移，使采煤机的截割滚筒实时跟随煤岩界面。耿秀明[107]基于自动化控制的采煤机滚筒调高策略，建立了采煤机调高系统的闭环传递函数，得到了采煤机滚筒调高系统的状态空间方程，通过对采煤机滚筒调高系统中调高控制器进行设计，引入了滑模变结构控制器，得到了采煤机滚筒调高系统的滑移面切换函数。毛君等[108]分析了采煤机自动调高的依据条件，建立了采煤机调高系统的数学模型，得到了采煤机调高系统的控制变量，采用自适应模糊滑模变结构控制策略，设计了采煤机自动调高控制器。王瑞军[109]分析探讨了采煤机记忆程控的原理，并就采煤机记忆程控滚筒调高控制措施进行了全面论述。李文华等[110]在稳定的控制系统下，建立仿真模型，给系统输入实际开采情况的三向力和三向力矩，比较无控制下、PID控制下、模糊 PID 控制下的输出曲线。薄翔斌[111]对采煤机调高系统进行改造，将原调高系统由电液控制，改为手动、电液联合控制，使得手动、电液控制既相互联系，又相对独立，改造后，显著地提高了采煤机调高系统的可靠性。武文超[112]

以自然 γ 射线煤层识别传感模型为基础，对基于单片机的采煤滚筒自动调控系统进行了分析，并制定了调高方案，构建了理想化控制模型，实际应用效果较理想。耿晋杰[113]通过对 MG300/700-WD 型采煤机调高系统进行有效的改造，使采煤机在开采过程中正常运行得到保障，提高了效率，具有使用寿命长、经济效益好、可操作性强等优点，从而实现煤矿的高效开采。李美颐[114]在 ADAMS 软件中对调高系统进行运动学及动力学仿真，并对仿真结果进行了误差分析，验证了采煤机调高系统模型的正确性，采用 Fatigue 软件对系统连接处的销和套进行疲劳分析，进一步验证了零件结构的合理性。陈小龙等[115]针对采煤机调高系统一旦出现故障，采煤机必须停机检修，影响煤矿生产效率的问题，设计了采煤机双调高系统，降低了液压系统的故障率，提高采煤机开机率。程文亮和吕德瑾[116]针对 MG400/930-GWD 型采煤机负载敏感调高系统进行总体设计，主要包括对负载敏感变量柱塞泵和负载敏感比例多路阀进行选型设计。张艳军和李孝宇[117]针对双滚筒采煤机单泵调高液压系统在使用中的不足，采用 Automation Studio 软件对滚筒调高过程进行仿真。设计采用中位机能是 M 形换向阀采煤机单泵液压调高系统，可以克服 H 形换向阀的缺陷[117]。

# 1.3　特征信号提取与识别理论

## 1.3.1　信号时域分析

无论从实际采煤机截割过程中采集的信号还是从采煤机相似模型上采集的信号，均属于随机信号，所以其变化过程难以用确定的时间函数来描述，也不能准确地重现，因此从信号本身难以直接判断出采煤机的截割状态，这就需要对采集的数据进行分析和处理。而使用不同的分析技术对信号的特征提取产生不同的结果，因此采取有效的特征信号提取与分析方法对课题的进行十分重要，也是实现煤岩界面识别的关键一步。

时域分析是信号特征的基本识别方法。时域分析直接利用时域信号进行分析并给出结果，是最简单、最直接的分析方法，特别是信号中明显含有简谐成分、周期成分或瞬态脉冲成分时比较有效。时域分析主要包括概率分析法、时域同步平均法、相关函数分析法。

时域分析的统计参量纲分为有量纲型幅值特征参数和无量纲型特征参数。有量纲型幅值特征参数用来描述机械的状态，与机械的运动参数密切相关，峰值、方根幅值、均值、均方幅值和峰值等均为有量纲型幅值特征参数。其时域指标定义为

$$x_d = \begin{cases} x_r = \left[ \dfrac{1}{T} \int_0^T \sqrt{|x(t)|}\,dt \right]^2 \\[3mm] \bar{x} = \dfrac{1}{T} \int_0^T |x(t)|\,dt \\[3mm] x_{rms} = \left[ \dfrac{1}{T} \int_0^T x^2(t)\,dt \right]^{\frac{1}{2}} \\[3mm] x_p = E[\max|x(t)|] \end{cases} \qquad (1.1)$$

式中，$x_r$ 表示方根幅值；$\bar{x}$ 表示均值；$x_{rms}$ 表示均方幅值；$x_p$ 表示峰值。

无量纲型特征参数对机械工况的变化并不敏感,主要用来反映振动信号的强度,因此可以用来较好地实现参数的评价。无量纲型特征参数指标包括波形指标、峰值指标、脉冲指标、裕度指标和峭度指标等。无量纲型特征参数一般定义为

$$\zeta_x = \frac{\left[ \int_{-\infty}^{+\infty} |x|^k\ p(x)\,dx \right]^{\frac{1}{k}}}{\left[ \int_{-\infty}^{+\infty} |x|^l\ p(x)\,dx \right]^{\frac{1}{l}}} \qquad (1.2)$$

根据一般定义,无量纲型特征参数时域指标如表 1.1 所示。

**表 1.1 无量纲型特征参数时域指标**

| 指标 | $k$ 值 | $l$ 值 | 定义 | 敏感性 | 稳定性 |
|------|--------|--------|------|--------|--------|
| 波形指标 | 2 | 1 | $K = \dfrac{x_{rms}}{x}$ | 差 | 优 |
| 峰值指标 | $\to \infty$ | 2 | $c = \dfrac{x_p}{x_{rms}}$ | 中 | 中 |
| 脉冲指标 | $\to \infty$ | 1 | $I = \dfrac{x_p}{x}$ | 良 | 中 |
| 裕度指标 | $\to \infty$ | 1/2 | $L = \dfrac{x_p}{x_r}$ | 优 | 中 |
| 峭度指标 | — | — | $K = \dfrac{\alpha_4}{\sigma_x^4}$ | 优 | 差 |

## 1.3.2 信号的频域分析

信号的频域分析是把信号的幅值、相位或能量变换用频率坐标轴来表示,进而分析其频率特性的一种分析方法,又称为频谱分析。对信号进行频谱分析可以

获得更多有用信息，如求得动态信号中的各个频率成分和频率分布范围，求出各个频率成分的幅值分布和能量分布，从而得到主要幅度和能量分布的频率值。频域分析是信号分析中常用的一种方法，它借助傅里叶变换将时域信号转换到频域中，然后根据信号的频率分布特征和变化趋势来判断识别类型。频谱分析采用快速傅里叶变换（fast Fourier transformation，FFT）构建时间域与频率域之间的关系，能够提供比时域波形更加直观的特征信息。其变换的结果是得到以频率为变量的函数。

信号包括模拟信号与数字信号。进行频谱分析时，对于模拟信号，首先对其进行抽样，使其离散化，然后利用离散傅里叶变换或者快速傅里叶变换，最后对其幅度和相位的图像进行分析。对于数字信号，则可直接进行离散傅里叶变换或快速傅里叶变换。

此外，周期性信号的频谱分析方法利用傅里叶级数展开得到离散频谱，而非周期信号的频谱采用傅里叶变换方法获得，即

$$X(f) = \int_{-\infty}^{+\infty} x(t) \mathrm{e}^{-\mathrm{j}2\pi ft} \mathrm{d}t \tag{1.3}$$

式中，$x(t)$ 表示一般的确定性非周期信号；$X(f)$ 表示傅里叶变换后的频谱。

## 1.3.3 信号小波包分析

### 1. 小波分析

小波分析具有多分辨分析的特点，可以根据需要调整时间与频率分辨率，摆脱了短时傅里叶变换分辨率单一的局限性。小波变换在信号的高频部分具有较低的频率分辨率和较高的时间分辨率。在信号的低频部分具有较低的时间分辨率和较高的频率分辨率。

小波分析是一种适合于非平稳信号的信号处理方法。由于傅里叶变换是一种整体变换，即对信号的表征不是完全在时域，就是完全在频域。对于时变的非平稳信号，往往希望得到信号频谱随时间的变化情况，即信号的时频表示，显然傅里叶变换具有局限性。

对于基本函数 $\psi(t)$：

$$\psi_{a,b}(t) = \frac{1}{\sqrt{a}} \psi\left(\frac{t-b}{a}\right) \tag{1.4}$$

式中，$a$、$b$ 为常数，$a > 0$。$\psi_{a,b}(t)$ 是由基函数 $\psi(t)$ 先做平移再做伸缩后得到的。如果 $a$、$b$ 不断变化，则可得到一簇函数 $\psi_{a,b}(t)$。若 $x(t) \in L^2(R)$，则 $x(t)$ 的小波变换定义为

$$\text{WT}_x(a,b) = \frac{1}{\sqrt{a}} \int x(t) \psi^* \left( \frac{t-b}{a} \right) \mathrm{d}t = \int x(t) \psi^*_{a,b}(t) \mathrm{d}t = \langle x(t), \psi^*_{a,b}(t) \rangle \qquad (1.5)$$

式中，$a$、$b$ 和 $t$ 均是连续的变量，所以又称式（1.5）为连续小波变换；函数 $\psi(t)$ 为母小波，簇函数 $\psi_{a,b}(t)$ 称为小波函数基；信号 $x(t)$ 的小波变换 $\text{WT}_x(a,b)$ 是 $a$、$b$ 的函数，$b$ 是时移因子，$a$ 是尺度因子。

2. 小波包分析

小波变换的多分辨分析可实现对信号的有效时频分解，但由于尺度函数为二进制变化，因此对于高频带的频率分辨率较差。

多分辨分析是根据尺度因子的差异将空间分解为子空间的和。其分解空间为

$$L^2(R) = \underset{j \in \mathbf{Z}}{\oplus} W_j \qquad (1.6)$$

式中，$W_j$ 表示小波函数的子空间。

本节对小波子空间按照二进制分数进行频率细分来提高频率的分辨率，采用一个新的子空间来统一表征尺度空间 $V_j$ 和小波子空间 $W_j$，令 $U_j^0 = V_j$，$U_j^1 = W_j$，$j \in \mathbf{Z}$，则 $V_{j+1} = V_j \oplus W_j$ 的正交分解统一表示为

$$U_{j+1}^0 = U_j^0 \oplus U_j^1, \quad j \in \mathbf{Z} \qquad (1.7)$$

用空间 $U_j^n$、$U_j^{2n}$ 分别表示函数 $u_n(y)$ 和 $u_{2n}(y)$ 的子空间，且 $u_n(y)$ 满足双尺度方程：

$$\begin{cases} u_{2n}(y) = \sum_{k \in \mathbf{Z}} h_k u_n(2y-k) \\ u_{2n+1}(y) = \sum_{k \in \mathbf{Z}} g_k u_n(2y-k) \end{cases} \qquad (1.8)$$

式中，$g_k = (-1)^k h_{1-k}$，两系数存在正交关系，当 $n$ 为 0 时，可得

$$\begin{cases} u_0(y) = \sum_{k \in \mathbf{Z}} h_k u_0(2y-k), \quad \{h_k\} \in l^2 \\ u_1(y) = \sum_{k \in \mathbf{Z}} g_k u_0(2y-k), \quad \{g_k\} \in l^2 \end{cases} \qquad (1.9)$$

结合式（1.8）与式（1.9）可得

$$U_{j+1}^n = U_j^{2n} \oplus U_j^{2n+1}, \quad j \in \mathbf{Z} \text{ 且 } n \in \mathbf{Z}_+ \qquad (1.10)$$

1）小波包的分解

式（1.8）与式（1.9）中的序列 $u_n(y)$ 表示由 $\varphi(y) = u_0(y)$ 确定的小波包，则由 $\{d_l^{j+1,n}\}$ 求解 $\{d_l^{j,2n}\}$ 和 $\{d_l^{j,2n+1}\}$：

$$\begin{cases} d_l^{j,2n} = \sum_k h_{k-2l} d_k^{j+1,n} \\ d_l^{j,2n+1} = \sum_k g_{k-2l} d_k^{j+1,n} \end{cases} \qquad (1.11)$$

小波包的树形分解如图 1.13 所示。

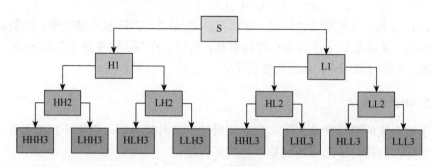

图 1.13　小波包的树形分解

图 1.13 所示的小波包分析关系为

S = HHH3 + LHH3 + HLH3 + LLH3 + HHL3 + LHL3 + HLL3 + LLL3

可以看出，小波包分解是一种更加精细的信号分析方法，实现频带的多层次划分，进一步分解多分辨分析没进行细分的高频部分，能够自适应地根据被分析的信号特征选择相应频带，保证其与信号频谱的一致性，显著地提高时频的分辨率。

2）小波包的重构

由 $\{d_l^{j,2n}\}$ 和 $\{d_l^{j,2n+1}\}$ 实现 $\{d_l^{j+1,n}\}$ 的求解：

$$d_l^{j+1,n} = \sum_k (h_{l-2k} d_k^{j,2n} + g_{l-2k} d_k^{j,2n+1}) \qquad (1.12)$$

小波包经过 $n$ 层小波包分解后得到 $2n$ 个小波包，小波包经过 $n$ 层重构后，将其时域分辨率提高到原来的精度。由于小波包采用的是正交分解方法，信号分解重构后的信息量与原信号相同，因此采用小波包对采集到的采煤机截割特征信号进行处理和分析具有明显的优势。

## 1.4　多信息融合识别理论

信息融合又称为数据融合，是基于一定的融合结构，对多传感特征信息进行阶梯状、多层次的处理过程，包括相关、识别和评估等多项功能，是信息科学领域内部的一项高新技术，在信息化时代里处于特别重要的地位。信息融合技术作为一种自动化信息综合处理技术，早期主要用于雷达识别目标领域，此后，随着研究的深入和应用领域的不断扩大，信息融合技术被进一步应用到声呐信号识别系统中。到了现阶段，无论在现代防御系统中还是在现代工业生产和管理系统中，信息融合技术都已成为不可或缺的重要技术。

目前，信息融合的方法可归纳总结为四种，第一种方法是以估计理论为基础的基于模型的信息融合方法，如加权最小二乘法、极大似然方法、卡尔曼滤波、维纳滤波和小波变换滤波等。第二种方法是以统计理论为基础的基于统计理论的信息融合方法，包括贝叶斯推理、D-S推理等方法。第三种方法是以产生式规则为理论基础的基于知识的人工智能方法，通过符号形式来表示物体的特征及相应传感器信息之间的关系。第四种方法是基于信息理论的融合方法，这种方法以信息理论为基础，通过对信息的高智能化处理来实现信息的有效融合，包括聚类分析方法和自适应神经网络方法等。

多传感信息融合系统是基于信息融合模型和信息融合算法的系统，其融合模型主要包括数据层融合、特征层融合和决策层融合，不同信息融合层次及融合策略结构模型如图 1.14 所示。

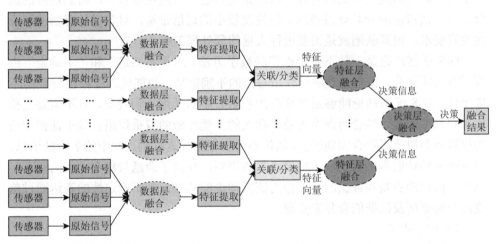

图 1.14　不同信息融合层次及融合策略结构模型

### 1. 数据层融合

数据层融合作为最低层次的融合，主要实现对传感器采集到的原始数据进行融合，也称为传感器级别的信息融合。数据层融合通常采用集中式融合体系实现融合处理过程，在多传感器的原始测试数据未经处理和分析之前就进行数据融合分析。数据层融合虽然保证了数据的原始性、丰富性和融合结果的精确性，但在融合过程中通信量和计算量较大，而且由于各类传感器之间需要同质或者相同等级的精度，因此大量的测试数据需要进行预处理，进一步增加了计算量和工作量。

### 2. 特征层融合

特征层融合属于中等层次的融合，通常采用分布式或集中式融合体系，对经过进一步分析、处理后的传感器特征信息进行融合。特征层融合既实现了数据信息的有效压缩，便于数据的实时处理，又保证了足够数量的特征信息，并且由于所提取的特征信息直接影响其分析决策结果，因而其融合结果能够最大限度地保证分析决策所需的特征信度。但是，由于特征信息的压缩，融合系统不可避免地损失一定量的特征信息，其精确性有所下降，且特征层融合对传感器的预处理能力和精度都有十分严格的要求。

### 3. 决策层融合

决策层融合是综合多种类型传感器的分析判定进行最终的推理和决策，采用不同类型传感器监测同一目标，每类传感器各自完成基本数据信息的处理，包括预处理、特征抽取、识别或判决等，建立不同类型传感器角度下对监测目标的初级结论，之后通过关联处理对各初级结论进行进一步的决策融合，得到最终的融合结果。决策层融合具有很强的灵活性及较小的通信带宽，对各类传感器的同质性没有要求，但其缺陷就是需要进行大量的预处理工作。

D-S 证据理论是一种不确定推理的数学方法，对"不知道"和"不确定"进行了有效的区分，既能处理随机性所导致的不确定性，也能处理模糊性导致的不确定性。D-S 证据理论能够通过证据的积累，不断地缩小假设集，且不需要先验概率和概率密度，综合考虑客观数据和人的主观经验的双重作用。基于证据理论的煤岩界面决策级融合识别研究，其核心旨在根据煤岩截割过程中的多特征信息，在贝叶斯估计的基础上实现了信度函数的更新，找到了命题与集合之间的联系，以信度函数的更新和证据的合并作为证据理论的基础，其不确定性的表达通过信度函数的更新及证据的合并来实现。

#### 1）识别框架

在证据理论中，所有可能的命题集构成的集合称为系统的识别框架，若定义 $\Theta$ 为系统的识别框架，$\Theta$ 的幂集 $2^{\Theta}$ 表示所有可能的命题集，即 $\Theta = \{\theta_1, \theta_2, \cdots, \theta_n\}$，每一个 $\theta_i (i = 1, 2, \cdots, n)$ 称为 $\Theta$ 的一个命题子集。

识别框架 $\Theta$ 的构建依赖于我们的认知程度和已有的经验知识，识别框架通常为非空的有限集合，所有证据理论中的概念和函数都是以识别框架为基础的，同样，证据的组合规则也是以同一识别框架为前提的。

#### 2）基本概率赋值函数

在识别框架 $\Theta$ 中，基本概率赋值函数 $m$ 表示集合 $2^{\Theta}$ 到[0, 1]的映射，$A$ 表示识别框架 $\Theta$ 的任意一个子集（或事件），即 $A \subseteq \Theta$，且满足以下条件：

$$\begin{cases} m(\varnothing) = 0 \\ \sum_{A \subseteq \Theta} m(A) = 1 \end{cases} \tag{1.13}$$

式中，$m(A)$ 表示事件 $A$ 的基本概率赋值函数，表达了证据 $A$ 的信任程度。基本概率赋值函数反映了对 $A$ 本身信度的大小，$m(\varnothing)=0$ 表示对空命题不产生任何的信度，而 $\sum\limits_{A\subseteq\Theta}m(A)=1$ 表示 $m(A)$ 可以为任意大小的值，但必须保证所有命题赋予的信度值之和等于 1。

3）信度函数

若识别框架 $\Theta$ 中的两个焦元 $A$ 和 $B$ 满足 $A\subseteq B\subseteq\Theta$，即焦元 $A$ 在逻辑上包含焦元 $B$。因此，焦元 $B$ 中所有命题的总和就是 $A$ 的信任程度。

定义函数 Bel 满足映射 $2^\Theta\to[0,1]$，同时满足 $\mathrm{Bel}(A)=\sum\limits_{B\subseteq A}m(B)$，则称此函数为信度函数。它表达了 $A$ 和其自身所有自己的全部信任程度，其数值等于 $A$ 和其自身所有自己的基本可信度之和。在 D-S 证据理论融合计算过程中，信度函数用来表示对该假设的支持力度。

4）似然函数

信度函数自身不能完全表达对一个命题的信任程度，因为信度函数只能表达对该命题的信任程度，而不能表达对该命题的怀疑程度。因此还需要引入似然函数来表示对命题的怀疑程度。

定义函数 Pls 满足映射 $2^\Theta\to[0,1]$，同时满足 $\mathrm{Pls}(A)=\sum\limits_{A\cap B=\varnothing}m(B)$，对于 $A\subseteq\Theta$，称此函数为似然函数。

信度函数与似然函数的关系如图 1.15 所示。可表示为 $\mathrm{Pls}(A)+\mathrm{Bel}(\overline{A})=1$，且 $A\subseteq\Theta$，$\overline{A}\subseteq\Theta$。似然函数体现了证据不否定假设 $A$ 的程度，即在给定证据下，对假设 $A$ 的最大可能信任程度。

图 1.15　信度函数与似然函数的关系

图 1.15 中，若用 $\mathrm{Bel}(A)$ 表示 $A$ 为真的信任程度，用 $\mathrm{Pls}(A)$ 表示 $A$ 为非假的信任程度，则 $A$ 信任程度的上下限分别可以用 $\mathrm{Pls}(A)$ 和 $\mathrm{Bel}(A)$ 表示，记为 $[\mathrm{Bel}(A),\mathrm{Pls}(A)]$，该区间为不确定区间，反映了证据的不确定程度。

## 1.5　主动红外感知理论

自从 1800 年英国天文学家赫歇尔发现红外辐射至今,红外技术的发展经历了两个多世纪。从那时开始,红外辐射和红外元件、部件的研究逐步发展,但发展比较缓慢,直到 1940 年前后才真正出现现代的红外技术。当时,德国研制出硫化铅和几种红外透射材料,利用这些元件、部件制成一些军用红外系统,如高射炮用导向仪、海岸用船舶侦察仪、船舶探测和跟踪系统、机载轰炸机探测仪和火控系统等。其中有些达到实验室实验阶段,有些已小批量生产,但都未实际使用。此后,美国、英国等竞相发展相关技术。特别是美国,大力研究红外技术在军事方面的应用。目前,美国将红外技术应用于单兵装备、装甲车辆、航空和航天的侦察监视、预警、跟踪及武器制导等各个领域。

红外辐射通常又称为红外光或红外线,是指波长为 $0.78\sim1000\mu m$ 的电磁波。红外辐射过程中,其辐射特性受自身温度及外界其他因素的影响[21]。对于理想黑体(任何波长的电磁辐射在任何温度下都能够被全部吸收且具有最大辐射率的物体)而言,根据波长和温度分布的规律,得到黑体光谱辐射出射度的普朗克公式为

$$W_B(\lambda,T)=\frac{c_1}{\lambda^5}\cdot\frac{1}{(\mathrm{e}^{c_2/(\lambda T)}-1)} \tag{1.14}$$

$$I_B(\lambda,T)=\frac{c_1}{\pi\lambda^5}\cdot\frac{1}{(\mathrm{e}^{c_2/(\lambda T)}-1)}=\frac{W_B(\lambda,T)}{\pi} \tag{1.15}$$

式中,$W_B(\lambda,T)$ 为单位面积黑体、单位时间和单位波长间隔所发射的辐射能量,即黑体的光谱辐射出射度;$c_1$ 为第一辐射常数,$c_1=3.742\times10^{-16}\,\mathrm{W/m^2}$;$c_2$ 为第二辐射常数,$c_2=1.4388\times10^{-2}\mathrm{m\cdot K}$;$\lambda$ 为波长;$T$ 为黑体的热力学温度;$I_B(\lambda,T)$ 为黑体的分谱辐射率,即单位面积黑体、单位时间和单位波长间隔所发射的辐射强度。

普朗克定律反映了不同温度下黑体的光谱辐射出射度 $W_B(\lambda,T)$ 随波长 $\lambda$ 和热力学温度 $T$ 的变化规律:

(1)黑体的光谱辐射出射度随波长的变化而连续变化。

(2)对于给定温度的黑体,其自身温度越高,黑体的光谱辐射出射度越大。

(3)所有温度黑体的光谱辐射出射度都存在一个峰值,且随着温度的升高,光谱辐射出射度的峰值波长向短波方向移动。

黑体辐射能量的大小随波长的变化而变化。维恩通过实验发现,黑体所发射的辐射能量集中在某一最强波长的附近,即峰值波长,从而得到了维恩位移定律,确定了黑体光谱辐射峰值波长 $\lambda_M$ 与黑体热力学温度 $T$ 之间的关系表达式为

$$\lambda_M T = 2897.8 \pm 0.4(\mu m) \tag{1.16}$$

由式（1.16）可以看出，黑体光谱辐射峰值波长 $\lambda_M$ 与黑体热力学温度成反比，即黑体温度越高，其最大辐射波长越偏向短波长区。

斯特藩-玻尔兹曼定律（Stefan-Boltzmann law）利用普朗克公式对波长从 0～∞ 积分，得到黑体的通量密度与热力学温度之间的关系：

$$W = \sigma \cdot T^4 \tag{1.17}$$

式中，$\sigma$ 为斯特藩-玻尔兹曼常数，也称为黑体辐射常数，其值为 $5.67 \times 10^{-8} \, W / (m^2 \cdot K^4)$；$W$ 为单位黑体面积所发射的功率，即辐射通量密度。

斯特藩-玻尔兹曼定律说明黑体辐射通量密度将随温度的升高而急剧增大。

实际物体的红外辐射可通过发射率来表征实际物体辐射与黑体辐射的接近程度。实际发射率（或比辐射率）表示为 $T$ 温度下辐射量与同温度黑体的辐射量比值。比值越大，说明该物体与黑体辐射越接近，因此，通过物体的发射率结合黑体基本辐射定律就可计算实际物体的辐射量。

红外图像技术是以红外辐射理论为基础，主要通过红外热成像仪器将不可见的红外辐射转换为可见红外图像的一种先进技术，由于红外热成像技术具有响应速度快、灵敏度高、空间分辨率高和可视化成像等优点，因此红外热成像技术被广泛地应用于机械装备和电气设备的状态监测、故障诊断、寿命预测和疾病诊断等民用技术领域；在军用方面，其应用主要包括夜视系统、制导系统和瞄准系统。

红外图像检测系统主要分为主动式红外热成像系统和被动式成像系统两大类。被动式成像系统是利用物体本身的温度与周围环境温度的差异而进行的热成像，而目前需要检测的物体自身与周围环境温度往往差异不大，因此主动式红外热成像系统越发得到人们的青睐。主动式红外热成像系统是指将特定波长的激励红外光照在被测物体上，再通过红外热成像仪提取物体反射的红外光而形成可视热图像。

传统的红外热成像系统是被动式成像系统，它只能根据温度的差异而进行成像，而主动式红外热成像系统自身带有红外光源，是根据被成像物体对红外光源的不同反射率进行成像的，以红外变像管作为光电成像器件的红外热成像系统。

主动式红外热成像系统具有以下优点：

（1）成像清晰。

（2）对比度高。

（3）不受环境光源影响。

主动式红外热成像系统的系统结构如图 1.16 所示。光学系统主要包括物镜组和目镜组，红外变像管主要用于实现光谱转换、电子成像和亮度增强，红外探照灯作为红外辐射的光源，高压电源用于给变像管进行供电。

图 1.16　主动式红外热成像系统的系统结构

　　主动式红外热成像原理如图 1.17 所示，首先通过红外探照灯对目标进行热激励，物镜组将目标成像于红外变像管的光阴极面上，随后到达红外变像管（红外变像管是主动式红外热成像系统的核心，是一种高真空图像转换器件），完成从近红外图像到可见光图像的转换并增强图像，其转换过程如图 1.18 所示。最后通过目镜组把红外变像管荧光屏上的像放大，便于人眼观察。

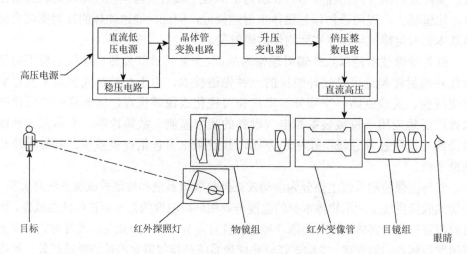

图 1.17　主动式红外热成像原理

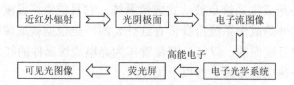

图 1.18　主动式红外热成像转换过程

# 参 考 文 献

[1]　滕吉文，乔勇虎，宋鹏汉. 中国煤炭需求、探查潜力与高效利用分析[J]. 地球物理学报，2016，59（12）：
　　　4633-4653.

[2] 王伟东，李少杰，韩九曦. 世界主要煤炭资源国煤炭供需形势分析及行业发展展望[J]. 中国矿业，2015，24（2）：5-9，17.

[3] 李雨成，刘天奇，周西华. 煤尘爆炸火焰传播特性因子分析与 BP 网络组合预测研究[J]. 中国安全科学学报，2015，25（10）：53-58.

[4] 蒋力帅，马念杰，白浪，等. 巷道复合顶板变形破坏特征与冒顶隐患分级[J]. 煤炭学报，2014，39（7）：1205-1211.

[5] 陈冰. 综放工作面切顶压架原因分析及防治技术[J]. 煤炭科学技术，2014，42（9）：83-86，145.

[6] Kelly M，Hainsworth D W，Reid D C，et al. Progress towards long-wall automation[J]. Mining Science and Technology，2005，16（5）：769-776.

[7] Reid D C，Hainsworth D W，Ralston J C，et al. Shearer guidance：A major advance in long-wall mining[J]. Field and Service Robotics：Recent Advances in Research and Application，2006，24：469-476.

[8] Li W，Luo C M，Yang H，et al. Memory cutting of adjacent coal seams based on a hidden Markov model[J]. Arabian Journal of Geosciences，2014，7（12）：5051-5060.

[9] Tan C，Xu R X，Wang Z B，et al. An improved genetic fuzzy logic control method to reduce the enlargement of coal floor deformation in shearer memory cutting process[J]. Computational Intelligence and Neuroscience，2016（9）：1-14.

[10] 黄韶杰. 基于聚类的煤岩分界图像识别技术研究[D]. 徐州：中国矿业大学，2016.

[11] 张倩倩，韩振南，张梦奇. 冲击载荷作用下锥形截齿磨损的试验和数值模拟研究[J]. 振动与冲击，2016，35（13）：58-65.

[12] Dewangan S，Chattopadhyaya S，Hloch S. Wear assessment of conical pick used in coal cutting operation[J]. Rock Mechanics and Rock Engineering，2015，48（5）：2129-2139.

[13] Yang D，Li J，Wang L，et al. Experimental and theoretical design for decreasing wear in conical picks in rotation-drilling cutting process[J]. The International Journal of Advanced Manufacturing Technology，2015，77（9）：1571-1579.

[14] 杨永辰，孟金锁，王同杰. 关于回采工作面采空区爆炸产生机理的探讨[J]. 煤炭学报，2002，27（6）：636-638.

[15] 杨永辰，孟金锁，王同杰，等. 采煤工作面特大瓦斯爆炸事故原因分析[J]. 煤炭学报，2007，32（7）：734-736.

[16] 张强，王海舰，李立莹，等. 基于 ANFIS 模糊信息融合的采煤机截齿磨损在线监测[J]. 中国机械工程，2016，27（19）：2607-2614.

[17] 张强，王海舰，李立莹，等. 基于多传感特征信息融合的采煤机截齿失效诊断[J]. 中国机械工程，2016，27（17）：2334-2340.

[18] 刘春生. 滚筒式采煤机记忆截割的数学原理[J]. 黑龙江科技学院学报，2010，20（2）：85-90.

[19] 朱世刚. 综放工作面煤岩性状识别方法研究[D]. 徐州：中国矿业大学，2014.

[20] 王增才，孟惠荣，张秀娟. 自然 γ 射线煤岩界面识别研究[J]. 煤炭机械，1999（6）：16-18.

[21] 秦剑秋，郑建荣，朱旬，等. 自然 γ 射线煤岩界面识别传感器的理论建模及实验验证[J]. 煤炭学报，1996，21（5）：513-516.

[22] 陈延康，张伟，廉自生. 基于切割力分析的煤岩分界辨识[J]. 煤矿机电，1991，11（3）：80-83.

[23] Muro T，Takegaki Y，Yoshikawa K. Impact cutting property of rock material using a point attack bit[J]. Journal of Terramechanics，1997，34（2）：83-108.

[24] Muro T，Tran D T. Regression analysis of the characteristics of vibro-cutting blade for tuffaceous rock[J]. Journal of Terramechanics，2004，40（1）：191-219.

[25] Tiryaki B，Cagatay D A. Effects of rock properties on specific cutting energy in linear cutting of sandstones by

picks[J]. Rock Mechanics and Rock Engineering，2006，39（2）：89-120.

[26] 刘芮葭，Chu V D，Nguyen V T. 基于刨煤机单刨刀截割试验的截割阻力模型研究[J]. 工矿自动化，2016，44（6）：216-221.

[27] 薛光辉，赵新赢，刘二猛，等. 基于振动信号时域特征的综放工作面煤岩识别[J]. 煤炭科学技术，2015，43（12）：92-97.

[28] Wang B P，Wang Z C，Li Y X. Application of wavelet packet energy spectrum in coal-rock interface recognition[J]. Key Engineering Materials，2011，474（1）：1103-1106.

[29] Liu W，He K，Liu C Y，et al. Coal-gangue interface detection based on Hilbert spectral analysis of vibrations due to rock impacts on a longwall mining machine[J]. Proceedings of the Institution of Mechanical Engineers Part C Journal of Mechanical Engineering Science，2015，229（8）：1523-1531.

[30] 郝志勇，陈志强，毛君. 采煤机摇臂惰轮轴载荷分析与实验研究[J]. 机械强度，2017，39（1）：40-46.

[31] 田立勇，毛君，王启铭. 基于采煤机摇臂惰轮轴受力分析的综合煤岩识别方法[J]. 煤炭学报，2016，14（3）：782-787.

[32] 张翠平，孙志刚，霍俊杰，等. 新型煤岩识别技术在薄煤层无人综采工作面中的应用[J]. 煤矿安全，2012（1）：93-96.

[33] Xue G H，Liu E M，Zhao X Y，et al. Coal-rock character recognition in fully mechanized caving faces based on acoustic pressure data time domain analysis[J]. Applied Mechanics and Materials，2015，789（1）：566-570.

[34] Zhang G X，Wang Z C，Zhao L. Recognition of rock-coal interface in top coal caving through tail beam vibrations by using stacked sparse autoencoders[J]. Journal of Vibroengineering，2016，18（7）：4261-4275.

[35] 刘俊利，赵豪杰，李长有. 基于采煤机滚筒截割振动特性的煤岩识别方法[J]. 煤炭科学技术，2013，41（10）：93-116.

[36] 丛晓妍，王增才，王保平，等. 基于EMD与峭度滤波的煤岩界面识别[J]. 振动、测试与诊断，2015，35（5）：950-996.

[37] 王水生. 基于振动特性分析的采煤机煤岩识别控制系统[J]. 工矿自动化，2015，41（5）：83-87.

[38] 张强，王海舰，王兆，等. 基于红外热像检测的截齿煤岩截割特性与闪温分析[J]. 传感技术学报，2016，29（5）：686-692.

[39] 杨桢，齐庆杰，叶丹丹，等. 复合煤岩受载破裂内部红外辐射温度变化规律[J]. 煤炭学报，2016，41（3）：618-624.

[40] 杨桢，齐庆杰，李鑫，等. 复合煤岩受载破裂电磁辐射和红外辐射相关性试验[J]. 安全与环境学报，2016，16（2）：103-107.

[41] Okan S，Nuri A A. Numerical simulation of rock cutting using the discrete element method[J]. International Journal of Rock Mechanics and Mining Sciences，2011，48（3）：434-442.

[42] Sun J P，Su B. Coal-rock interface detection on the basis of image texture features[J]. International Journal of Mining Science and Technology，2013，23（5）：681-687.

[43] 章华，李振璧，姜媛媛. 基于图像纹理的煤岩识别研究[J]. 煤炭技术，2015，34（7）：120-121.

[44] 伍云霞，田一民. 基于字典学习的煤岩图像特征提取与识别方法[J]. 煤炭学报，2016，41（12）：3190-3196.

[45] 田慧卿，魏忠义. 基于图像识别技术的煤岩识别研究与实现[J]. 西安工程大学学报，2012，26（5）：657-660.

[46] 孙继平，佘杰. 基于支持向量机的煤岩图像特征抽取与分类识别[J]. 煤炭学报，2013，38（S2）：508-512.

[47] Sun J P，Su B. Coal-rock interface detection using cluster prominence based on gray level co-occurrence matrices[J]. Advances in Information Sciences and Service Sciences，2012，4（8）：353-360.

[48] 江静，朱元忠. 基于Mean shift算法的煤岩分界识别[J]. 工矿自动化，2015，41（4）：74-77.

[49] 江静，张雪松. 煤岩图像边界的 K-means 识别算法[J]. 煤炭工程，2015，47（8）：106-109.

[50] Wang X，Hu K X，Zhang L，et al. Characterization and classification of coals and rocks using terahertz time-domain spectroscopy[J]. Journal of Infrared，Millimeter and Terahertz Waves，2017，38（2）：248-260.

[51] 张万枝，王增才. 基于视觉技术的煤岩特征分析与识别[J]. 煤炭技术，2014，33（10）：272-274.

[52] 田子建，彭霞，苏波. 基于机器视觉的煤岩界面识别研究[J]. 工矿自动化，2013，39（5）：49-52.

[53] Xue G H，Hu B H，Zhao X Y，et al. Study on characteristic extraction of coal and rock at mechanized top coal caving face based on image gray scale[J]. Applied Mechanics and Materials，2014，678：193-196.

[54] 黄韶杰，刘建功. 基于高斯混合聚类的煤岩界面识别技术研究[J]. 煤炭学报，2015，40（S2）：576-582.

[55] 王昕，丁恩杰，胡克想. 煤岩散射特性对探地雷达探测煤岩界面的影响[J]. 中国矿业大学学报，2016，45（1）：34-41.

[56] 李亮，王昕，胡克想，等. 探地雷达探测煤岩界面的方法与试验[J]. 工矿自动化，2015，14（9）：8-11.

[57] 汪玉凤，夏元涛，王晓晨. 含噪超完备独立分量分析在综放煤岩识别中的应用[J]. 煤炭学报，2011，36（S1）：203-206.

[58] Scholz C H. Experimental study of the fracturing process in brittle rock[J]. Journal of Geophysical Research，1968，73（4）：1447-1454.

[59] 李力，魏伟，唐汝琪. 基于改进 S 变换的煤岩界面超声反射信号处理[J]. 煤炭学报，2015，40（11）：2579-2586.

[60] 王大勇，王慧. 不同性质煤岩下掘进机截割载荷的试验研究[J]. 机械设计，2016，33（5）：75-79.

[61] Zhang D，Zhao N，Tong M，et al. Design of the rock coal shearer cutting mechanism and its vibration analysis[C]. IEEE International Conference on Mechatronics and Automation，Harbin，2016.

[62] Sahoo R，Mazid A M. Application of opto-tactile sensor in shearer machine design to recognise rock surfaces in underground coal mining[C]. IEEE International Conference on Industrial Technology，Churchill，2009.

[63] 蔡卫民，李烈，崔玉明. 采煤机截割实验台振动分析及优化[J]. 机械设计与制造，2013（8）：14-17.

[64] 吴立新，唐春安，钟声，等. 非连续断层破裂红外辐射与声发射、应力场的对比研究[J]. 岩石力学与工程学报，2006，25（6）：1111-1117.

[65] 赵毅鑫，姜耀东，韩志茹，等. 冲击倾向性煤体破坏过程声热效应的实验研究[J]. 岩石力学与工程学报，2007，26（5）：965-971.

[66] 赵毅鑫，姜耀东，祝捷，等. 煤岩组合体变形破坏前兆信息的实验研究[J]. 岩石力学与工程学报，2008，27（2）：339-346.

[67] 苗金丽，宫伟力，李德建，等. 基于信息融合技术的岩石单轴压缩破坏特征[J]. 矿业研究与开发，2008，28（3）：22-24，67.

[68] 李国良. 岩石受力过程多种物理场耦合关系研究[D]. 唐山：河北理工大学，2008.

[69] 梁鹏，张艳博，田宝柱，等. 岩石破裂过程声发射和红外辐射特性及相关性实验研究[J]. 矿业研究与开发，2015，35（3）：57-60.

[70] Ralston J C，Strange A D. Thermal infrared-based seam tracking for intelligent longwall shearer horizon control[C]. Coal Operators' Conference，Wollongong，2012.

[71] 马立强，李奇奇，曹新奇，等. 煤岩受压过程中内部红外辐射温度变化特征研究[J]. 中国矿业大学学报，2013，42（3）：331-336.

[72] 王昕，苗曙光，丁恩杰. 煤岩介质在太赫兹频段的介电特性研究[J]. 中国矿业大学学报，2016，45（4）：739-746.

[73] 梁义维，熊诗波. 基于神经网络和 Dempster-Shafer 信息融合的煤岩界面预测[J]. 煤炭学报，2003，28（1）：86-90.

[74] Xu J K，Wang Z C，Zhang W Z，et al. Coal-rock interface recognition based on MFCC and neural network[J].

International Journal of Signal Processing，2013，6（4）：191-200.

[75] 杨健健，符世琛，姜海，等. 基于模糊判据的煤岩性状截割硬度识别[J]. 煤岩学报，2015，40（S2）：540-545.

[76] 刘俊利. 基于 ANFIS 的多信息融合煤岩识别方法研究[J]. 中国煤炭，2014，40（12）：56-59.

[77] Lei S，Wang Z，Liu X，et al. Multi-sensor data fusion identification for shearer cutting conditions based on parallel Quasi-Newton neural networks and the Dempster-Shafer theory[J]. Sensors，2015，15（11）：28772-28795.

[78] Nan F，Li Y. The application research of coal seam CO source identification based on the D-S evidence conflict[J]. Applied Mechanics and Materials，2013，341（1）：961-965.

[79] 王冷. 基于模糊神经网络信息融合的采煤机煤岩识别系统[J]. 现代电子技术，2015，38（23）：106-109.

[80] 张强，王海舰，井旺，等. 基于模糊神经网络信息融合的采煤机煤岩识别系统[J]. 中国机械工程，2016，27（2）：201-208.

[81] 宋庆军，肖兴明，姜海燕，等. 多传感器信息融合的放煤过程参数化研究[J]. 自动化仪表，2015，36（5）：23-26.

[82] 雷玉勇. 国外采煤机滚筒自动调高[J]. 煤矿机电，1990（6）：38-42.

[83] 薛红梅. 基于 Elman 神经网络的采煤机自动调高控制算法研究[D]. 西安：西安科技大学，2014.

[84] 王丽，魏金鑫. 长壁采煤机的"记忆截割"技术[J]. 水力采煤与管道运输，2004（4）：32-33.

[85] 雷玉勇，阴正锡，钱骅. 采煤机液压自动调高系统的研究[J]. 重庆大学学报（自然科学版），1994，17（1）：52-58.

[86] 梁文林. 采煤机调高系统的改制[J]. 能源与节能，2015（3）：159-161.

[87] 曾庆良，张海忠，王成龙，等. 采煤机调高系统的机液协同仿真分析[J]. 煤炭科学技术，2015，43（1）：86-90.

[88] 苏秀平，李威. 采煤机调高液压系统等效负载分析[J]. 液压与气动，2013（2）：69-71.

[89] 权国通，谭超，周斌. 基于模糊自适应 PID 算法的采煤机液压自动调高系统研究[J]. 矿山机械，2010，38（15）：20-23.

[90] 樊启高，李威，王禹桥，等. 一种采用灰色马尔可夫组合模型的采煤机记忆截割算法[J]. 中南大学学报（自然科学版），2011，10（42）：2913-2918.

[91] 折力兵. 采煤机自动调高控制及相关技术[J]. 机械研究与应用，2015，28（5）：166-167.

[92] 高永新，张新鑫. 采煤机自动调高控制系统设计[J]. 测控技术，2016，35（5）：57-60.

[93] 曹鹏，周平，张世洪，等. 采煤机自动调高系统的仿真与分析[J]. 煤矿机械，2015，36（8）：78-80.

[94] 袁小鹤，阚伟荣，胡恒振，等. 采煤机自动调高系统的改进[J]. 液压与气动，2013（1）：88-90.

[95] 王滨. 采煤机自动调高液压控制系统研究[D]. 西安：西安科技大学，2015.

[96] 张岩军，王忠宾，权宁. 采煤机自适应液压调高速度控制系统设计[J]. 液压与气动，2012（7）：73-74.

[97] 郭卫，薛红梅，王渊. 基于 Elman 神经网络的采煤机自动调高控制策略研究[J]. 煤矿机械，2014，35（1）：50-52.

[98] 季瑞，王忠宾，关明. 采煤机滚筒自动调高的液压控制方法[J]. 机床与液压，2013，41（4）：100-101，143.

[99] 张扬. 基于 PAC 的采煤机滚筒自动调高系统设计[J]. 科技信息，2011（22）：657-658.

[100] 钟立雯. 基于极限学习机的采煤机记忆截割调高控制算法研究[D]. 西安：西安科技大学，2015.

[101] 朱宁. 基于人工神经网络的采煤机记忆截割控制系统研究[D]. 西安：西安科技大学，2012.

[102] 王光耀. 基于相似理论的采煤机调高试验装置设计研究[D]. 淮南：安徽理工大学，2016.

[103] 徐二宝. 基于 AMESim 的采煤机电液比例自动调高系统研究[D]. 淮南：安徽理工大学，2013.

[104] 曹鹏. 基于虚拟样机技术的采煤机调高液压系统动态特性的研究[D]. 北京：煤炭科学研究总院，2016.

[105] 曾庆良，许德山，逯振国，等. 基于虚拟仪器的采煤机自动调高系统研究[J]. 中国矿业，2016，25（5）：129-133，137.

[106] 李晓豁，李烨健，刘述明，等. 基于预测控制的采煤机滚筒自动调高系统[J]. 计算机系统应用，2012，21（4）：

36-40.

[107] 耿秀明. 基于自动化控制的采煤机滚筒调高策略[J]. 煤矿机械，2015，36（3）：260-262.

[108] 毛君，杨振华，潘德文. 基于自适应模糊滑模变结构的采煤机自动调高控制策略[J]. 中国机械工程，2016，27（3）：360-364.

[109] 王瑞军. 采煤机记忆程控滚筒调高控制策略分析[J]. 能源与节能，2017（6）：28-29.

[110] 李文华，刘娇，柴博. 薄煤层采煤机调高系统 PID 控制的研究与仿真[J]. 测控技术，2017，36（4）：57-60.

[111] 薄翔斌. 电牵引采煤机调高系统的改造方案[J]. 科技展望，2017，27（10）：124-125.

[112] 武文超. 单片机采煤机自动调高控制系统的实践思考[J]. 机械管理开发，2017，32（4）：135-137.

[113] 耿晋杰. MG300/700-WD 型采煤机调高系统的改造[J]. 煤炭科技，2017（2）：129-131.

[114] 李美颐. 薄煤层采煤机液压调高系统的可靠性研究[D]. 阜新：辽宁工程技术大学，2013.

[115] 陈小龙，邓娟，娄伶俐. 采煤机双调高系统的开发与应用[J]. 煤矿机械，2017，38（7）：104-105.

[116] 程文亮，吕德瑾. 采煤机调高液压系统改进设计[J]. 煤矿机械，2017，38（7）：19-20.

[117] 张艳军，李孝宇. 基于 Automation Studio 的采煤机滚筒调高液压系统设计[J]. 黑龙江科技大学学报，2017，27（2）：123-127.

# 第2章 采煤机煤岩截割特征信号分析

采煤机在截割煤岩过程中,截割滚筒与煤岩产生剧烈碰撞和摩擦,由于煤岩的材料、硬度和构成形式均存在巨大差异,因此采煤机在截割不同比例分布的煤岩时,其受到的截割阻力也会产生巨大变化,对应的负载转矩随截割阻力的变化而变化。此时,驱动采煤机滚筒的截割电机在变载条件下,其自身的截割电流也会随之而改变。同时,在煤岩反作用力条件下,截割滚筒在 $x$、$y$、$z$ 三向上均产生不同程度的剧烈振动。采煤机滚筒截割煤岩时,截齿与煤岩碰撞和摩擦,会产生明显的声发射现象,并以应力波的形式沿着煤岩内部扩散传播,最终传播到煤岩的表面。再者,截齿与煤岩碰撞的瞬间,截齿与煤岩表面会产生明显的温度场及其闪温区域,截煤比不同,其截齿截割过程中的温度场和闪温峰值也势必不同。

## 2.1 采煤机截割三向振动信号

### 2.1.1 振动信号基础

振动信号能够反映设备或结构系统在运行过程中随时间变化的动态信息,是一个传载设备或结构信息的物理量函数,而振动信息则是反映了设备或结构运行状态和结构特性的特征量。振动信号按时间历程的分类如图 2.1 所示,即将振动分为确定性振动和随机振动两大类。

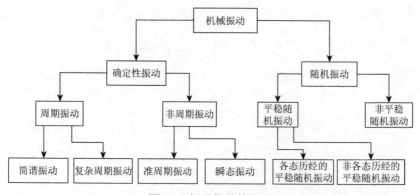

图 2.1　振动信号的分类

确定性振动可分为周期振动和非周期振动。周期振动包括简谐振动和复杂周期振动。非周期振动包括准周期振动和瞬态振动。准周期振动由一些不同频率的简谐振动合成，这些不同频率的简谐分量中，总会有一个分量与另一个分量的频率的比值为无理数，因而是非周期振动。

随机振动是一种非确定性振动，它只服从一定的统计规律，可分为平稳随机振动和非平稳随机振动。平稳随机振动又包括各态历经的平稳随机振动和非各态历经的平稳随机振动。

一般来说，仪器设备的振动信号中既包含确定性振动，又包含随机振动。但对于一个线性振动系统来说，振动信号可用谱分析技术转化为许多简谐振动的叠加。因此简谐振动是最基本也是最简单的振动。

振动信号采集与一般性模拟信号采集虽有共同之处，但存在的差异更多，因此，在采集振动信号时应注意以下几点：

（1）振动信号采集模式取决于机组当时的工作状态，如稳态、瞬态等。

（2）变转速运行设备的振动信号采集在有条件时应采取同步整周期采集。

（3）所有工作状态下振动信号采集均应符合采样定理。

影响振动信号采集精度的因素包括采集方式、采样频率、量化精度，采集方式不同，采集信号的精度不同，其中以同步整周期采集为最佳方式。采样频率受制于信号最高频率。量化精度取决于模拟/数字（A/D）转换的位数，一般采用 12 位，部分系统采用 16 位甚至 24 位。

振动信号的采样过程，严格来说应包含以下几方面。

（1）信号适调。由于目前采用的数据采集系统是一种数字化系统，所采用的 A/D 芯片对信号输入量程有严格限制，为了保证信号转换具有较高的信噪比，信号进入 A/D 以前，均需进行信号适调。适调包括大信号的衰减处理和弱信号的放大处理，或者对一些直流信号进行偏置处理，使其满足 A/D 输入量程的要求。

（2）A/D 转换。A/D 转换包括采样、量化和编码三个组成部分。

采样（抽样）是利用采样脉冲序列 $p(t)$ 从模拟信号 $x(t)$ 中抽取一系列离散样值，使其成为采样信号 $x(n\Delta t)(n = 0, 1, 2, \cdots)$ 的过程。$\Delta t$ 称为采样间隔，其倒数 $1/\Delta t = f_s$ 称为采样频率。

采样频率的选择必须符合采样定理要求。由于计算机对数据位数进行了规定，采样信号 $x(n\Delta t)$ 经舍入的方法变为只有有限个有效数字的数据，这个过程称为量化。由于抽样间隔长度是固定的（对于当前数据来说），当采样信号落入某一小间隔内时，经舍入方法而变为有限值时，就会产生量化误差。如 8 位二进制为 $2^8 = 256$，即量化增量为所测信号最大电压幅值的 1/256。

## 2.1.2　采煤机滚筒振动

滚筒式采煤机在截割过程中整机载荷受力如图 2.2 所示。

图 2.2　滚筒式采煤机截割力学分析

在实际煤岩截割过程中，各单齿所受的切向力 $F_{gt}$、径向力 $F_{gr}$ 和侧向力 $F_{ga}$ 的大小与截齿的安装角度、滚筒与煤壁的截割角度和煤岩的结构与硬度等因素有关，各截齿所受的切向力、径向力和侧向力又可以分解为 $x$、$y$、$z$ 三向上的分力 $f_{x_i}$、$f_{y_i}$ 和 $f_{z_i}$[1-3]，其计算公式分别为

$$\begin{cases} f_{x_i} = -F_{gt}\cos\theta - F_{gr}\sin\theta \\ f_{y_i} = +F_{gt}\sin\theta - F_{gr}\cos\theta \\ f_{z_i} = +F_{ga} \end{cases} \tag{2.1}$$

式中，$f_{x_i}$ 为截齿在 $x$ 轴方向上的分力；$f_{y_i}$ 为截齿在 $y$ 轴方向上的分力；$f_{z_i}$ 为截齿在 $z$ 轴方向上的分力；$F_{gt}$ 为单个截齿截割过程中所受的切向力；$F_{gr}$ 为单个截齿截割过程中所受的径向力；$F_{ga}$ 为单个截齿截割过程中所受的侧向力；$\theta$ 为滚筒的转动角度；$i$ 为采煤机的第 $i$ 个截齿。

在不考虑其他微小扰动作用影响条件下，采煤机滚筒在截割煤岩过程中，各截齿受到不同方向的截割阻力 $f_{x_i}$、$f_{y_i}$ 和 $f_{z_i}$ 可合成为滚筒在 $x$、$y$、$z$ 三向上所受的合力 $F_{gx}$、$F_{gy}$ 和 $F_{gz}$[4-6]。根据式（2.2）可分别得到 $x$、$y$、$z$ 三向上总的截割力：

$$\begin{cases} F_{gx} = \sum_{i=1}^{K} f_{x_i} \\[2mm] F_{gy} = \sum_{i=1}^{K} f_{y_i} \\[2mm] F_{gz} = \sum_{i=1}^{K} f_{z_i} \end{cases} \tag{2.2}$$

式中，$F_{gx}$、$F_{gy}$、$F_{gz}$ 分别为滚筒在 $x$、$y$、$z$ 三向上所受的合力；$K$ 表示采煤机滚筒上截齿的总数量。

通过广泛查阅资料、理论分析、现场调研和实验测试（图 2.3）发现，采煤机滚筒在截割过程中的振动形式与其所受的截割阻力的方向一致，分别为 $x$ 方向振动（横向振动）、$y$ 方向振动（纵向振动）和 $z$ 方向振动（轴向振动）三种[7, 8]。因此，可测试和提取采煤机截割不同比例煤岩时的三向振动信号作为煤岩界面识别的特征样本数据。

三向振动传感器

图 2.3　现场振动信号实测

## 2.2　采煤机滚筒截割负载扭矩信号

滚筒式采煤机是综采工作面重要的煤炭开采装备，其能否实现长期、稳定工作运行对工作面的煤岩开采量和整个煤矿的经济效益都有着至关重要的影响。煤岩动态识别是提高综采工作面采煤机自动化水平的核心技术，是实现采煤机滚筒自动调高控制的关键技术方法。因此，实现滚筒式采煤机煤岩截割过程中滚筒载荷受力的实时动态在线测试、建立采煤机滚筒煤岩截割载荷特征数据库，对实现采煤机煤岩动态识别、提高综采面的自动化程度具有重要意义[9-11]。

采煤机滚筒的动力传动系统如图 2.4 所示，动力由电机 1 经过传动轮 2、3 及惰轮 4~6 传动，最终传递给采煤机滚筒 7。由于滚筒传动机构复杂，不易实现截割载荷的直接测试，因此采用间接测试方法。三个惰轮中，6 号惰轮轴最靠近采煤机滚筒，旋转不参与滚筒传动比，传动效率最高，其受力也最接近采煤机滚筒的受力，

图 2.4　采煤机滚筒的动力传动系统

1-电机；2，3-传动轮；4~6-惰轮；7-滚筒

在不考虑传动效率的前提下，6 号惰轮轴所受的三向载荷等效于采煤机滚筒所受的三向载荷[12-14]。因此，选择 6 号惰轮轴作为检测对象，对采煤机滚筒煤岩截割过程中的三向载荷进行检测。

结合采煤机摇臂内部实际结构，定制与 6 号惰轮轴外形结构及工作强度相同的特制销轴传感器，如图 2.5（a）所示。其传感器的测试原理是通过测量煤岩截割过程中销轴受力，结合惰轮转速来计算滚筒载荷，销轴传感器将测试数据通过连接线缆发送到无线应变采集与发射模块，如图 2.5（b）所示，再经无线通信方式传输至数据采集与处理终端，最终获得销轴的载荷受力。

销轴传感器及无线应变采集与发射模块的安装与防护方式如图 2.5（c）所示。销轴传感器的安装位置与实际安装位置相同。在摇臂靠近电机侧开窗口安装无线应变采集与发射模块，其空间尺寸为 135mm×100mm×60mm，左、右摇臂对称安装各一个，根据所开窗口尺寸设计并加工合适的盖板，盖板留有充电和数据下载孔，保证防水、无线通信和数据读取。

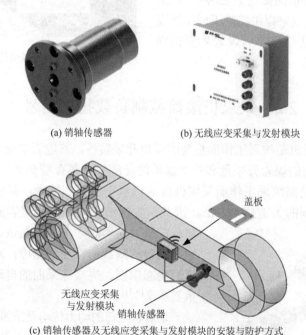

(a) 销轴传感器　　　　　(b) 无线应变采集与发射模块

无线应变采集
与发射模块
销轴传感器
(c) 销轴传感器及无线应变采集与发射模块的安装与防护方式

图 2.5　载荷测试系统检测设备及安装示意图

为保证采煤机滚筒截割受力检测的精度，在惰轮销轴传感器安装前，需对其输出信号进行标定[15, 16]。根据滚筒结构的限制要求及滚筒实际受力情况，对惰轮轴传感器采用直接标定法进行标定。为了最大限度地保证标定数据的准确性，惰轮销轴传感器的安装与加载位置必须与实际工况保持一致,每次加载量的幅值不宜过大,取 100kN 为宜。

以左惰轮销轴传感器为例,标定时加载值线性逐渐增大,同一加载值条件下反复进行 5 次测试,取 5 次应变量的平均值,最终得到 x、y、z 三向的标定数值如表 2.1 所示。

表 2.1　惰轮销轴传感器测试标定数据表

| 加载量/kN | 输出信号/με | | |
|---|---|---|---|
| | x 轴 | y 轴 | z 轴 |
| 0 | 0.0001 | 0.0001 | 0.0001 |
| 100 | 1128 | 1075 | 952 |
| 200 | 2397 | 2186 | 1902 |
| 300 | 3573 | 3265 | 2831 |
| 400 | 4759 | 4345 | 3753 |
| 500 | 5926 | 5416 | 4670 |

通过 MATLAB 编程,采用二次插值法分别对表 2.1 中 x、y、z 三向的标定数据进行数值拟合,得到惰轮销轴传感器 x、y、z 三向的输出信号与加载值之间的函数关系如式(2.3)所示,拟合曲线如图 2.6 所示。

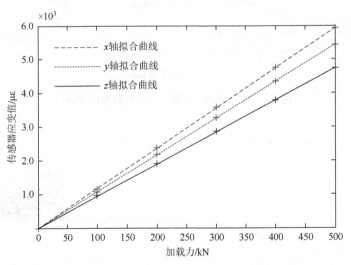

图 2.6　加载力-微应变拟合曲线

$$\begin{cases} F_x = -2.446 \times 10^{-4} ch_x^2 + 12.0363 ch_x - 22.8213 \\ F_y = -2.571 \times 10^{-4} ch_y^2 + 10.9769 ch_y - 6.1428 \\ F_z = -5.125 \times 10^{-4} ch_z^2 + 9.594 ch_z - 0.1785 \end{cases} \quad (2.3)$$

式中，$F_x$、$F_y$、$F_z$ 分别为销轴传感器在 $x$、$y$、$z$ 三向上所受的载荷，kN；$ch_x$、$ch_y$ 和 $ch_z$ 分别为不同载荷作用下销轴传感器三向上的微应变值，με。

由于在不考虑传动效率的情况下，6 号惰轮销轴传感器的测试结果基本与滚筒所受的实际载荷一致。因此，由图 2.7～图 2.9 可以看出：采煤机在不同截割工况下，其滚筒的受力差异很大。空载运行状态时，滚筒仅在自身惯性力作用下运行，滚筒所受的三向载荷力较小，且载荷波动也较小，趋于平稳状态。而采煤机在斜切近刀过程中，滚筒由空载状态忽然过渡到截割运行状态，滚筒上前端局部截齿与煤壁接触，滚筒因突然受载而瞬间产生一定的载荷冲击，随着截割煤壁齿数的增加，载荷波动逐渐平缓，最后随着整个滚筒的全部截入而趋于稳定，进入全滚筒截煤的平稳状态。当采煤机由煤层过渡到硬岩层截割时，由于硬岩密度分布不均，且硬度非常高，采煤机滚筒在 $x$、$y$、$z$ 三向上所受的载荷迅速增大且产生剧烈振荡，造成较大的冲击载荷。

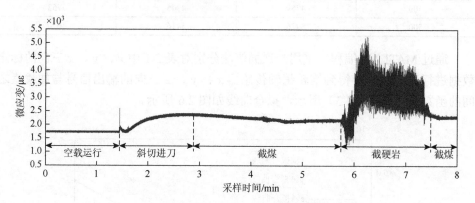

图 2.7　惰轮销轴传感器 $x$ 方向载荷微应变曲线

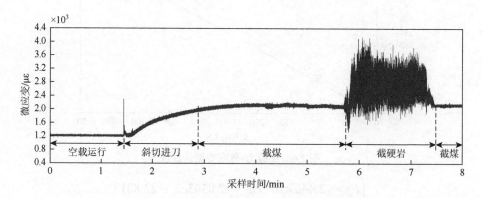

图 2.8　惰轮销轴传感器 $y$ 方向载荷微应变曲线

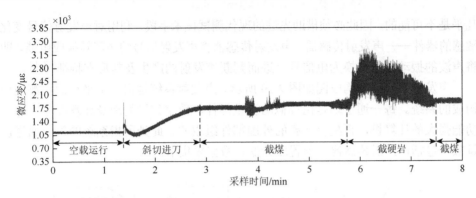

图 2.9　惰轮销轴传感器 $z$ 方向载荷微应变曲线

　　根据图 2.7~图 2.9 可得到采煤机不同运行工况下截割三向力的微应变值，结合式（2.3）可计算得到滚筒在 $x$、$y$、$z$ 三向上不同工况下所受的载荷峰值如表 2.2 所示。由表 2.2 可以看出，滚筒在不同运行工况下 $x$、$y$、$z$ 三向上的载荷峰值差异很大，尤其是在由煤层过渡到硬岩层截割时，载荷峰值产生剧烈的阶跃性变化，$x$、$y$、$z$ 三向上的载荷峰值差分别为 29.941kN、17.459kN 和 7.371kN，最大增幅达到 111.9%，载荷变化显著。

表 2.2　不同工况下滚筒三向载荷微应变与实际峰值

| 运行工况 | $x$ 轴 | | $y$ 轴 | | $z$ 轴 | |
| --- | --- | --- | --- | --- | --- | --- |
| | 微应变/με | 载荷峰值/kN | 微应变/με | 载荷峰值/kN | 微应变/με | 载荷峰值/kN |
| 空载运行 | 1752 | 20.787 | 1202 | 12.816 | 1124 | 10.136 |
| 斜切进刀 | 2585 | 29.457 | 2144 | 22.346 | 1795 | 15.570 |
| 截割煤层 | 2336 | 26.759 | 2319 | 24.067 | 2201 | 18.633 |
| 截割硬岩 | 5279 | 56.700 | 4196 | 41.526 | 3288 | 26.004 |

## 2.3　煤岩破碎声发射特征信号

　　声发射是材料中局部区域应力集中、快速释放能量并产生瞬态弹性波的现象，又称为应力波发射、应力波微振动等[17]。声发射现象广泛地存在于生活和生产中，但不同环境和工况的声发射信号强度差异很大。例如，地震声响、树枝的断裂声属于少数人耳可以直接听到的声发射信号。机械工程中绝大多数声发射信号其应变能的能量都很小，如裂纹的产生与扩展、塑性变形的产生及加剧等，其声发射信号的强度很弱，想要通过人的听觉系统直接检测到这些信号并判断其声源位置几乎是不可能的，因此必须借助先进的现代测试技术手段，利用对声发射信号变化敏感的器件——声发射传感器。声发射传感器将声发射信号的声能转换成电能，即将声波的振动信号转换为电信号，进而判断声发射的产生及其形态特征[18, 19]。

声发射系统基本构成图如图2.10所示。声发射系统是由多个平行的检测通道构成的系统。每一通道均是由类似的测量部件、数字信号处理及计算程序，以及功能强大的计算机，再配以完整的外围部件组成的。此处所指系统的每一通道测量部件包括声发射传感器、前置放大器和数据采集卡。

图2.10 声发射系统基本构成图

声发射技术是现代动态测试技术在声发射领域的具体应用，它结合了数学、物理学、力学、电子学、误差理论和数据处理等多门学科，声发射信号检测系统原理图如图2.11所示。其中，声发射传感器是声发射技术和应用中的核心部件，是声发射技术及其应用的首要环节。中间处理环节包括信号的前置放大、调制、放大、滤波、积分、微分和A/D转换等，这一环节将传感器输出的电信号转换成有适度信噪比、具有一定幅值的电压或数字信号。记录、分析与处理环节是根据实际需要，对数据进行图表实时显示，对采集到的声发射信号进行频谱分析、统计分析、定位计算、信号模式自动识别和小波分析等，进而有效地滤除信号中的干扰信号，从而获取需要提取和识别的声发射信号。

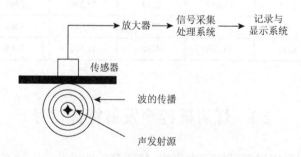

图2.11 声发射信号检测系统原理图

采煤机在截割煤岩过程中，煤岩受截齿的挤压和冲击而导致受力变形，在煤岩内部原有或新产生的裂纹处形成应力集中并快速扩展，其内部储存的能量以弹性应力波的形式释放并向外传播，煤岩截割过程中产生的声发射信号能够有效、准确地反映煤岩内部损伤及破坏情况的所有信息，确定煤岩裂纹的位置、性质及扩展情况；同时，还能根据声发射信号的强弱和大小来分析采煤机截割过程中滚筒截割煤岩的比例情况。

由于煤岩介质均属于非弹性体，声发射信号在其传播过程中会发生波动能量损失，因此当声发射传感器位置固定不变时，采煤机滚筒处于不同位置截割煤岩时，其声发射信号的衰减程度会随着距离的增大而增大，需要考虑采煤机与测试传感器之间的距离对声发射信号强度的影响[20]。此外，声发射信号在煤岩介质中传播的衰减和能量损失与煤岩介质自身的品质因子 $Q$ 密切相关，品质因子 $Q$ 作为无量纲因子，是煤岩介质的一种固有特性，表示在单位周期或波长距离内，煤岩处于最大应变和应力状态下的总能量与振动能量损耗的比值，即

$$Q = 2\pi \cdot \frac{E}{\Delta E} \qquad (2.4)$$

式中，$Q$ 表示煤岩介质的品质因子；$E$ 表示最大应力和应变状态下的弹性能；$\Delta E$ 表示谐波激励条件下单位振动周期损耗的能量。

品质因子 $Q$ 作为影响声发射信号在煤岩介质传播衰减的重要参数，其倒数 $1/Q$ 用来度量煤岩对应力波能量的损耗，品质因子 $Q$ 的数值越大，声发射信号在煤岩介质传播过程中的应力波能量损耗就越小，反之则对应力波能量的吸收能力越强，能量损耗越明显。

采煤机在截割煤岩过程中，其位置和姿态均会发生改变，如图 2.12 所示。

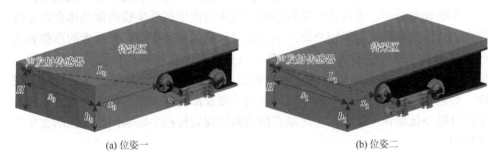

(a) 位姿一                              (b) 位姿二

图 2.12  采煤机不同位姿与测试传感器距离分析

采煤机在不同位姿截割状态下，其截割声发射信号产生位置与声发射检测传感器的距离分别表示为

$$\begin{cases} L_0 = \sqrt{(H - h_0)^2 + x_0^2 + s_0^2} \\ L_1 = \sqrt{(H - h_1)^2 + x_1^2 + s_1^2} \end{cases} \qquad (2.5)$$

式中，$h_0$、$h_1$ 表示采煤机前滚筒中心距地面的高度，m；$x_0$、$x_1$ 表示采煤机处于不同位置时滚筒前端声发射源距声发射传感器安装平面的铅锤距离，m；$s_0$、$s_1$ 表示声发射传感器与采煤机当前开采截面的铅锤距离，m；$H$ 表示声发射传感器的

安装高度，m，通常为固定值；$L_0$、$L_1$ 表示采煤机处于不同截割位置时声发射源与声发射传感器的直线距离，m。

综合应力波传播衰减理论、品质因子 $Q$ 理论，可以得出声发射信号在煤岩体传播过程中的振幅变化函数为

$$A(L) = A_0 \exp(-\alpha L) = A_0 \exp\left(-\frac{\pi f}{VQ}L\right) \tag{2.6}$$

式中，$A(L)$ 为声发射信号自发生位置传播 $L$ 距离后的振幅，mV；$A_0$ 为声发射信号产生时的初始振幅，mV；$\alpha$ 为声发射的衰减系数；$f$ 为声发射信号的频率，Hz；$V$ 为声发射信号在介质中的传播速度，m/s；$Q$ 为煤岩介质的品质因子。

结合式（2.5）和式（2.6）可得到单位距离 $\Delta L$ 的振幅衰减程度，表示为

$$A(\Delta L) = \frac{A_0}{L_0 - L_1}\left[\exp\left(-\frac{\pi f}{VQ}L_0\right) - \exp\left(-\frac{\pi f}{VQ}L_1\right)\right] \tag{2.7}$$

## 2.4　煤岩截割红外图像与闪温特征

采煤机在开采过程中，截齿与煤岩产生剧烈碰撞和摩擦，造成截齿齿面温度场的显著变化，且由于煤岩表面凹凸不平，加之截齿在铸造过程中其微观表面存在大量的微凸体，因此两者的碰撞与摩擦接触面为非均匀表面，所产生的摩擦热势必不能均匀分布，尤其是与煤岩接触的截齿表面中部分尖锐的微凸体在摩擦过程中，由于热量释放空间较小而产生瞬态且较高的应力集中，在两者的摩擦表面产生显著高于周边温度场的瞬间高温，且持续时间往往只有几微秒或几纳秒，即截割闪温[21]。截齿截割煤岩过程中的温度场及局部闪温差异与煤岩自身的硬度、截割煤岩所占的比例、采煤机的牵引速度及滚筒转速密切相关，此外还可能受部分微小扰动误差影响，由此建立截齿截割煤岩过程中影响闪温峰值的数学关系模型：

$$T = T(F, P, V_s, V_\omega, r) \tag{2.8}$$

式中，$T$ 为截齿截割煤岩过程中的闪温峰值；$F$ 为煤岩试件的硬度；$P$ 为滚筒截割过程中煤岩的截割比例；$V_s$ 为采煤机截割过程中的牵引速度；$V_\omega$ 为采煤机截割过程中的滚筒转速；$r$ 为外界环境影响造成的微小扰动。

通过大量实验室实验和现场实验，结果表明，在不考虑外界环境造成的微小扰动的前提下，煤岩的硬度 $F$ 越大，截齿在截割过程中与煤岩的碰撞和摩擦越剧烈，其两者摩擦表面的热效应越明显，瞬时闪温峰值越高；采煤机牵引速度及滚筒转速的变化对截齿的温度场与闪温峰值均有明显的影响，牵引速度和滚筒转速越大，截齿截割煤岩时温度场的最高温度越高。

　　考虑到开采过程中，煤岩的物理特性存在较大差异，采煤机滚筒在截割不同比例煤岩界面时，其截齿受到的截割阻力及瞬时产生的冲击和摩擦必然产生显著变化，根据截齿齿面温度的变化可在一定限度上反映截齿截割煤岩过程中截煤比分布情况。因此，选取截齿截割过程中的红外图像信号作为煤岩界面识别系统的特征输入信号。

## 2.5　采煤机截割电流信号

　　采煤机在截割过程中虽然普遍存在"大马拉小车"的现象，即采用大转矩进给截割方法[22]，但其在截割煤岩过程中，截割电流势必发生微小变化。因此，通过对采煤机截割过程中截割电机电流的实时检测，对信号放大处理和分析，就会得到采煤机在截割煤岩过程中的特征变化，进而实现对煤岩界面的有效识别。

　　采煤机截割电机电流测试系统分为检测和采集两个部分。检测元件采用山东力创科技股份有限公司生产的 EDA9033A 电参数采集模块，它可以实现对采煤机的电压、电流、有功功率、功率因数等多个参数的实时采集，由于采煤机在工作过程中电流较大，因此还需增设电流互感器模块，将电流互感器分别套在滚筒驱动电机的三相线进线端上，再将其与 EDA9033A 电参数采集模块连接，EDA9033A 电参数采集模块布线方法如图 2.13 所示。

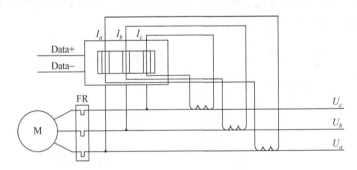

图 2.13　EDA9033A 电参数采集模块布线方法

　　采煤机滚筒动力传动系统主要由截割电机、截割滚筒和多个传动齿轮构成，如图 2.14（a）所示。采煤机在截割煤岩过程中，截割电机产生的电磁转矩需要克服自身和截割滚筒的惯性负载及系统所承受的摩擦力负载。

　　根据图 2.14（b）所示的采煤机滚筒动力传动系统模型[23]，建立采煤机滚筒截割负载转矩与截割电机电磁转矩之间的关系为

$$T_c = T_e - T_f - J_1\ddot{\theta}_1 - J_2\ddot{\theta}_2 \tag{2.9}$$

式中，$T_c$ 为采煤机滚筒的截割负载转矩；$T_e$ 为截割电机的电磁转矩；$T_f$ 为整个动力传动系统的摩擦力矩；$J_1$ 为截割电机的转动惯量；$J_2$ 为滚筒的转动惯量；$\theta_1$ 为截割电机的转角位移；$\theta_2$ 为滚筒的转角位移。

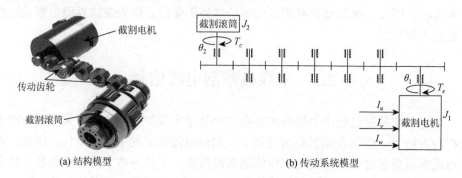

(a) 结构模型　　　　　　　　　　　　　　　(b) 传动系统模型

图 2.14　采煤机滚筒动力传动系统模型

三相异步电动机的动态数学模型作为多变量系统，同时具有高阶、非线性、强耦合等多个特点，降低电机系统建模过程中状态变量的维数，能够有效地消除定、转子三相绕组之间的耦合[24]。因此，通过定、转子绕组的 3/2 变换将三相绕组等效转换为互相垂直的两相绕组，对定子和转子的自感矩阵进行简化，图 2.15 为其转换原理。之后，将转子坐标系由旋转正交坐标系变换到静止两相坐标系，用静止的两相转子正交绕组等效代替原先转动的两相绕组，可得到静止两相正交坐标系中的电磁转矩方程[25, 26]。

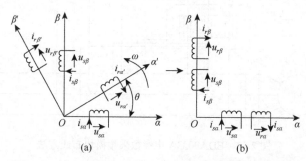

(a)　　　　　　　　　　　　　(b)

图 2.15　定、转子坐标系变换为静止两相正交坐标系原理图

采煤机截割三相异步电动机在静止两相正交坐标系中的电压方程为

$$
\begin{bmatrix} u_{s\alpha} \\ u_{s\beta} \\ u_{r\alpha} \\ u_{r\beta} \end{bmatrix} = \begin{bmatrix} R_s + L_s P & 0 & L_m p & 0 \\ 0 & R_s + L_s P & 0 & L_m p \\ L_m p & \omega_r L_m & R_r + L_r P & \omega_r L_r \\ -\omega_r L_m & L_m p & -\omega_r L_r & R_r + L_r P \end{bmatrix} \begin{bmatrix} i_{s\alpha} \\ i_{s\beta} \\ i_{r\alpha} \\ i_{r\beta} \end{bmatrix} \tag{2.10}
$$

磁链方程为

$$\begin{bmatrix} \psi_{s\alpha} \\ \psi_{s\beta} \\ \psi_{r\alpha} \\ \psi_{r\beta} \end{bmatrix} = \begin{bmatrix} L_s & 0 & L_m & 0 \\ 0 & L_s & 0 & L_m \\ L_m & 0 & L_r & 0 \\ 0 & L_m & 0 & L_r \end{bmatrix} \begin{bmatrix} i_{s\alpha} \\ i_{s\beta} \\ i_{r\alpha} \\ i_{r\beta} \end{bmatrix} \tag{2.11}$$

根据图 2.15 静止两相正交坐标系原理图，可得到采煤机截割三相异步电动机在静止两相正交坐标系中的电磁转矩方程为

$$T_e = n_p L_m (i_{s\beta} i_{r\alpha} - i_{s\alpha} i_{r\beta}) \tag{2.12}$$

式（2.10）～式（2.12）中，$\alpha$、$\beta$ 为 $d$、$q$ 轴上的分量；$s$、$r$ 分别为定、转子上的量；$L_m$ 为定、转子互感；$i$、$u$、$\psi$、$R$ 分别为电流、电压、磁链和电阻；$\omega_r$ 为电机转子的角速度；$T_e$ 为电机的电磁转矩；$n_p$ 为极对数。

将式（2.12）代入式（2.9）可得采煤机滚筒负载转矩与截割电机电流之间的关系：

$$T_c = n_p L_m (i_{s\beta} i_{r\alpha} - i_{s\alpha} i_{r\beta}) - T_f - J_1 \ddot{\theta}_1 - J_2 \ddot{\theta}_2 \tag{2.13}$$

由式（2.13）可以看出，采煤机截割电机电流的变化可以反映滚筒的实时负载情况，而采煤机滚筒在截割不同比例煤岩时，其所受的实时负载差异很大。因此，可以通过采煤机截割电机电流的变化实现采煤机滚筒截割过程中煤岩截割比例的分析和识别。

通常，采用电参数采集模块实现对采煤机截割电机三相电流的实时检测，而电机单相电流信号的大小无法反映截割负载的变化情况。因此，采用电机电流信号的幅值变化来反映滚筒的实时负载变化情况，电机电流的幅值通过三相电流的均方根（root mean square，RMS）来表示，即采煤机截割电机电流的有效值 $I_{\text{RMS}}$，表示为

$$I_{\text{RMS}} = \frac{1}{\sqrt{3}} \sqrt{I_u^2 + I_v^2 + I_w^2} \tag{2.14}$$

式中，$I_u$、$I_v$、$I_w$ 分别表示截割电机各相电流。

## 参 考 文 献

[1]　Li X, Huang B, Ma G, et al. Study on roadheader cutting load at different properties of coal and rock[J]. Scientific World Journal, 2013 (6): 77-87.

[2]　张倩倩. 掘进机截齿截割硬岩的试验与数值模拟研究[D]. 太原：太原理工大学，2016.

[3]　Yilmaz N G, Yurdakul M, Goktan R M. Prediction of radial bit cutting force in high-strength rocks using multiple linear regression analysis[J]. International Journal of Rock Mechanics and Mining Sciences, 2007, 44 (6): 962-970.

[4]　Gao K D, Du C L, Jiang H X, et al. A theoretical model for predicting the peak cutting force of conical picks[J]. Frattura Ed Integrita Strutturale, 2014, 8 (27): 43-52.

[5] Zhang Z X. An empirical relation between mode I fracture toughness and the tensile strength of rock[J]. International Journal of Rock Mechanics and Mining Sciences，2002，39（3）：401-406.

[6] 刘春生，李德根. 不同截割状态下镐型截齿侧向力的实验与理论模型[J]. 煤炭学报，2016，41（9）：2359-2366.

[7] 李晓豁，李婷，焦丽，等. 滚筒采煤机截割载荷的模拟系统开发及其模拟[J]. 煤炭学报，2016，41（2）：502-506.

[8] Jerry R，Eugenio O，Carlos L，et al. Discrete element simulation of rock cutting[J]. International Journal of Rock Mechanics and Mining Science，2011，48（6）：996-1010.

[9] 郭卫，张武刚，赵栓峰，等. 不同工况下采煤机滚筒截割阻力矩的仿真[J]. 煤矿机械，2014，35（4）：54-56.

[10] 龚建春. 采煤机滚筒随机载荷特征分析[J]. 矿山机械，2014，42（8）：14-21.

[11] 岳嘉为，刘混举，杨成龙. 基于采煤机载荷谱的滚筒截割阻力分析[J]. 煤矿机械，2013，34（6）：77-79.

[12] 高红斌，杨兆建. 滚筒采煤机负载的波动性分析[J]. 机械科学与技术，2013，32（7）：1054-1059.

[13] 高洋，张贺. 大功率采煤机滚筒负荷计算研究[J]. 煤矿机械，2013，34（9）：11-14.

[14] 蔡翰志. 滚筒式采煤机扭矩与转速的测量研究[J]. 煤矿机械，2012，33（1）：46-48.

[15] Yilmaz N G，Yurdakul M，Goktan R M. Prediction of radial bit cutting force in high-strength rocks using multiple linear regression analysis[J]. International Journal of Rock Mechanics and Mining Sciences，2007，44（6）：962-970.

[16] Brijes M. Analysis of cutting parameters and heat generation on bits of a continuous miner-using numerical and experimental approach[D]. Morgantown：College of Engineering and Mineral Resources at West Virginia University，2007.

[17] 李孟源，尚振东，蔡海潮，等. 声发射检测及信号处理[M]. 北京：科学出版社，2010.

[18] Shahidan S，Pulin R，Bunnori N M，et al. Damage classification in reinforced concrete beam by acoustic emission signal analysis[J]. Construction and Building Materials，2013，45（13）：78-86.

[19] 许小凯，王赟，孟召平. 六种不同煤阶煤的品质因子特征[J]. 地球物理学报，2014，57（2）：644-650.

[20] 文光才，李建功，邹银辉，等. 矿井煤岩动力灾害声发射监测适用条件初探[J]. 煤炭学报，2011，36（2）：278-282.

[21] 石晓光，宦克为，高兰兰. 红外物理[M]. 杭州：浙江大学出版社，2013.

[22] 杨阳，邹佳航，秦大同，等. 采煤机高可靠性机电液短程截割传动系统[J]. 机械工程学报，2016，52（4）：111-119.

[23] 李平，王振宏. 异步交流电机动态数学模型分析与研究[J]. 长春理工大学学报（自然科学版），2016，39（1）：52-55，60.

[24] Liu S，Li X，Zhao S，et al. Bifurcation and chaos analysis of a nonlinear electromechanical coupling transmission system driven by AC asynchronous motor[J]. International Journal of Applied Electromagnetics and Mechanics，2015，47（3）：705-717.

[25] 樊扬，瞿文龙，陆海峰，等. 基于转子磁链q轴分量的异步电机间接矢量控制转差频率校正[J]. 中国电机工程学报，2009，29（9）：62-66.

[26] 王毅，马洪飞，赵凯岐，等. 电动车用感应电机磁场定向矢量控制研究[J]. 中国电机工程学报，2005，25（11）：113-117.

# 第3章　煤岩截割特征信号提取与识别

## 3.1　多截割特征信号的测试与提取方法

### 3.1.1　采煤机机械结构分析与实验台构建

滚筒式采煤机是综采工作面的主要采煤机械,分为单滚筒和双滚筒两种形式,目前综采工作面主要采用双滚筒采煤机进行开采。双滚筒采煤机两端各有一个滚筒,前滚筒在上割顶煤,后滚筒在下割底煤。两滚筒一般相背旋转,可实现一次采全高,其组成部分如图 3.1 所示,主要包括用于截割煤岩的左、右截割滚筒及附带减速齿轮组的摇臂,用于驱动采煤机滚筒的截割电机,用于实现采煤机行走的左右牵引部,用于实现采煤机摇臂和截割滚筒高度调节的左、右调高油缸,用于与齿轨啮合导向行走的导向滑靴及破碎滚筒等。

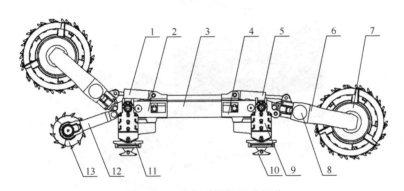

图 3.1　双滚筒采煤机组成部分

1-左调高油缸;2-左牵引部;3-机身中部;4-右牵引部;5-右调高油缸;6-摇臂;7-截割滚筒;
8-截割电机;9-行走箱;10-平滑靴;11-导向滑靴;12-破碎摇臂;13-破碎滚筒

煤岩试件截割过程中振动信号、电流信号、声发射信号和红外图像信号的精确提取与识别是构建煤岩识别模型、实现煤岩界面精确识别的重要基础。本章分别针对煤岩试件截割过程中的多特征信号进行测试提取,并采用时域、频域和小波信号处理方法对煤岩截割多特征信号进行识别分析,得到七种不同比例煤岩试件截割过程中的三向振动信号、电流信号、声发射信号和红外图像信号,构建多特征信号的数据样本库,为煤岩界面识别模型提供训练样本。

由于实际开采工作面环境复杂，影响煤岩截割特征信号的因素复杂且多变，本书开展的煤岩截割测试实验过程中，在最大限度贴近实际开采工况的前提下，对部分实验条件进行假定和约束。

（1）截割实验采用的煤岩试件均为由煤过渡到岩的分层试件，不含煤岩夹矸等工况。

（2）煤岩试件中煤岩介质的条件为岩硬煤软。

（3）截割过程中截割的牵引速度、滚筒转速和截割深度为恒定值。

（4）忽略采煤机实际截割过程中开采工作面温度、采煤机喷雾系统对红外图像信号的影响。

采煤机煤岩截割实验台的搭建要综合考虑采煤机的机械结构，并以截割理论、相似理论、相似系数为基础，但本书主要研究重点是根据不同截煤比截割过程中的多信号的表征差异来实现煤岩界面的有效识别，因此搭建采煤机煤岩截割实验台主要实现采煤机的行走、截割等相似功能，而无须根据相似理论和相似系数对采煤机煤岩截割实验台的各机构进行设计，根据滚筒式采煤机的主要机械结构特征，建立采煤机煤岩截割实验台，如图 3.2 所示。

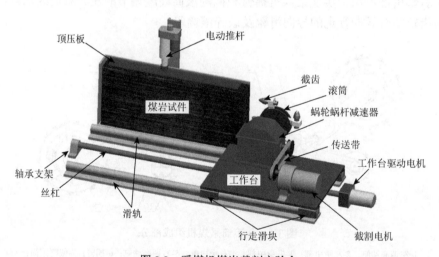

图 3.2　采煤机煤岩截割实验台

采煤机煤岩截割实验台主要由截割机构和行走机构两部分组成。同时，根据采煤机实际运行过程中的截割形式，煤岩截割实验台采用煤壁固定，滚筒旋转进给截割的方式来模拟井下采煤机的工作过程，煤岩试件通过电动推杆及顶压板实现固定，并保证煤壁受到一定的支撑应力。

1）截割机构

截割机构由工作台上的截割电机、蜗轮蜗杆减速器、传送带和均布有截齿的滚筒组成。截割电机为 380V 三相异步电动机，额定功率为 0.55kW，额定转速为 1500r/min，蜗轮蜗杆减速器主要用于降低采煤机滚筒的转速，增大滚筒的负载转矩，其减速比为 38∶1。煤岩截割实验台的截割电机与蜗轮蜗杆减速器之间采用传送带进行连接和驱动，防止截割阻力过大或截割滚筒卡死导致截割电机堵转而过载烧毁。采煤机滚筒与减速器输出轴采用焊接方式固定，滚筒上共安装四支神东天隆集团有限责任公司生产的 U85 型截齿，截齿齿体选用经过热处理高强度合金钢，保持高强韧性和高耐磨性。根据采煤机滚筒截齿安装的实际情况，煤岩截割实验台截割滚筒上四支截齿的安装角度各不相同，滚筒截割直径为 320mm，截割深度为 60mm，滚筒转速为 60.53r/min。

2）行走机构

实验台行走机构主要包括滑轨、丝杠、行走滑块、轴承支架、驱动电机，以及安装在工作台底部与丝杠配合使用的行走套件。驱动电机采用 JS-5D120GN-24 型直流电机，额定功率为 120W，减速器减速比为 50∶1，输出轴转速为 62r/min，可通过更换不同的减速机构改变采煤机截割实验台的牵引速度。驱动电机通过联轴器与丝杠连接，通过控制电机正反转驱动工作台实现往复运动。丝杠两端采用轴承支架固定，工作台下端中部与行走套件固定连接，通过丝杠旋转驱动行走套件进而控制工作台的运动。同时，两侧对称安装两组行走滑块，实现截割机构在滑轨上平稳行走。两根滑轨需保证平行安装，否则容易增加行走滑块在滑轨上的运行阻力，甚至容易出现卡死工况，易造成驱动电机堵转烧毁。滑轨全长 1150mm，两滑轨水平安装间距为 450mm。

## 3.1.2　实验台控制系统

采煤机煤岩截割实验台控制系统主要用于实现截割机构、行走机构的自动化控制，包括截割电机的启停、用于固定煤岩试件的电动推杆的伸缩、工作台的往复运动和两端的限位控制及运行指示等。人机界面主要用于显示实验台工作过程中各工作机构的运行状态及截割电机的电参数等数据。煤岩截割实验台控制面板及控制系统硬件结构分别如图 3.3 和图 3.4 所示。

煤岩截割实验台控制系统总体结构如图 3.5 所示，系统以西门子 S7-200 可编程序控制器（programmable logic controller，PLC）为控制核心，扩展两个 4 输入的 EM231 模拟量扩展模块，用于采集实验台截割振动信号。PLC 开关量输入端与控制面板相连接，接收由控制面板按钮发出的开关量指令；输出端与继电器相连，直接控制行走电机和电动推杆的运行状态，同时间接控制接触器的通断来实现截割电机的启停控制，为保证截割电机的持续稳定运行，对控制截割电机的接触器进行了冗余设计。

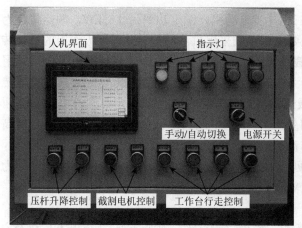

图 3.3　煤岩截割实验台控制面板

图 3.4　煤岩截割实验台
控制系统硬件结构

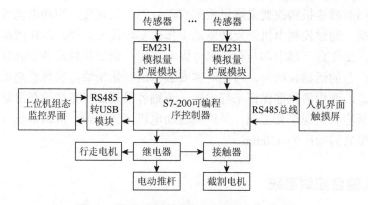

图 3.5　煤岩截割实验台控制系统总体结构

　　PLC 与人机界面触摸屏通过 RS485 总线实现信号通信和数据交互,波特率为 9600bit/s。同时,为了便于实验台的集中控制和数据采集,采用组态软件构建采煤机煤岩截割实验台的上位机监控系统,采用 RS485 转 Universal Serial Bus(简称 USB)模块实现上位机与下位机的通信和数据传输,波特率为 19200bit/s。上位机与下位机通信模块及上位机组态监控界面如图 3.6 所示。

### 3.1.3　数据测试、采集与分析系统

　　采煤机煤岩截割实验台主要测试参数包括截割过程中滚筒的 $x$、$y$、$z$ 三向上的振动信号、煤岩截割声发射信号、截齿红外图像信号和截割电流信号,根据采煤机煤岩截割实验台结构及各部件安装位置,构建如图 3.7 所示结构的测试、采集与分析

(a) 通信模块

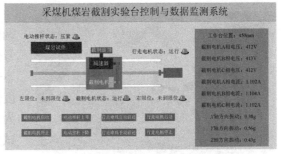

(b) 上位机组态监控界面

图 3.6 煤岩截割实验台上位机监控系统

系统,整个测试系统包含两个上位机,振动信号与电流信号采用 SIRIUS PACK 8 数据采集系统,采集后上传到一组上位机数据采集与分析系统;声发射信号和红外热成像信号采集后,上传到二组上位机数据采集与分析系统,并根据实际测试需要完成各模块的通信调试和程序编制。

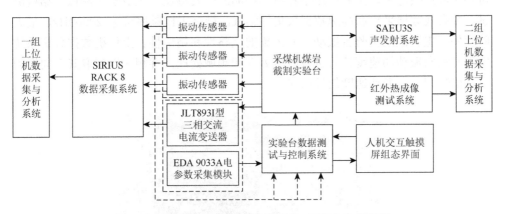

图 3.7 采煤机煤岩截割实验台测试、采集与分析系统

### 1. 截割三向振动信号

截割滚筒在截割煤岩过程中一直处于旋转运动状态,采用振动传感器直接测量截割滚筒的三向振动信号很难实现。因此,通过在与截割滚筒连接的减速机构上安装三向振动加速度传感器来实现截割三向振动信号的检测。根据煤岩截割实验台实际结构定义截割滚筒的进给方向为 $x$ 方向,垂直向上方向为 $y$ 方向,滚筒轴心线方向为 $z$ 方向[1, 2]。在与截割滚筒连接的蜗轮蜗杆减速器顶部固定安装 ULT2756 型三向振动加速度传感器,传感器与蜗轮蜗杆减速器外壳采用专用的黏合剂并加装螺栓固定,如图 3.8 所示。

图 3.8　三向振动加速度传感器的安装

传感器 $y$ 轴信号输出为实测数据 $x$ 轴信号，同理传感器 $z$ 轴、$x$ 轴输出信号分别对应实测数据 $y$ 轴和 $z$ 轴信号。本书选用的 ULT2756 型三向振动加速度传感器主要用于低频测振，测量量程为 $\pm 5g$，供电电压为 3.3～15VDC，测试灵敏度为 170mV/$g$，横向灵敏度为 5%，噪声密度为 0.3 mg/$\sqrt{Hz}$，其 $x$、$y$、$z$ 三向的零点输出分别为 1.501V、1.509V 和 1.529V。

振动信号的采集与分析系统如图 3.9 所示。采集系统采用 SIRIUS RACK 8 数据采集系统，SIRIUS RACK 8 是一种先进的便携式数据采集设备，通道数量可从几个通道扩展至超过 1000 通道，采用 DEWE-43 USB 数据采集接口，可连接高速摄像头，主要应用于系统和产品的研发测试、工业噪声测试、结构测试、分布式数据采集和高速数据采集等领域，最高采样频率可达 20000Hz，最大限度保证煤岩截割实验台振动信号采集的完整性和精确性。上位机数据分析系统实现对三向振动加速度信号进行时域处理和频域处理，并相应地获取其三向振动位移信号和三向振动速度信号曲线。

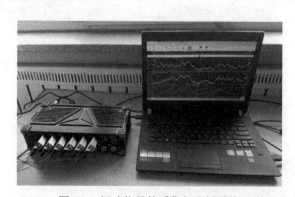

图 3.9　振动信号的采集与分析系统

## 2. 煤岩截割声发射信号

煤岩试件在截齿的碰撞和冲击作用下发出一种应力脉冲波即声发射信号，在煤岩试件内部是以机械振动波的形式扩散传播的[3-5]。当这种机械振动波传播到煤岩试件表面时，声发射传感器检测到的机械振动波信号即为煤岩截割的声发射信号。采煤机滚筒截割煤岩时，多截齿与煤岩先后发生碰撞和冲击，煤岩截割过程中的声发射信号是离散的脉冲随机信号。煤岩截割过程中声发射信号的振幅与其煤岩试件的材料强度有关，煤岩试件材料强度越大，其截割破碎过程中产生的能量越大，其声发射信号的振幅也越大。

采煤机煤岩截割实验台采用 SAEU3S 声发射系统检测煤岩截割的声发射信号。SAEU3S 声发射系统是 USB 声发射系统，频率响应范围为 3～2000kHz，信号采样长度可达 128000，最大信号幅度为 100dB。根据信号幅度不同其采样精度分别为 ±3dB(<30dB)、±1.5dB(30～40dB)和±1dB(40～100dB)。SAEU3S 声发射系统广泛应用于现场和实验室中以各种波形采集分析为基础或参数采集分析为基础的实验测试。SAEU3S 声发射系统利用 USB 数据线缆实现声发射信号数据的高速传输，能够实时采集和显示煤岩截割过程的声发射波形信号与参数信号。

煤岩截割声发射信号测试系统如图 3.10 所示。由于煤岩截割声发射信号在声发射传感器中需要经过传输介质、耦合介质、换能器、测量电路等多个层次而获得，影响声发射传感器信号接收的因素有很多，因此传感器在安装时需要与煤岩试件表面充分耦合。本书采用的耦合剂为耐高温的真空脂，其在–50～300℃内不会硬化或过软流失而影响声发射传感器与煤岩试件的耦合效果。声发射传感器的信号输出端与前置放大器相连，声发射信号采集系统与前置放大器的另一端相连接，并通过 USB 数据线与上位机数据分析系统实现通信。

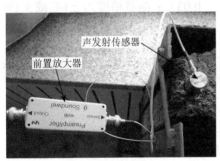

(a) 声发射传感器安装　　　　　　　(b) 声发射数据采集分析系统

图 3.10　煤岩截割声发射信号测试系统

煤岩截割声发射信号检测过程：声发射传感器将检测到的煤岩截割声发射信号通过与之相连接的前置放大器进行信号放大后传送至数据采集系统，声发射信号在数据采集系统中完成信号的 A/D 转换，在此过程中，通过可编程闸门阵列获取声发射信号的第一次到达时间、上升时间、持续时间、声发射信号峰值幅度、能量和撞击次数等。数据采集系统将所有数据组成数据集打包传输给上位机分析系统。

3. 截齿红外图像信号

由斯特藩-玻尔兹曼定律可知，黑体的全辐射出射度与温度的四次方成正比。

因此，截齿截割煤岩过程中表面温度的变化会导致红外辐射出射度的变化，且温度越高，红外辐射出射度越大[6, 7]。红外热成像仪通过光学系统、红外探测器和视频信号放大器对经过大气衰减的截齿红外辐射信号进行采集，通过聚焦后将辐射通量转换成电信号，最后经过放大处理将电信号转化为灰度图像。因此，只要红外热成像仪具有足够的灵敏度，就能实时动态地捕捉到截齿截割不同比例煤岩试件过程中表面的温度场和闪温变化。

煤岩截割红外测试系统如图 3.11 所示。该系统是北京英福泰克工程技术有限公司生产的专门用于连续动态红外采集，可实现煤岩截割过程中截齿与煤岩最高温度点的自动追踪，属于当前较先进的红外测试设备。该设备采用探测器类型为长波非制冷微量热型焦平面探测器，分别采用 384 像素×288 像素和 640 像素×480 像素焦平面探测器；通过光机微扫实现高分辨率成像，红外图像解析度最高可达 1280 像素×960 像素；光谱范围为 7.5～14μm；热灵敏度可达 0.03℃；测量精度为±1℃或±1%（0～100℃）；其他精度为±2℃或±2%；温度测量范围为-40～1200℃，可自动或手动切换温度量程。

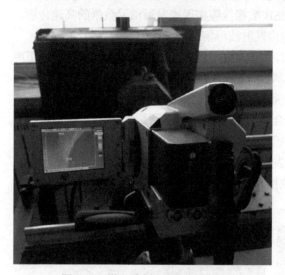

图 3.11　煤岩截割红外测试系统

### 4. 截割电流信号

截割电流信号的检测普遍采用电参数采集模块来实现，如果被检测设备工作电流较大，电参数采集模块需要增配外置互感器来实现电流的间接测量。根据煤岩截割实验台截割电机预截割不同截煤比试件时的电流信号，分别采用 EDA9033A 电参数采集模块和 JLT893I 型三相交流电流变送器检测截割电机的电流信号。EDA9033A 电参数采集模块可实现截割电机三相电流、电压、有功功率、无功功率和功率因数等多项电参数的同时测量，该采集模块通过 RS485 总线与可编程序控制器连接，实现通信的数据传输。本书主要采用 EDA9033A 电参数采集模块实现截割电机各项电参数的监测，将各电参数进行触摸屏人机界面和上位机界面数据显示。而对于不同截煤比试件截割过程中电流特征信号的测试采用 JLT893I 型三相交流电流变送器，其模块安装及测试原理如图 3.12 所示。测试模块在安装时要靠近负载端，即截割电机一侧，且三相线由标识输入端孔穿入之后接入截割电机，电流测试模块输入信号为 4～20mA 电流信号，可采用 SIRIUS RACK 8 数据采集系统实现电流信号的直接采集。JLT893I 型三相交流电流变送器的主要性能参数如下所示。

（1）量程为 0～5A；供电电压为 24VDC。

（2）准确度等级：0.2%。

（3）频带宽度为 25～5kHz；响应时间＜250ms。

（4）工作温度为 –20～＋85℃。

（5）线性度为 0.1%。

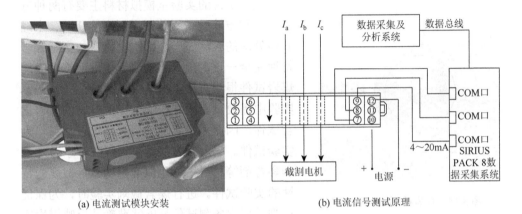

(a) 电流测试模块安装　　　　　　　(b) 电流信号测试原理

图 3.12　截割电流信号采集模块及测试原理

综上，建立采煤机煤岩截割实验台的机械系统、数据采集与控制系统和上位机数据分析系统，如图 3.13 所示。

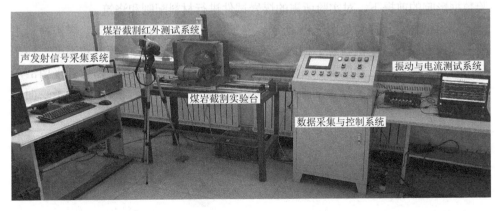

图 3.13　实验台的机械系统、数据采集与控制系统和上位机数据分析系统

### 3.1.4　煤岩试件制备及性质测定

#### 1. 煤岩试件制备

采煤机滚筒在非斜切进刀截割过程中，滚筒与煤岩的接触弧线长度为滚筒周长的 1/2，滚筒截割煤岩的比例是指其滚筒分别与煤岩接触面的弧线长度比值，如图 3.14 所示，$L_1$ 和 $L_2$ 分别为采煤机滚筒截割煤岩的弧线长度，则采煤机滚筒截割煤的弧长占煤岩总接触弧长的比例为 $L_1:(L_1+L_2)$，称为截煤比。

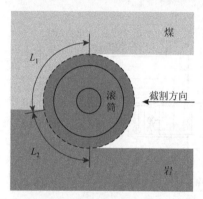

图 3.14　煤岩截割比例示意图

煤岩试件的实验室模拟材料主要有两种方法：一种方法是采用从采煤面直接获取、未经其他处理的天然煤岩，即实验材料与实际煤岩特性完全一致，但大结构块、规则形态的天然煤岩试件很难直接获得且不易运输，尤其是本实验中需要具有固定、均匀比例分布的煤岩混合试件，因此无法实现采用天然煤岩材料作为实验试件。另一种方法是采用煤、沙子、水泥和黏合剂等材料根据相似准则构建近似煤岩特性的实验试件。进行煤岩截割实验时，为保证截割过程中各测试信号能够准确地反映煤岩实际截割过程中的信号特征，煤岩的材料特性应与天然煤岩的各项特性保持一致，这样才能够保证测试数据的准确性。然而，深埋地下的煤岩形成条件复杂，影响其性质的因素复杂多变，且本实验主要目的是测试不同截煤比截割条件下各特征信号的差异和变化规律。因此，应在尽可能满足相似准则和最大限度地减小模型畸变对实验数据影响的前提下，对实验所需的煤岩试件进行材料配制和浇筑。

煤岩试件浇筑原料如图 3.15 所示。为了保证煤岩试件易于浇筑，煤炭材料主要为沫煤和颗粒较小的粒煤。同时，为保证浇筑试件中岩层的硬度和强度，沙子采用颗粒级配方法进行配置。水泥采用 PC32.5 复合硅酸盐水泥，黏合剂采用洁净型煤专用黏合剂，此种黏合剂强度高、黏结力强、防水性好，在煤、沙子表面易分散，成型率高。

(a) 煤　　　　　　(b) 沙子　　　　　　(c) 水泥　　　　　　(d) 黏合剂

图 3.15　煤岩试件浇筑原料

　　浇筑煤岩试件前，将各原材料放入容器中，然后注入水，搅拌均匀至黏稠状，并根据实际需要截煤比将煤岩相似配制材料倒入模具中，根据实验室截割实验需要，煤岩试件模具尺寸为 500mm×380mm×100mm，中间有用于分割煤岩界面的活动隔板。待模具内煤岩浇筑试件凝固不发生形变后拆除模具（室温下约 48h），继续室温下脱水直至煤岩试件完全成型。每块煤岩试件室温下的制备周期为 15d，其浇筑过程如图 3.16 所示。

　　获取不同截煤比条件下的多截割特征信息是实现煤岩界面精确识别的重要基础。从全岩比例到全煤比例过渡过程中，截煤比分割越细致，则获得的不同截煤比的多传感特征信息越完善，构建的煤岩识别模型精度越高。但过度的精细分割容易导致数据处理和分析工作量过大，数据训练难度和信息融合的维度

图 3.16　浇筑成型的煤岩试件

显著增加，增加了模型的计算量，甚至数据量过大或维度过高导致识别模型无法正常工作。综合考虑上述两点，本书共构建七种不同截煤比的煤岩试件，其截煤比分别为 0∶1（全岩）、1∶5、1∶3、1∶2、2∶3、4∶5 和 1∶1（全煤），不同比例煤岩浇筑试件如图 3.17 所示。

图 3.17　不同比例煤岩浇筑试件

## 2. 煤岩试件性质测定

　　为了准确地分析实验截割煤岩试件的性质，需要对浇筑煤岩试件的煤岩物理力学性质进行测定。考虑到性质测定实验对试件的尺寸要求，采用标准试件模具分别浇筑实验所需数量的煤岩标准试件，试件是直径为 50mm、高度为 100mm 的圆柱体。其煤岩试件中不同材料成分配比、尺寸规格及数量如表 3.1 所示，煤岩性质测定的标准试件如图 3.18 所示。

表 3.1　煤岩试件中不同材料成分配比、尺寸规格及数量

| 试件类型 | 配比比例<br>煤/沙：水泥：黏合剂 | 尺寸规格/mm×mm | 数量/个 |
|---|---|---|---|
| 煤样 | 4：1：0.1 | 50×100 | 12 |
| 岩样 | 3.5：1：0.2 | 50×100 | 12 |

(a) 煤试件

(b) 岩试件

图 3.18　煤岩性质测定的标准试件

　　煤岩试件的基本力学性质和物理性质参数主要包括弹性模量、单轴抗压强度、单轴抗拉强度、单轴抗剪强度、泊松比、黏结力、内摩擦角、脆性系数、密度等。本书根据实验条件及实际需要,主要对煤岩标准试件的单轴抗压强度、弹性模量、泊松比、高径比和密度进行测定,煤岩标准试件性质测定实验如图 3.19 所示。

(a) 煤　　　　　　　　(b) 岩

图 3.19　煤岩标准试件性质测定实验

弹性模量和泊松比是最常用的煤岩变形指标，本书的测试方法是采用黏合剂将电阻应变片固定在煤岩标准试件表面上。粘贴应变片前需将标准试件表面打光并擦拭干净，将应变片贴于标准试件的中部，每个试件在轴对称方向两侧的轴向和横向上粘贴 2 个应变片，待应变片粘贴牢固后，将长度相等的金属连接线与应变片引线端焊接牢固，另一端与电阻应变仪接线箱相连接。通过均匀施加载荷，记录不同应力下的轴向和横向应变值，根据弹性模量和泊松比计算公式进行计算。得到的模拟煤层、岩层的材料性质测定结果分别如表 3.2 和表 3.3 所示。

**表 3.2　模拟煤层材料性质测定结果**

| 性质 | 测试数值 | | |
|---|---|---|---|
| | 第一组 | 第二组 | 第三组 |
| 抗压强度/MPa | 1.99 | 2.07 | 2.03 |
| 弹性模量/MPa | 241.7 | 248.3 | 236.5 |
| 泊松比 | 0.27 | 0.27 | 0.27 |
| 高径比 | 2.053 | 2.040 | 2.000 |
| 密度/(kg/m$^3$) | 1267 | 1265 | 1271 |

**表 3.3　模拟岩层材料性质测定结果**

| 性质 | 测试数值 | | |
|---|---|---|---|
| | 第一组 | 第二组 | 第三组 |
| 抗压强度/MPa | 2.79 | 2.68 | 2.85 |
| 弹性模量/MPa | 134.3 | 139.9 | 145.7 |
| 泊松比 | 0.23 | 0.23 | 0.23 |
| 高径比 | 2.012 | 2.031 | 2.038 |
| 密度/(kg/m$^3$) | 2268 | 2281 | 2294 |

## 3.2　煤岩截割电信号时域分析

煤岩截割电流信号的测试与分析方法相对比较简便，可采用时域分析方法直接对截割电流信号进行分析与特征识别。截割滚筒空载运行时，截割电机仅承受自身及截割滚筒的转动惯量，不承受外部载荷，如图 3.20 所示。截割滚筒截割全煤试件的工况如图 3.21 所示。

图 3.20　空载运行　　　　　图 3.21　截割滚筒截割全煤试件的工况

　　截割电机空载运行工况下的三相电流曲线如图 3.22 所示。可以看出，截割电机在空载运行工况下运行平稳，各相电流变化幅度不大，A、B 和 C 三相电流峰值分别为 1011mA、1036mA 和 999mA。截割全煤试件时，截割电机的三相电流曲线如图 3.23 所示。可以看出，截割电机在截割负载的作用下，各相电流变化幅度较空载运行时显著增大，各相峰值电流分别为 1032mA、1061mA 和 1010mA。

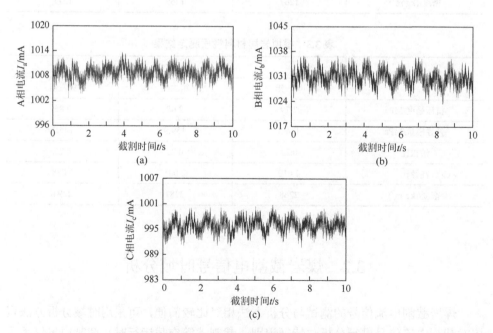

图 3.22　截割电机空载运行工况下的三相电流曲线

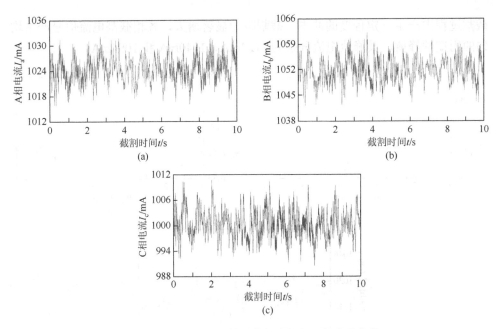

图 3.23 截割全煤试件时截割电机的三相电流曲线

截煤比为 4∶5 和 2∶3 的煤岩试件截割过程分别如图 3.24 和图 3.25 所示。其截割三相电流曲线分别如图 3.26 和图 3.27 所示。可以看出,随着截割过程中岩石比例的不断增大,各相截割电流振荡剧烈,增幅较大,局部时刻由于截齿与硬岩的冲击作用产生明显的电流峰值。

图 3.24 截煤比为 4∶5 的煤岩试件截割过程　　图 3.25 截煤比为 2∶3 的煤岩试件截割过程

图 3.26 中,截割滚筒截割的截煤比为 4∶5,滚筒在截割过程中截割少量硬岩,电流信号较截割全岩幅度发生显著变化,各相峰值电流分别为 1076mA、1095mA 和 1059mA。当滚筒截割截煤比为 2∶3 的煤岩试件时,岩石所占比例增大,截齿在

截割过程中产生一定程度的冲击，截割阻力显著增大，各相截割电流信号产生均匀的周期性峰值，其峰值电流分别为 1124mA、1140mA 和 1094mA。

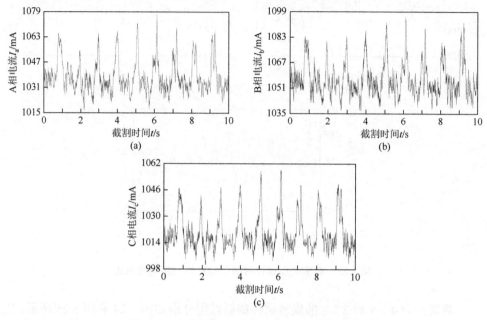

图 3.26　截煤比为 4∶5 时电机三相电流曲线

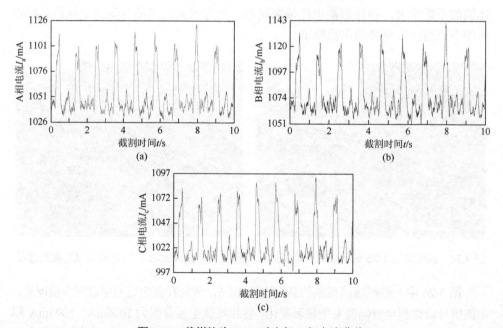

图 3.27　截煤比为 2∶3 时电机三相电流曲线

随着截煤比的不断减小，截割滚筒所受的截割阻力不断增大，截割截煤比为 1∶2（图 3.28）和 1∶3（图 3.29）时截割电机的电流曲线分别如图 3.30 和图 3.31 所示。可以看出，随着运行阻力的增大，截割电机的电流幅值持续增大，截割截煤比为 1∶2 试件时的三相峰值电流分别为 1255mA、1243mA 和 1238mA。同理分析得到，截割截煤比为 1∶3 试件时的三相峰值电流分别为 1348mA、1358mA 和 1327mA。

图 3.28　截煤比为 1∶2

图 3.29　截煤比为 1∶3

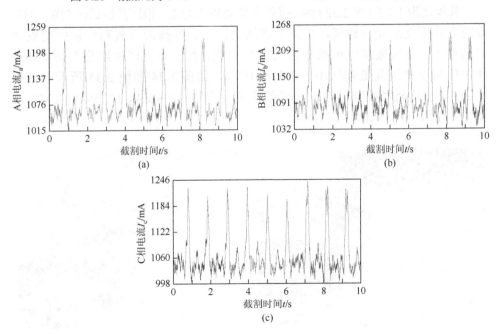

图 3.30　截煤比为 1∶2 时电机三相电流曲线

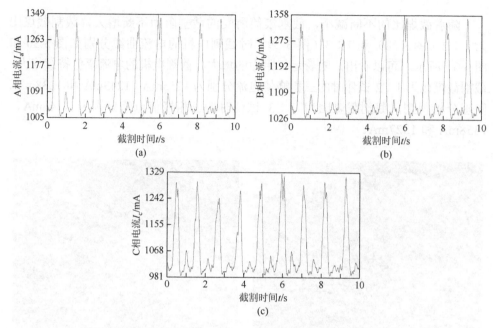

图 3.31　截煤比为 1∶3 时电机三相电流曲线

　　截煤比为 1∶5（图 3.32）时，试件主要是以岩为主，相比其他试件（图 3.33），截割方式主要是硬岩截割，故阻力将达到最大。各截齿在截割过程中均受到剧烈冲击，此时截割电机承受巨大截割负载，截割电流产生剧烈振荡，并在冲击作用下产生高低起伏不一的峰值电流，如图 3.34 和图 3.35 所示。截煤比为 1∶5 及全岩截割时的三相峰值电流分别为 1431mA、1425mA、1382mA 和 1553mA、1552mA、1512mA。

图 3.32　截煤比为 1∶5

图 3.33　截割全岩试件

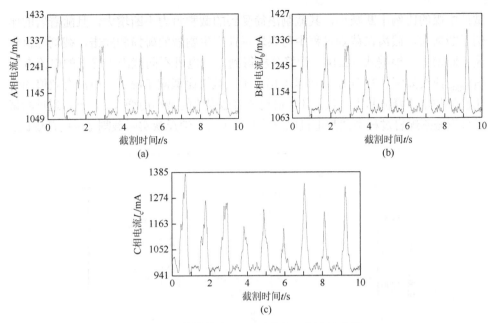

图 3.34　截煤比为 1∶5 时电机三相电流曲线

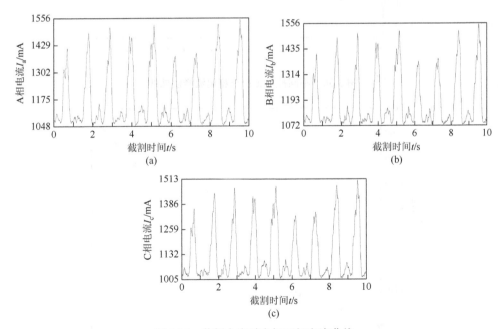

图 3.35　截割全岩时电机三相电流曲线

不同截煤比工况下,截割电机的三相峰值电流对比曲线如图 3.36 所示。综合分析 7 种不同截煤比煤岩试件截割过程中的三相电流曲线,可以看出,随着煤岩试件中煤的比例不断减小，其截割滚筒受到的截割阻力不断增大，且随着岩的比例不断增大，截齿在截割过程中与煤岩试件产生剧烈的碰撞和冲击，截割峰值电流不断增大。根据式（2.14）计算分析得到截割电机不同截割工况下的电流有效值 $I_{RMS}$ 曲线如图 3.37 所示。可以看出，不同截煤比截割工况下，电流有效值的变化趋势与电流峰值基本一致，其数值均随着截煤比的减小而增大。因此，通过测试和分析截割煤岩过程中截割电机电流的变化可有效地反映实际截割工况的截煤比。

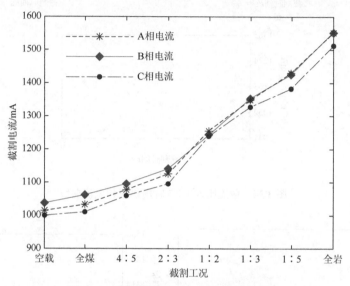

图 3.36　不同截割工况三相电流峰值曲线

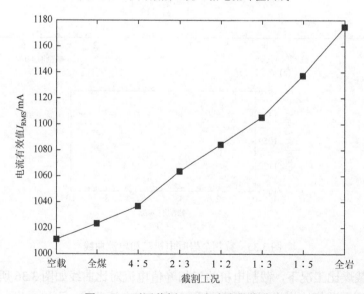

图 3.37　不同截割工况电流有效值曲线

## 3.3　煤岩截割红外特征与闪温分析

采煤机滚筒在截割煤岩过程中，截齿与煤岩介质产生剧烈的碰撞和摩擦，在此过程中产生摩擦热，由于煤岩介质与截齿表面凹凸不平，存在大量高度不等的微凸体，且不同位置煤岩介质的分布密度各不相同，随机性很大，尤其是截齿与煤岩介质局部尖锐的微凸体摩擦碰撞时，会在极小的接触面积内产生高度的应力集中，并释放大量热量，在两者的接触面上产生持续时间极短的瞬时高温区域，即截割闪温。

由于截齿与煤岩介质接触表面的高温区域是由两者之间的滑动摩擦力产生的，摩擦力越大，其产生的摩擦温度越高。而影响滑动摩擦力大小的因素主要包括压力的大小和两者接触面的粗糙程度，压力越大，滑动摩擦力越大。在压力大小相同的情况下，接触面越粗糙，滑动摩擦力越大。本书煤岩试件中岩的硬度要明显大于煤的硬度，因此截割过程中岩的比例越大，其截齿在截割岩过程中就会承受更大的截割阻力，换而言之，截齿施加在岩上的压力要远大于煤，即截齿在截割岩的过程中会较截割煤时产生更大的滑动摩擦力，其摩擦温度也越高。因此，通过分析截齿截割煤岩介质过程中接触面的摩擦温度，可有效地区分截割过程中的煤岩的比例。

在相同截割工况条件下，截齿截割全煤试件的采样红外图像如图 3.38 所示，根据截割红外图像可以看出，截齿在与煤壁摩擦碰撞过程中，其接触面产生明显的高温区域，且接触角度和接触面积不同，产生的温度场也各不相同。采用图像分割与特征提取方法得到各截割红外图像的温度与频率百分比的分布曲线如图 3.39 所示。可以看出，截齿在截割全煤过程中，其摩擦面的温度场主要集中在相对低温区域，相对高温区域占比较小，四组采样红外图像的最大瞬时闪温值分别为 19.02℃、19.26℃、19.68℃和 20.52℃。

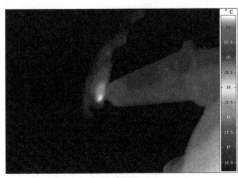
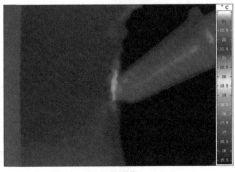

(a) 红外图像1　　　　　　　　　　　　　　　　(b) 红外图像2

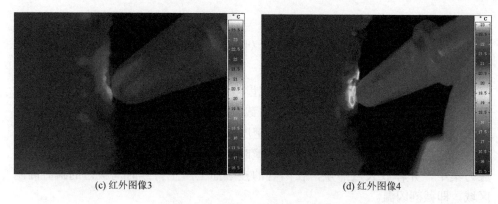

(c) 红外图像3　　　　　　　　　　　(d) 红外图像4

图 3.38　截割全煤试件红外图像

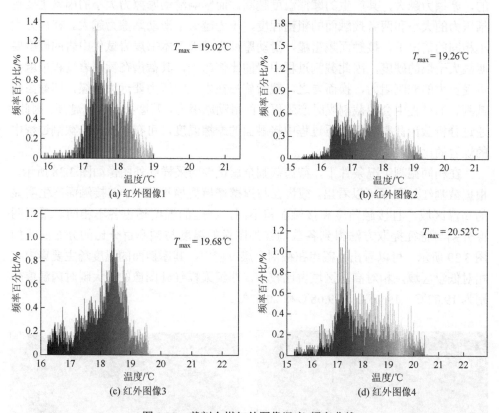

(a) 红外图像1　　　　　　　　　　　(b) 红外图像2

(c) 红外图像3　　　　　　　　　　　(d) 红外图像4

图 3.39　截割全煤红外图像温度-频率曲线

图 3.40 和图 3.41 分别为截煤比为 4：5 和 2：3 时截齿与煤岩试件摩擦面的红外图像，其各图像对应的温度-频率曲线分别如图 3.42 和图 3.43 所示。

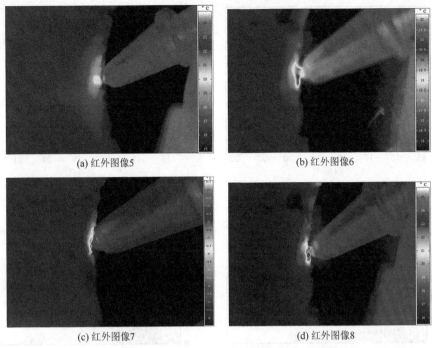

(a) 红外图像5　　　　　　　　　　　　　(b) 红外图像6

(c) 红外图像7　　　　　　　　　　　　　(d) 红外图像8

图 3.40　截煤比为 4∶5 时试件截割红外图像

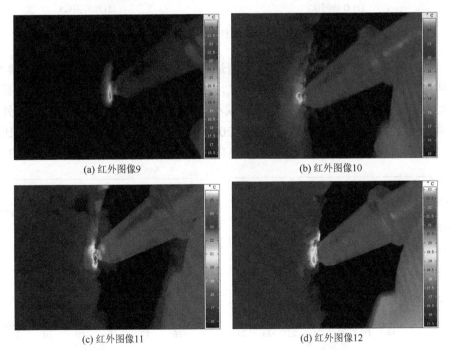

(a) 红外图像9　　　　　　　　　　　　　(b) 红外图像10

(c) 红外图像11　　　　　　　　　　　　　(d) 红外图像12

图 3.41　截煤比为 2∶3 时试件截割红外图像

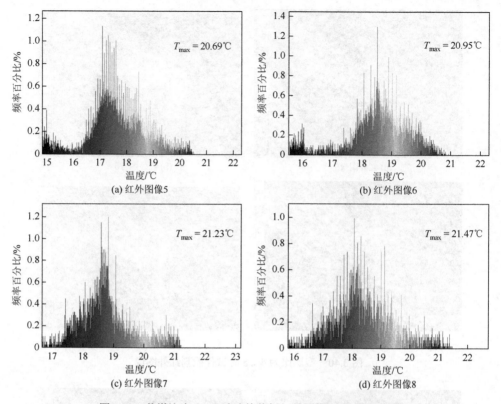

图 3.42　截煤比为 4∶5 时试件截割红外图像温度-频率曲线

由图 3.42 和图 3.43 可以看出，随着煤岩试件中岩的出现及比例的不断增大，其温度场的高低温度分布发生明显变化，相对中、高温区域范围较全煤时显著增大，相对低温区域所占频率百分比减小，四个截煤比为 4∶5 的截割红外图像样本的最高闪温值分别为 20.69℃、20.95℃、21.23℃、21.47℃，而截煤比为 2∶3 的四个截割红外图像样本的最高闪温值为 21.78℃、21.87℃、22.34℃

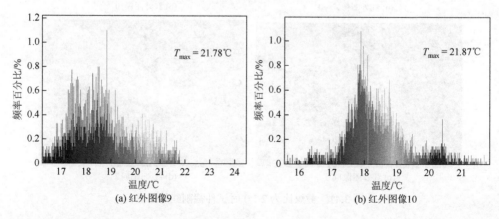

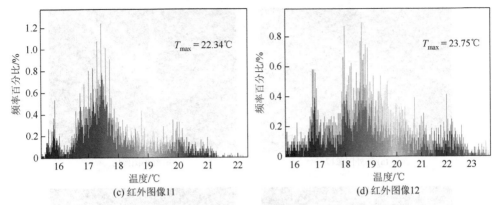

(c) 红外图像11　　　　　　　　　　　(d) 红外图像12

图 3.43　截煤比为 2：3 时试件截割红外图像温度-频率曲线

和 23.75℃，说明截齿在截割同一煤岩试件时，不同采样位置红外图像的最大瞬时闪温值在一定范围内变化，在截割不同截煤比试件时，其与煤岩试件接触面的最大瞬时闪温值随着岩石比例的增大而增大。

随着煤岩试件中岩石所占比例的不断增大，截齿与煤岩试件摩擦面的温度场发生显著变化，图 3.44～图 3.46 分别表示截煤比为 1：2、1：3 和 1：5 时的截割红外图像。其对应的温度-频率曲线分别如图 3.47～图 3.49 所示。

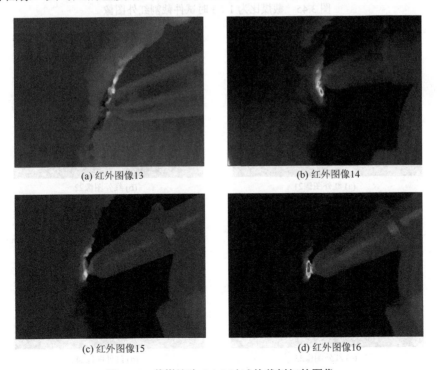

(a) 红外图像13　　　　　　　　　　　(b) 红外图像14

(c) 红外图像15　　　　　　　　　　　(d) 红外图像16

图 3.44　截煤比为 1：2 时试件截割红外图像

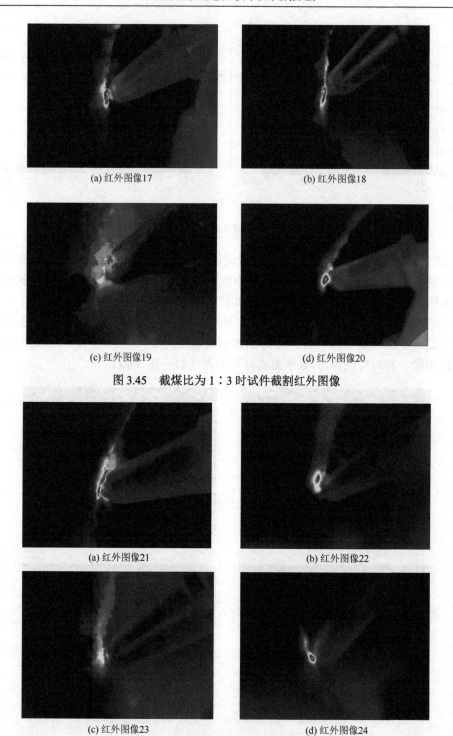

(a) 红外图像17

(b) 红外图像18

(c) 红外图像19

(d) 红外图像20

图 3.45　截煤比为 1∶3 时试件截割红外图像

(a) 红外图像21

(b) 红外图像22

(c) 红外图像23

(d) 红外图像24

图 3.46　截煤比为 1∶5 时试件截割红外图像

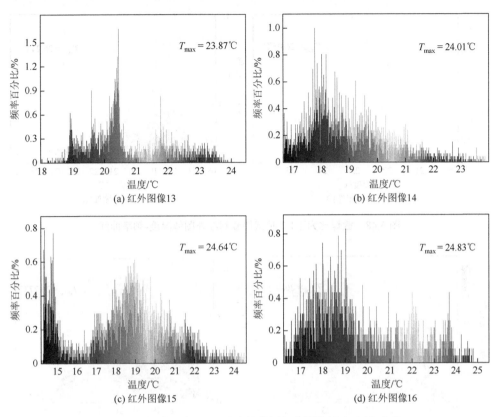

图 3.47 截煤比为 1：2 时试件截割红外图像温度-频率曲线

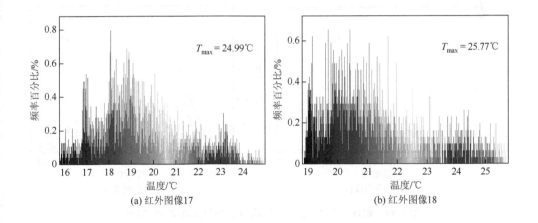

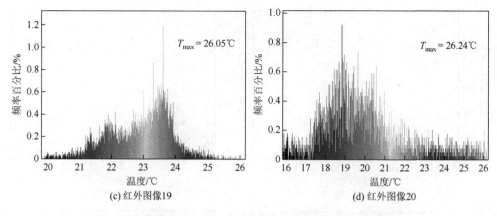

(c) 红外图像19　　　　　　　　　　　(d) 红外图像20

**图 3.48　截煤比为 1∶3 时试件截割红外图像温度-频率曲线**

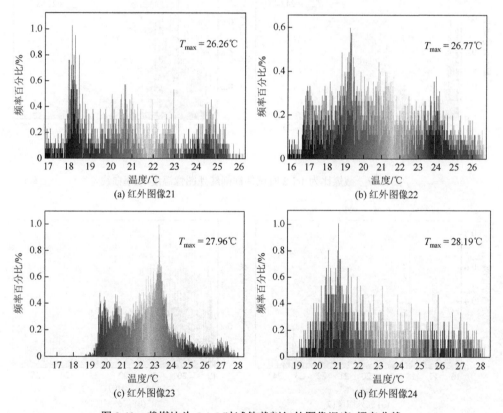

(a) 红外图像21　　　　　　　　　　　(b) 红外图像22

(c) 红外图像23　　　　　　　　　　　(d) 红外图像24

**图 3.49　截煤比为 1∶5 时试件截割红外图像温度-频率曲线**

可以看出,岩石比例的增大增加了截齿截割过程中的阻力,导致截齿与煤岩试件产生剧烈的碰撞和摩擦,相对中、高温区域占主要比例,瞬时闪温值明显升高,各截煤比采样点所示的最大瞬时闪温值分别为 24.83℃、26.24℃和 28.19℃。

　　当煤岩试件为全岩时，截齿在破碎岩石过程中承受最大的截割阻力，截齿与岩壁摩擦也最为剧烈，如图 3.50 所示，截齿与岩石接触表面温度场区域明显，通过像素网格提取识别得到其温度-频率的曲线分别如图 3.51 所示。可以看出，温度场中相对高温区域所占的频率百分比显著增大，说明截齿在截割硬岩过程中，受截割阻力的影响产生了很大的摩擦力，造成温度场相对高温区域面积增大，且四个测试件图像的温度场中最大瞬时闪温值分别达到 29.13℃、29.27℃、30.57℃和31.43℃，瞬时闪温值温升变化明显。

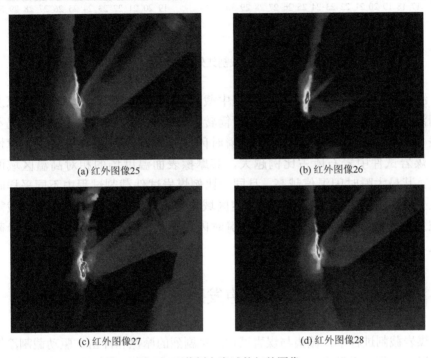

图 3.50　截割全岩试件红外图像

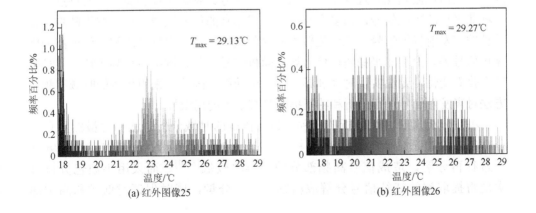

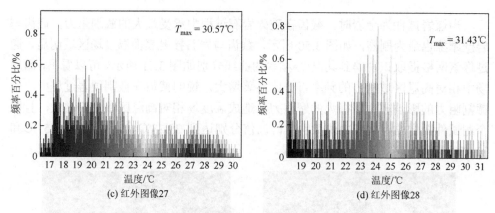

图 3.51　全岩试件截割红外图像温度-频率曲线

综合分析七种煤岩试件截割过程中截齿与试件摩擦表面的温度场，以及瞬时闪温值，可以看出，在采煤机的滚筒转速、截割深度和牵引速度等工况不变的条件下，其截割产生的温度场及瞬时闪温值随截煤比的减小呈现规律性变化，煤岩试件中岩石所占比例越大，其摩擦表面温度场的相对高温区域面积越大，其最大瞬时闪温值越高，且同一比例煤岩试件截割过程中不同采样时间的红外图像的最大瞬时闪温值在一定区域内变化。因此，可以根据截齿截割不同截煤比时摩擦表面温度场的最大瞬时闪温值的变化来分析当前的煤岩截割工况。

## 3.4　煤岩截割声发射信号特征提取

煤岩截割过程中，截齿与煤岩试件产生剧烈的摩擦和冲击，驱动截割滚筒的减速器、截割电机及整个实验平台均会产生不同程度与不同频率的振动和噪声。因此，截齿在截割煤岩过程中产生的声发射信号具有瞬态性和随机性的特点，是一种非平稳的随机信号，由多个频率和模式丰富的信号组成，包括截齿截割煤岩试件的声发射特征信号、来自旋转机械内部机械噪声、电气噪声和其他外部干扰噪声信号等。由于非平稳随机信号属于随机信号，其时域特性和频域特性随时间的变化而变化，无法实现时间和频率的定位功能。因此，采用传统的时域和频域方法对声发射信号进行分析和特征提取具有很大的局限性。

小波分析属于时域分析的一种，其与传统的时域分析方法相比虽然具有多分辨特性及自适应调节的时频分析窗，但小波分解过程中没有实现对高频部分进行再分解，造成信号高频部分的分辨率较低[8-10]。而采用小波包分析可实现将提取到的特征信号分解成精细的频率分量，同时保证对低频和高频部分的精细分解，能够自适应地确定煤岩截割声发射信号在不同频带的分辨率，对于同时包含大量低、中、高频信息的非平稳随机信号能够更好地进行时频局部化分析。

煤岩截割实验中，声发射信号的采样频率为 200kHz，采样时间为 10s。图 3.52 为七种不同截煤比煤岩试件截割过程中测试和提取的声发射信号。通过对比可知，随着煤岩试件中岩石比例的不断增大，声发射信号的幅度也不断增大。通过快速傅里叶变换得到各声发射信号的频谱图如图 3.53 所示。

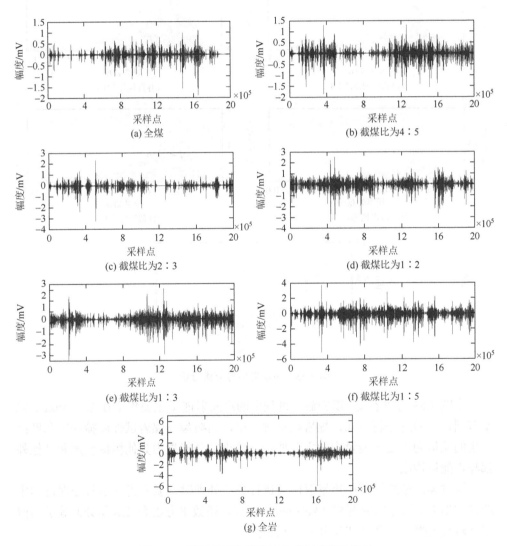

图 3.52　不同截煤比煤岩试件截割声发射信号

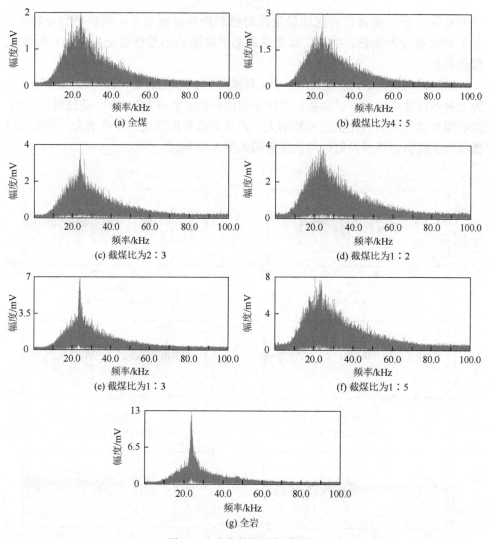

图 3.53　声发射信号频谱分析

由图 3.53 可以看出,煤岩截割过程中的声发射能量主要集中在 10~50kHz 频率范围内。通过分析可知,煤岩截割过程中,由截齿与煤岩试件碰撞冲击和摩擦产生的能量为声发射能量中的主要能量,较少部分能量由其他机械噪声和其他外部噪声能量构成。

针对煤岩截割过程中声发射信号进行分析处理时,要考虑其信号处理过程中能量的损失。根据帕塞瓦尔(Parseval)定理,函数平方的和(或积分)等于其傅里叶转换式平方之和(或积分),表示为

$$\int_{-\infty}^{\infty} x^2(t)\mathrm{d}t = \int_{-\infty}^{\infty} |X(f)|^2 \, \mathrm{d}f \tag{3.1}$$

即时域中信号的总能量等于频域中计算的信号总能量。因此，采用频域分析方法对煤岩截割声发射信号进行分析，其信号的能量在分析前后没有损失。综合考虑各频带能量在煤岩声发射特征信号提取过程中的重要性，采用小波包能量对煤岩截割过程中的声发射特征进行分析和识别。

### 1. 小波基的选择

小波基的选择是小波变换中的重要环节和关键问题，其选择结果直接影响分析计算的效率和分析结果的有效性。此外，小波基的性能还与紧支集密切相关，小波的紧支集长度越长，其尺度函数和小波函数的时域波形越光滑，频谱成分越集中，即频率特性越好。但与此同时，其时域分辨率也越小，由此造成的计算量也急剧增加。因此，小波基函数的选择需要综合考虑时频分辨率和计算速度的要求。目前，针对不同的小波，小波包分析中包含多种不同的构造方法，如 Daubechies 小波、Meyer 小波和 Coifman 小波等，这些小波函数及相应的尺度函数构成了不同的小波基。

如果对信号进行时频分析，则宜选择光滑的连续小波，因为基函数的时域越光滑，其信号的频域的局部化特性越好。如果需要进行信号检测，则应尽量地选择与测试信号波形相似的小波进行分析[11-13]。在各种小波函数中，Daubechies（简称 DB）小波是有限紧支撑正交小波，其时域和频域的局部化能力强，尤其在数字信号的小波分解过程中可以提供有限长的更实际、更具体的数字滤波器，其小波函数形式为 Daubechies $N$，$N$ 为消失矩，$N$ 的数值越大，其小波分解得到的高频系数越小，更多的高频系数为 0，其小波分解的去噪、压缩效果也就越好，在小波分解过程中，一般选用 $N$ 值较大的小波。因此，本书采用 Daubechies 12 小波对声发射信号进行小波变化。

### 2. 分解层数的确定

小波分解层数的选取要根据所测信号的频率范围，如果分解层数过少，会造成各子信号频带划分过宽，导致每个小波包空间对应较多的频率成分，不利于特征能量的识别和提取；若分解层数过多，则各子频带划分过细，虽然能够提高识别精度，但同时也大大增加了计算量。

综合考虑，对不同煤岩试件截割过程中的声发射信号进行三层小波包分解，其声发射信号的小波包分解树如图 3.54 所示。由于信号的采样频率为 200kHz，因此经过三层小波包分解后的各个节点所代表的频率范围如表 3.4 所示。通过对小波包分解系数进行重构，得到不同截煤比煤岩试件截割时声发射信号各频带的重构信号如图 3.55～图 3.61 所示。

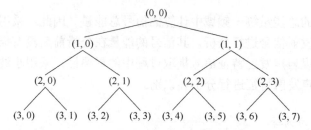

图 3.54　声发射信号的小波包分解树

**表 3.4　小波包分解各节点信号对应频带**

| 节点 | 频带/kHz | 节点 | 频带/kHz |
|------|---------|------|---------|
| (3, 0) | 0~12.5 | (3, 4) | 50~62.5 |
| (3, 1) | 12.5~25 | (3, 5) | 62.5~75 |
| (3, 2) | 25~37.5 | (3, 6) | 75~87.5 |
| (3, 3) | 37.5~50 | (3, 7) | 87.5~100 |

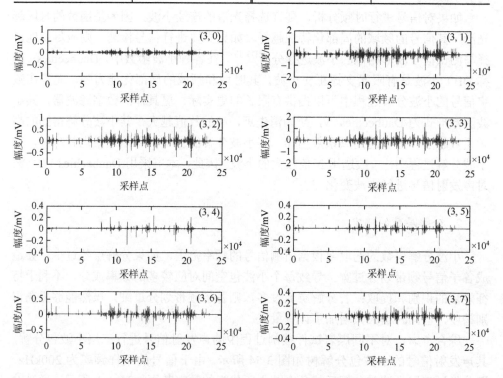

图 3.55　全煤截割时声发射信号小波包分解重构信号

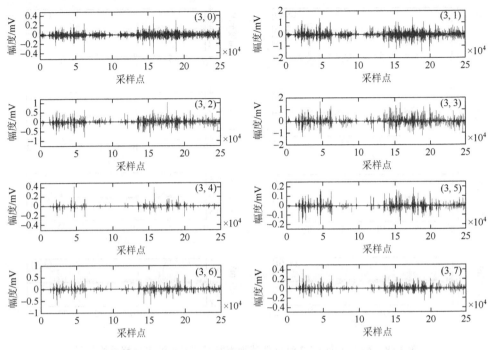

图 3.56　截煤比为 4 : 5 时试件截割声发射信号小波包分解重构信号

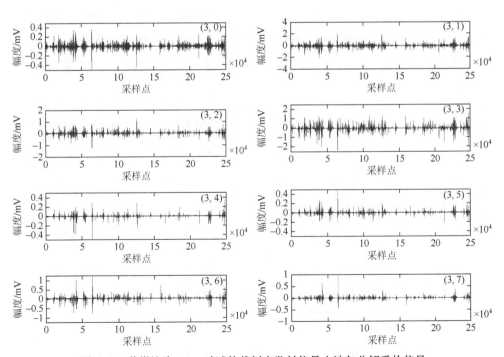

图 3.57　截煤比为 2 : 3 时试件截割声发射信号小波包分解重构信号

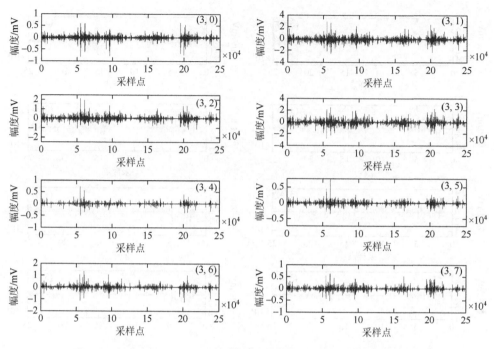

图 3.58　截煤比为 1 ∶ 2 时试件截割声发射信号小波包分解重构信号

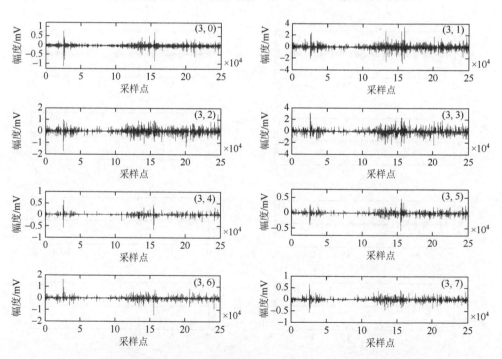

图 3.59　截煤比为 1 ∶ 3 时试件截割声发射信号小波包分解重构信号

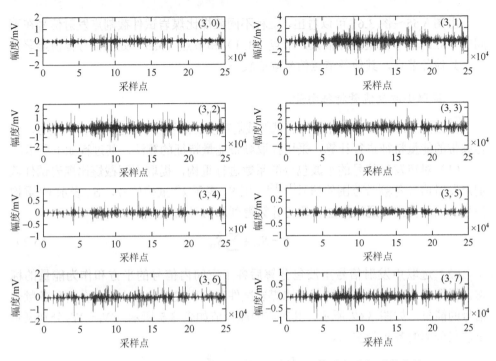

图 3.60　截煤比为 1∶5 时试件截割声发射信号小波包分解重构信号

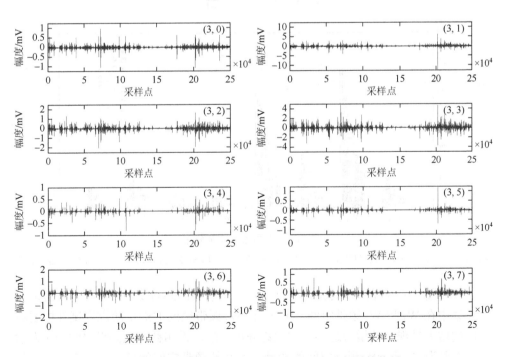

图 3.61　全岩试件截割时声发射信号小波包分解重构信号

由图 3.55～图 3.61 可以看出，七种不同截煤比煤岩试件截割声发射信号在不同节点处的信号幅值差异很大，节点（3, 1）和节点（3, 3）处的信号幅值显著地高于其他各节点，其他各节点信号幅值较小。

3. 提取小波包能量特征向量

根据图 3.55～图 3.61 中各煤岩试件截割声发射信号的小波包分解重构信号，对各频带的能量特征进行计算，采用提取频带能量特征的算法，其过程如下所示。

（1）对声发射信号的小波包分解系数进行重构，提取不同截煤比煤岩试件截割声发射信号各频带范围的信号[14, 15]。用 $S_{30}$ 表示 $x^{30}$ 重构信号，$S_{31}$ 表示 $x^{31}$ 重构信号。以此类推，通过累加计算可计算得到总信号为

$$S = S_{30} + \sum_{k=1}^{7} S_{3k} \tag{3.2}$$

（2）选取声发射信号小波包分解后各子空间内信号的平方和作为能量的标志。根据式（3.3）计算不同截煤比煤岩试件截割声发射信号小波包分解后各频带信号的能量，如图 3.62 所示，其对应的能量值如表 3.5 所示，$W_0$～$W_7$ 分别表示小波包分解的各频带空间。

$$E_{3j} = \int |S_{3j}(t)|^2 \, \mathrm{d}t = \sum_{k=1}^{n} |x_{jk}|^2 \tag{3.3}$$

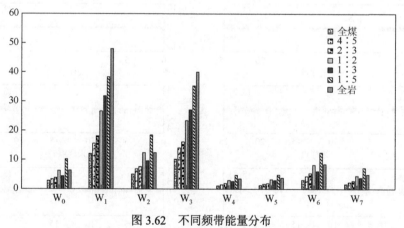

图 3.62　不同频带能量分布

$W_0$～$W_7$ 中的能量图所对应的截割比的顺序由左往右依次为全煤、4∶5、2∶3、1∶2、1∶3、1∶5、全岩，下同。

根据图 3.62 与表 3.5 可知，滚筒截割不同截煤比煤岩试件时，其声发射能量主要集中在 $W_1$ 和 $W_3$ 频带空间，且 $W_1$ 和 $W_3$ 频带空间的能量随煤岩试件中岩石比例的增大呈规律性增长趋势，与理论分析一致，说明截齿截割煤岩时的声发射能量主要为 $W_1$ 和 $W_3$ 频带空间的能量，而其他频带空间能量分布较少，且无规

律性。因此，$W_1$ 和 $W_3$ 频带空间的能量可作为煤岩截割声发射信号的特征值，但考虑到本书采用的煤岩识别信号较多，同一信号提取多个特征值会增加信号的维度，增大后续多信息融合系统的计算量。于是，本书采用 $W_1$ 和 $W_3$ 两个频带空间能量的总和作为声发射信号的特征值。

表 3.5　不同截煤比截割声发射信号不同频带能量数值

| 截煤比 | $W_0$ | $W_1$ | $W_2$ | $W_3$ | $W_4$ | $W_5$ | $W_6$ | $W_7$ |
|---|---|---|---|---|---|---|---|---|
| 全煤 | 2.72 | 12.03 | 4.98 | 10.18 | 1.06 | 1.22 | 3.00 | 1.57 |
| 4∶5 | 3.36 | 15.55 | 6.79 | 14.03 | 1.47 | 1.67 | 4.29 | 2.30 |
| 2∶3 | 3.80 | 18.05 | 7.60 | 16.09 | 1.93 | 1.91 | 5.33 | 2.77 |
| 1∶2 | 6.16 | 26.61 | 12.39 | 23.45 | 2.95 | 3.24 | 8.17 | 4.48 |
| 1∶3 | 4.34 | 31.83 | 9.58 | 27.07 | 2.67 | 2.91 | 6.06 | 3.84 |
| 1∶5 | 10.16 | 38.35 | 18.48 | 35.32 | 4.71 | 4.80 | 12.32 | 7.20 |
| 全岩 | 6.33 | 48.01 | 12.35 | 40.24 | 3.52 | 3.76 | 8.45 | 4.91 |

## 3.5　煤岩截割振动信号分析与特征提取

采煤机煤岩截割实验台传动系统如图 3.63 所示，截割电机与蜗轮蜗杆减速器采用带传动方式，截割电机的输出转速 $n_1$ 为 1500r/min，输出端皮带轮 I 的直径为 115mm，蜗轮蜗杆减速器减速比为 38∶1，输入端皮带轮 II 的直径为 75mm，则蜗轮蜗杆减速器输入端的转速 $n_2$ 为

$$n_2 = \frac{\Phi_1}{\Phi_2}n_1 = \frac{115}{75}\times1500 = 2300(\text{r}/\text{min})$$

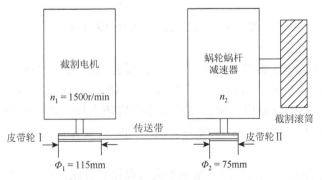

图 3.63　采煤机煤岩截割实验台传动系统

　　根据截割电机输出端转速 $n_1$ 和蜗轮蜗杆减速器输入端转速 $n_2$ 分别计算得到两者的理论转动频率为 25Hz 和 38.33Hz，蜗轮蜗杆减速器负载输出端截割滚筒的转动频率约为 1.01Hz。

　　煤岩截割实验台截割滚筒空载工况下蜗轮蜗杆减速器处测得的三向振动加速度曲线如图 3.64 所示。可以看出，截割滚筒在空载工况下，$x$、$y$、$z$ 三向振动信号呈周期性变化，$x$ 轴振动相对较小，最大振动加速度峰值为 0.4228$g$，$y$ 轴、$z$ 轴振动相对较大，其最大振动加速度峰值分别为 0.5797$g$ 和 0.7061$g$。对图 3.64 中各振动加速度曲线进行快速傅里叶变换（fast Fourier transformation，FFT）得到其频谱，如图 3.65 所示。结合理论计算分析结果可知，在空载工况下，振动激励主要来自截割电机和蜗轮蜗杆减速器，图 3.65 中，$f_1$ 频率值为 25Hz，与理论计算的截割电机频率一致；$f_2$ 频率值为 38.19Hz，与理论计算的蜗轮蜗杆减速器输入轴的转频相差不大，可能是传动带传动性能导致的微小误差。

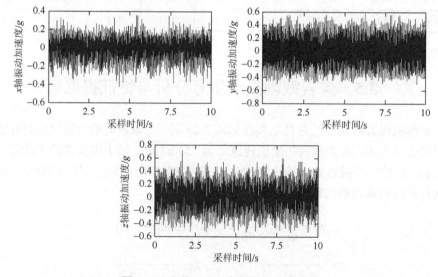

图 3.64　空载工况三向振动加速度曲线

　　采用三向振动传感器分别测试不同截煤比试件截割过程中的振动加速度信号，如图 3.66 所示。每组信号采样时间为 10s，采样频率为 200Hz，通过对比三向振动信号可以看出，随着煤岩试件中岩所占比例的不断增大，振动信号的幅度不断增大，其中 $x$ 轴、$y$ 轴方向的振动幅度变化最大，$z$ 轴方向的振动幅度变化较小。

　　图 3.66 中振动加速曲线能够反映不同截煤比时各轴向振动信号的变化总体趋势，但考虑到煤岩界面识别对特征数据样本精确程度的要求，需要采用时域统计

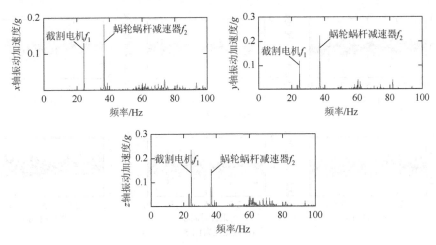

图 3.65　空载工况三向振动加速度频谱

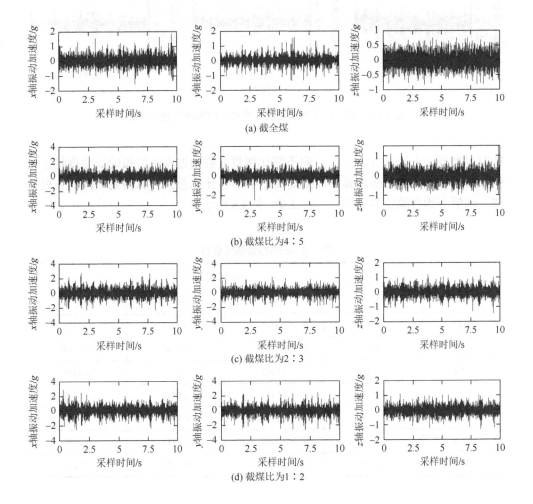

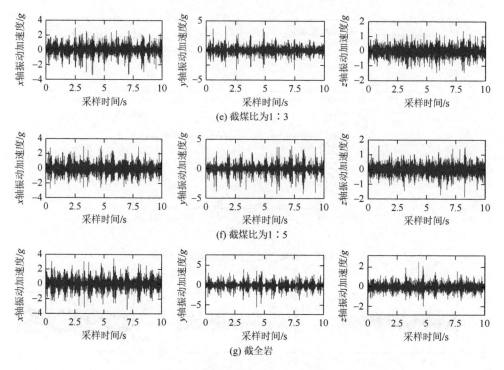

图 3.66  不同截煤比煤岩试件截割三向振动加速度曲线

特征参数处理方法对 $x$、$y$、$z$ 三向不同比例煤岩截割过程中的振动加速度特征幅值参数进行进一步分析计算，根据式（1.1）中各计算公式计算得到三向的方根幅值、均值、均方幅值和峰值，如表 3.6～表 3.8 所示。

表 3.6  $x$ 轴振动幅值参数

| 截煤比 | 幅值参数 | | | |
| --- | --- | --- | --- | --- |
| | 方根幅值 $x_r$ | 均值 $\bar{x}$ | 均方幅值 $x_{rms}$ | 峰值 $x_p$ |
| 全煤 | 0.2654 | 0.3143 | 0.3997 | 1.7869 |
| 4：5 | 0.3732 | 0.4456 | 0.5740 | 2.6768 |
| 2：3 | 0.4206 | 0.5023 | 0.6463 | 2.6370 |
| 1：2 | 0.4540 | 0.5383 | 0.6846 | 2.8207 |
| 1：3 | 0.4777 | 0.5786 | 0.7697 | 3.5050 |
| 1：5 | 0.5079 | 0.5969 | 0.8381 | 3.0496 |
| 全岩 | 0.5283 | 0.6474 | 0.8922 | 3.4236 |

**表 3.7  y 轴振动幅值参数**

| 截煤比 | 幅值参数 | | | |
|---|---|---|---|---|
| | 方根幅值 $y_r$ | 均值 $\bar{y}$ | 均方幅值 $y_{rms}$ | 峰值 $y_p$ |
| 全煤 | 0.1914 | 0.2337 | 0.3143 | 1.5550 |
| 4:5 | 0.2847 | 0.3413 | 0.4420 | 2.5048 |
| 2:3 | 0.3364 | 0.4095 | 0.5400 | 2.1740 |
| 1:2 | 0.4076 | 0.4923 | 0.6497 | 2.6095 |
| 1:3 | 0.4263 | 0.5215 | 0.7128 | 4.1099 |
| 1:5 | 0.4780 | 0.6080 | 0.8703 | 4.2254 |
| 全岩 | 0.5155 | 0.6559 | 0.9198 | 5.4131 |

**表 3.8  z 轴振动幅值参数**

| 截煤比 | 幅值参数 | | | |
|---|---|---|---|---|
| | 方根幅值 $z_r$ | 均值 $\bar{z}$ | 均方幅值 $z_{rms}$ | 峰值 $z_p$ |
| 全煤 | 0.1942 | 0.2270 | 0.2784 | 0.8280 |
| 4:5 | 0.2045 | 0.2439 | 0.3103 | 1.5488 |
| 2:3 | 0.2167 | 0.2568 | 0.3267 | 1.4588 |
| 1:2 | 0.2246 | 0.2651 | 0.3438 | 1.2801 |
| 1:3 | 0.2388 | 0.2878 | 0.3739 | 1.4660 |
| 1:5 | 0.2464 | 0.2939 | 0.3893 | 1.8479 |
| 全岩 | 0.2516 | 0.3052 | 0.4045 | 2.4902 |

根据表 3.6～表 3.8 的时域统计特征参数，得到不同截煤比时 $x$、$y$、$z$ 三向振动加速度的方根幅值、均值、均方幅值和峰值曲线，如图 3.67 所示。可以看出，原始振动加速度曲线时域统计特征值中，方根幅值、均值、均方幅值的数值均随着截煤比的减小即岩所占比例的增大而增大，$x$ 轴、$y$ 轴的变化幅度明显，$z$ 轴的变化趋势相对平缓，增幅较小，不适宜作为煤岩界面识别特征样本；而 $x$、$y$、$z$ 三向的振动加速度峰值曲线随着截煤比的变化呈现高低起伏，不具备单调性，因此峰值特征参数也不能作为煤岩界面识别的特征样本。

原始振动加速度曲线的方根幅值、均值和均方幅值三个时域统计特征参数虽然随着截煤比的变化呈现单调递增的变化特性，但原始信号中含有振动噪声，因此其统计结果不具备普遍性和适用性，需要对各轴向振动加速信号进行进一步分析，提取煤岩截割过程中振动信号的实际特征。采用小波包分析方法对获取的煤岩截割振动加速度数据进行小波包分解和不同频带能量重构，具体方法不再赘

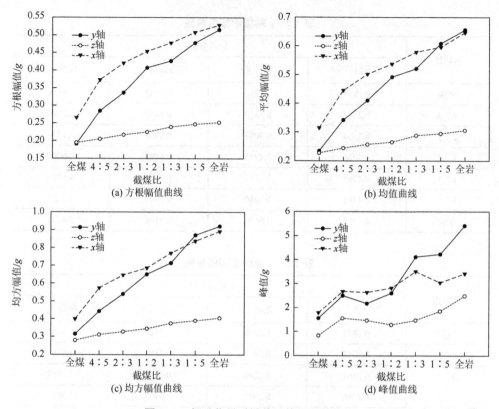

图 3.67　振动信号时域统计特征参数曲线

述，得到不同截煤比煤岩试件截割时的 $x$、$y$、$z$ 三向振动信号小波包分解后各频带信号的能量重构如图 3.68～图 3.70 所示。

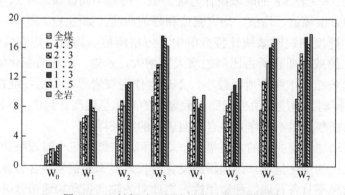

图 3.68　$x$ 轴振动三层小波包分解能量重构

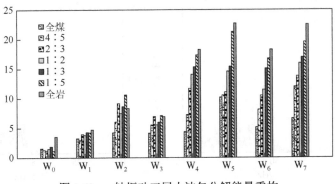

图 3.69　$y$ 轴振动三层小波包分解能量重构

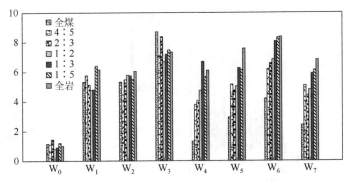

图 3.70　$z$ 轴振动三层小波包分解能量重构

图 3.69 中，截割不同截煤比煤岩试件时，$y$ 轴振动三层小波包分解能量重构的四个低频带能量（$W_0 \sim W_3$）变化幅度不大，且不随截煤比的变化呈递增或递减趋势，属于振动噪声，主要由截割电机、减速器转动和实验台振动引起，而四个高频带能量（$W_4 \sim W_7$）随着截煤比的不断减小呈单调递增趋势，与理论分析结果一致，都是由于截齿与煤岩摩擦和撞击产生的振动。因此，$y$ 轴振动高频带能量的变化能够有效地反映截齿截割煤岩试件的截煤比变化。

由图 3.68 和图 3.70 得到的 $x$ 轴、$z$ 轴振动三层小波包分解能量重构可以看出，截齿在截割不同截煤比煤岩试件时，其各频带能量都呈现不规律变化，$z$ 轴振动三层小波包分解能量重构中 $W_6$ 频带能量虽然呈递增趋势，但前述分析 $z$ 轴振动加速度各时域统计特征随截煤比变化幅度较小，不适宜作为煤岩界面识别特征样本。

综合分析可知，煤岩截割实验台测试得到的 $x$、$y$、$z$ 三向振动加速度信号中，$y$ 轴的高频带（$50 \sim 100 \mathrm{Hz}$）能量能够有效地反映截齿截割过程中截煤比的变化，故对 $y$ 轴振动加速度原始信号进行滤波处理，滤除 $0 \sim 50 \mathrm{Hz}$ 低频噪声信号，得到滤波后不同截煤比时的振动加速度频谱如图 3.71 ～ 图 3.77 所示。

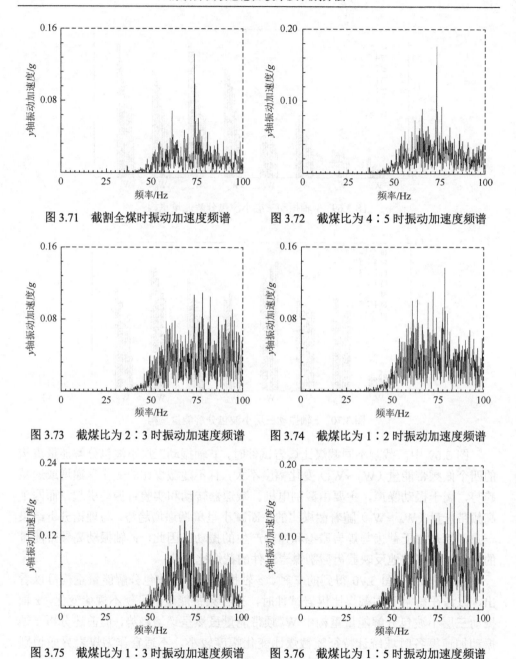

图 3.71　截割全煤时振动加速度频谱　　　　图 3.72　截煤比为 4：5 时振动加速度频谱

图 3.73　截煤比为 2：3 时振动加速度频谱　　　图 3.74　截煤比为 1：2 时振动加速度频谱

图 3.75　截煤比为 1：3 时振动加速度频谱　　　图 3.76　截煤比为 1：5 时振动加速度频谱

　　方根幅值、均值、均方幅值三个时域统计特征参数均能够反映截齿截割过程中截煤比的变化趋势。方根幅值和均方根值是对应的，均方根值是振动信号平方和的平均值的算术平方根，方根幅值是算术平方根的平均值的平方。均值是振动信号时变量的瞬时值在采样时间内的算术平均值；均方幅值也可称为有效值，它的计算方法是对各时变量的瞬时值依次进行平方、平均和再开方，均方幅值对时间是平均的，能够反映信号能量的大小，稳定性较好。综合考虑时域统计特征参数特性及融合特征信号的维度，采用 $y$ 轴振动加速度均方幅值作为煤岩界面识别的振动特征信号，通过分析计算得到去噪后不同截煤比时 $y$ 轴加速度的均方幅值曲线，如图 3.78 所示。

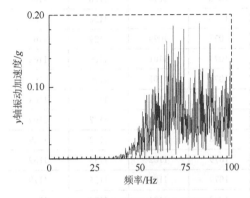

图 3.77　截割全岩振动加速度频谱　　　图 3.78　去噪后不同截煤比时 $y$ 轴振动加速度的均方幅值曲线

## 3.6　多截割信号特征数据库构建

截齿截割煤岩过程中的电流信号、温度信号、声发射信号和振动信号是构建煤岩界面识别模型的重要基础和前提，适宜的多截割信号特征样本对保证煤岩界面识别模型的精度具有重要意义。针对 7 种不同截煤比的煤岩试件，在截割过程中，分别测试和提取 50 组 4 种信号的特征数据，并对各数据进行分析和处理，得到多截割信号的特征样本，分别如表 3.9～表 3.12 所示。

表 3.9　不同截煤比时的电流信号特征样本　　　　单位：mA

| 序号 | 截煤比 | | | | | | |
| --- | --- | --- | --- | --- | --- | --- | --- |
| | 全煤 | 4∶5 | 2∶3 | 1∶2 | 1∶3 | 1∶5 | 全岩 |
| 1 | 1014 | 1024 | 1049 | 1064 | 1089 | 1116 | 1149 |
| 2 | 1014 | 1025 | 1052 | 1069 | 1089 | 1119 | 1153 |
| 3 | 1014 | 1027 | 1053 | 1069 | 1091 | 1119 | 1157 |
| 4 | 1015 | 1028 | 1054 | 1072 | 1094 | 1120 | 1159 |
| 5 | 1015 | 1030 | 1054 | 1073 | 1095 | 1124 | 1161 |
| 6 | 1015 | 1032 | 1054 | 1073 | 1096 | 1126 | 1162 |
| 7 | 1016 | 1032 | 1055 | 1074 | 1097 | 1126 | 1164 |
| 8 | 1016 | 1033 | 1055 | 1074 | 1097 | 1128 | 1165 |

| 序号 | 截煤比 | | | | | | |
|---|---|---|---|---|---|---|---|
| | 全煤 | 4:5 | 2:3 | 1:2 | 1:3 | 1:5 | 全岩 |
| 9 | 1017 | 1033 | 1055 | 1076 | 1099 | 1128 | 1165 |
| 10 | 1018 | 1034 | 1057 | 1076 | 1099 | 1128 | 1166 |
| 11 | 1018 | 1034 | 1058 | 1076 | 1099 | 1128 | 1167 |
| 12 | 1018 | 1034 | 1059 | 1077 | 1099 | 1129 | 1167 |
| 13 | 1018 | 1035 | 1059 | 1077 | 1101 | 1129 | 1168 |
| 14 | 1018 | 1035 | 1059 | 1077 | 1101 | 1129 | 1168 |
| 15 | 1019 | 1035 | 1059 | 1077 | 1101 | 1130 | 1168 |
| 16 | 1019 | 1035 | 1059 | 1078 | 1102 | 1132 | 1169 |
| 17 | 1019 | 1036 | 1059 | 1078 | 1102 | 1132 | 1169 |
| 18 | 1019 | 1036 | 1060 | 1079 | 1102 | 1133 | 1169 |
| 19 | 1019 | 1037 | 1062 | 1079 | 1102 | 1135 | 1170 |
| 20 | 1019 | 1037 | 1062 | 1082 | 1104 | 1137 | 1171 |
| 21 | 1020 | 1038 | 1062 | 1082 | 1104 | 1137 | 1172 |
| 22 | 1020 | 1038 | 1063 | 1082 | 1104 | 1138 | 1172 |
| 23 | 1021 | 1039 | 1064 | 1083 | 1104 | 1138 | 1173 |
| 24 | 1021 | 1039 | 1065 | 1083 | 1105 | 1138 | 1174 |
| 25 | 1021 | 1041 | 1066 | 1083 | 1105 | 1139 | 1175 |
| 26 | 1021 | 1042 | 1066 | 1084 | 1105 | 1140 | 1176 |
| 27 | 1021 | 1042 | 1066 | 1085 | 1105 | 1142 | 1176 |
| 28 | 1022 | 1044 | 1066 | 1085 | 1105 | 1142 | 1177 |
| 29 | 1022 | 1044 | 1066 | 1085 | 1106 | 1142 | 1178 |
| 30 | 1022 | 1044 | 1067 | 1085 | 1107 | 1145 | 1179 |
| 31 | 1022 | 1044 | 1067 | 1085 | 1108 | 1145 | 1180 |
| 32 | 1023 | 1045 | 1067 | 1085 | 1109 | 1145 | 1180 |
| 33 | 1023 | 1045 | 1068 | 1086 | 1109 | 1146 | 1181 |
| 34 | 1023 | 1045 | 1069 | 1088 | 1109 | 1146 | 1183 |
| 35 | 1024 | 1046 | 1069 | 1088 | 1109 | 1146 | 1183 |
| 36 | 1024 | 1046 | 1069 | 1088 | 1110 | 1146 | 1184 |
| 37 | 1024 | 1049 | 1069 | 1088 | 1110 | 1147 | 1185 |
| 38 | 1025 | 1049 | 1071 | 1088 | 1113 | 1148 | 1185 |
| 39 | 1025 | 1049 | 1071 | 1089 | 1115 | 1149 | 1186 |
| 40 | 1025 | 1051 | 1072 | 1089 | 1116 | 1151 | 1187 |
| 41 | 1026 | 1051 | 1072 | 1091 | 1118 | 1154 | 1187 |

续表

| 序号 | 截煤比 | | | | | | |
|---|---|---|---|---|---|---|---|
| | 全煤 | 4：5 | 2：3 | 1：2 | 1：3 | 1：5 | 全岩 |
| 42 | 1027 | 1053 | 1072 | 1091 | 1118 | 1155 | 1188 |
| 43 | 1028 | 1055 | 1073 | 1092 | 1120 | 1158 | 1188 |
| 44 | 1028 | 1055 | 1073 | 1092 | 1120 | 1158 | 1192 |
| 45 | 1028 | 1055 | 1077 | 1092 | 1122 | 1159 | 1192 |
| 46 | 1028 | 1055 | 1077 | 1094 | 1125 | 1159 | 1193 |
| 47 | 1030 | 1056 | 1078 | 1095 | 1126 | 1160 | 1199 |
| 48 | 1032 | 1059 | 1078 | 1096 | 1126 | 1161 | 1201 |
| 49 | 1032 | 1060 | 1078 | 1099 | 1128 | 1166 | 1204 |
| 50 | 1036 | 1060 | 1078 | 1099 | 1129 | 1166 | 1206 |

表 3.10　不同截煤比时的温度信号特征样本　　　单位：℃

| 序号 | 截煤比 | | | | | | |
|---|---|---|---|---|---|---|---|
| | 全煤 | 4：5 | 2：3 | 1：2 | 1：3 | 1：5 | 全岩 |
| 1 | 18.88 | 20.69 | 21.78 | 22.99 | 24.72 | 26.26 | 27.67 |
| 2 | 19.02 | 20.83 | 21.87 | 23.15 | 24.89 | 26.33 | 28.26 |
| 3 | 19.17 | 20.88 | 21.92 | 23.55 | 24.91 | 26.39 | 28.44 |
| 4 | 19.26 | 20.93 | 21.99 | 23.61 | 24.99 | 26.42 | 28.44 |
| 5 | 19.57 | 20.94 | 21.99 | 23.62 | 24.99 | 26.44 | 28.45 |
| 6 | 19.68 | 20.95 | 22.16 | 23.69 | 25.06 | 26.49 | 28.49 |
| 7 | 19.69 | 21.16 | 22.28 | 23.79 | 25.11 | 26.58 | 28.55 |
| 8 | 19.78 | 21.16 | 22.29 | 23.85 | 25.29 | 26.68 | 28.59 |
| 9 | 19.78 | 21.19 | 22.34 | 23.86 | 25.29 | 26.77 | 28.61 |
| 10 | 19.79 | 21.22 | 22.36 | 23.87 | 25.33 | 26.78 | 28.64 |
| 11 | 19.83 | 21.23 | 22.49 | 23.94 | 25.33 | 26.87 | 28.72 |
| 12 | 19.85 | 21.26 | 22.53 | 23.94 | 25.44 | 26.88 | 28.74 |
| 13 | 19.86 | 21.33 | 22.57 | 23.95 | 25.46 | 26.89 | 28.78 |
| 14 | 19.94 | 21.44 | 22.57 | 23.97 | 25.48 | 26.91 | 28.93 |
| 15 | 19.94 | 21.45 | 22.61 | 23.98 | 25.48 | 26.94 | 28.98 |
| 16 | 19.97 | 21.47 | 22.64 | 24.01 | 25.49 | 26.99 | 28.98 |
| 17 | 19.99 | 21.54 | 22.68 | 24.11 | 25.52 | 27.11 | 28.99 |
| 18 | 20.12 | 21.56 | 22.74 | 24.11 | 25.58 | 27.12 | 29.11 |
| 19 | 20.12 | 21.57 | 22.75 | 24.26 | 25.59 | 27.13 | 29.13 |

续表

| 序号 | 截煤比 | | | | | | |
| --- | --- | --- | --- | --- | --- | --- | --- |
| | 全煤 | 4:5 | 2:3 | 1:2 | 1:3 | 1:5 | 全岩 |
| 20 | 20.16 | 21.59 | 22.76 | 24.26 | 25.61 | 27.16 | 29.14 |
| 21 | 20.17 | 21.66 | 22.77 | 24.29 | 25.61 | 27.16 | 29.15 |
| 22 | 20.19 | 21.66 | 22.78 | 24.35 | 25.67 | 27.26 | 29.16 |
| 23 | 20.19 | 21.66 | 22.83 | 24.38 | 25.72 | 27.32 | 29.22 |
| 24 | 20.24 | 21.76 | 22.84 | 24.38 | 25.73 | 27.34 | 29.27 |
| 25 | 20.26 | 21.76 | 22.85 | 24.41 | 25.73 | 27.34 | 29.33 |
| 26 | 20.26 | 21.78 | 22.85 | 24.51 | 25.77 | 27.35 | 29.41 |
| 27 | 20.33 | 21.81 | 22.86 | 24.52 | 25.77 | 27.44 | 29.44 |
| 28 | 20.33 | 21.81 | 22.86 | 24.58 | 25.77 | 27.45 | 29.45 |
| 29 | 20.34 | 21.82 | 22.87 | 24.59 | 25.79 | 27.46 | 29.48 |
| 30 | 20.35 | 21.88 | 22.89 | 24.63 | 25.83 | 27.55 | 29.48 |
| 31 | 20.37 | 21.89 | 22.89 | 24.64 | 25.83 | 27.59 | 29.55 |
| 32 | 20.38 | 21.89 | 22.89 | 24.66 | 25.84 | 27.61 | 29.55 |
| 33 | 20.38 | 21.89 | 22.91 | 24.67 | 25.85 | 27.65 | 29.57 |
| 34 | 20.43 | 21.92 | 22.91 | 24.75 | 25.87 | 27.68 | 29.61 |
| 35 | 20.44 | 21.94 | 22.91 | 24.76 | 25.88 | 27.74 | 29.64 |
| 36 | 20.46 | 21.94 | 22.98 | 24.78 | 25.93 | 27.78 | 29.71 |
| 37 | 20.48 | 21.99 | 23.01 | 24.79 | 25.99 | 27.79 | 29.72 |
| 38 | 20.51 | 22.06 | 23.06 | 24.79 | 26.05 | 27.86 | 29.73 |
| 39 | 20.52 | 22.06 | 23.06 | 24.81 | 26.09 | 27.88 | 29.76 |
| 40 | 20.53 | 22.12 | 23.09 | 24.81 | 26.11 | 27.92 | 29.84 |
| 41 | 20.55 | 22.15 | 23.12 | 24.83 | 26.11 | 27.92 | 29.89 |
| 42 | 20.61 | 22.16 | 23.14 | 24.86 | 26.12 | 27.96 | 29.99 |
| 43 | 20.62 | 22.26 | 23.15 | 24.88 | 26.15 | 28.04 | 30.01 |
| 44 | 20.68 | 22.31 | 23.16 | 24.88 | 26.24 | 28.06 | 30.05 |
| 45 | 20.72 | 22.41 | 23.25 | 24.88 | 26.34 | 28.11 | 30.16 |
| 46 | 20.76 | 22.49 | 23.48 | 24.91 | 26.36 | 28.12 | 30.17 |
| 47 | 20.76 | 22.56 | 23.48 | 25.01 | 26.38 | 28.19 | 30.32 |
| 48 | 20.81 | 22.57 | 23.51 | 25.03 | 26.46 | 28.32 | 30.52 |
| 49 | 20.88 | 22.67 | 23.62 | 25.09 | 26.54 | 28.63 | 30.57 |
| 50 | 21.01 | 22.73 | 23.75 | 25.12 | 26.72 | 28.93 | 31.43 |

表 3.11　不同截煤比时的声发射信号特征样本

| 序号 | 截煤比 | | | | | | |
|---|---|---|---|---|---|---|---|
| | 全煤 | 4：5 | 2：3 | 1：2 | 1：3 | 1：5 | 全岩 |
| 1 | 20.96 | 25.88 | 31.66 | 42.16 | 50.92 | 63.74 | 73.84 |
| 2 | 21.06 | 25.94 | 31.92 | 43.17 | 51.76 | 64.37 | 73.99 |
| 3 | 21.37 | 26.06 | 32.25 | 43.26 | 52.31 | 64.59 | 74.12 |
| 4 | 21.58 | 26.09 | 32.99 | 44.16 | 52.83 | 65.89 | 74.62 |
| 5 | 21.91 | 26.13 | 33.29 | 44.19 | 52.88 | 66.18 | 75.42 |
| 6 | 21.99 | 26.41 | 33.95 | 44.19 | 53.72 | 66.29 | 75.85 |
| 7 | 22.08 | 26.76 | 34.14 | 44.29 | 54.84 | 66.85 | 75.91 |
| 8 | 22.21 | 27.05 | 34.52 | 45.82 | 54.95 | 66.93 | 75.91 |
| 9 | 22.59 | 27.34 | 34.58 | 45.88 | 55.28 | 67.09 | 75.92 |
| 10 | 22.75 | 27.77 | 35.02 | 45.94 | 55.73 | 67.26 | 76.12 |
| 11 | 22.78 | 27.89 | 35.22 | 46.16 | 55.91 | 67.59 | 76.46 |
| 12 | 22.84 | 27.95 | 36.44 | 46.25 | 55.92 | 67.95 | 76.55 |
| 13 | 22.91 | 27.98 | 36.57 | 46.78 | 56.46 | 68.54 | 76.95 |
| 14 | 22.95 | 27.99 | 36.64 | 46.84 | 56.72 | 68.59 | 77.93 |
| 15 | 23.25 | 28.37 | 36.64 | 46.98 | 57.38 | 68.75 | 78.21 |
| 16 | 23.65 | 28.46 | 36.91 | 47.18 | 57.43 | 68.95 | 78.36 |
| 17 | 23.66 | 28.57 | 37.17 | 47.73 | 58.24 | 69.15 | 78.46 |
| 18 | 23.75 | 28.71 | 37.46 | 47.76 | 58.38 | 69.28 | 78.59 |
| 19 | 23.81 | 28.76 | 37.76 | 47.87 | 58.42 | 69.28 | 78.59 |
| 20 | 23.81 | 28.83 | 37.86 | 48.33 | 58.73 | 69.55 | 79.02 |
| 21 | 23.82 | 28.85 | 38.46 | 48.52 | 58.9 | 69.58 | 79.08 |
| 22 | 23.89 | 28.88 | 38.46 | 48.58 | 59.08 | 69.86 | 79.16 |
| 23 | 23.91 | 28.91 | 38.58 | 48.61 | 59.11 | 70.02 | 79.26 |
| 24 | 23.92 | 29.02 | 38.75 | 48.76 | 59.22 | 70.25 | 79.38 |
| 25 | 23.93 | 29.14 | 38.81 | 48.81 | 59.43 | 70.46 | 79.46 |
| 26 | 23.95 | 29.25 | 38.99 | 48.83 | 59.65 | 70.59 | 79.54 |
| 27 | 24.17 | 29.42 | 39.43 | 49.05 | 59.71 | 70.88 | 80.13 |
| 28 | 24.19 | 29.45 | 39.53 | 49.06 | 59.71 | 70.94 | 80.16 |
| 29 | 24.21 | 29.49 | 39.55 | 49.16 | 60.75 | 71.06 | 81.06 |
| 30 | 24.22 | 29.52 | 39.58 | 49.25 | 60.77 | 71.06 | 81.38 |
| 31 | 24.37 | 29.55 | 39.64 | 49.69 | 60.78 | 71.25 | 81.66 |
| 32 | 24.54 | 29.55 | 39.76 | 49.72 | 61.16 | 71.34 | 82.06 |
| 33 | 24.55 | 29.58 | 40.05 | 49.76 | 61.17 | 71.83 | 82.16 |

| 序号 | 截煤比 | | | | | | |
|---|---|---|---|---|---|---|---|
| | 全煤 | 4:5 | 2:3 | 1:2 | 1:3 | 1:5 | 全岩 |
| 34 | 24.61 | 29.88 | 40.11 | 49.78 | 61.18 | 71.85 | 82.17 |
| 35 | 24.64 | 30.01 | 40.26 | 49.98 | 61.24 | 71.88 | 82.46 |
| 36 | 24.76 | 30.02 | 40.77 | 50.02 | 61.27 | 71.91 | 83.14 |
| 37 | 24.76 | 30.06 | 41.02 | 50.06 | 61.49 | 72.13 | 83.26 |
| 38 | 24.76 | 30.11 | 41.07 | 50.06 | 61.77 | 72.34 | 83.55 |
| 39 | 24.95 | 30.16 | 41.2 | 50.56 | 62.58 | 72.53 | 84.16 |
| 40 | 25.02 | 30.41 | 41.25 | 51.07 | 62.84 | 72.84 | 84.33 |
| 41 | 25.06 | 30.42 | 41.85 | 51.25 | 62.93 | 73.16 | 84.38 |
| 42 | 25.11 | 30.56 | 41.95 | 51.37 | 63.05 | 73.22 | 84.59 |
| 43 | 25.17 | 30.65 | 42.05 | 51.83 | 63.26 | 73.48 | 85.16 |
| 44 | 25.19 | 31.14 | 42.08 | 52.33 | 63.45 | 73.52 | 85.33 |
| 45 | 25.22 | 31.16 | 42.33 | 52.69 | 64.13 | 73.67 | 85.64 |
| 46 | 25.47 | 31.17 | 42.34 | 52.69 | 64.16 | 73.88 | 86.47 |
| 47 | 25.89 | 31.84 | 42.69 | 52.77 | 64.95 | 74.52 | 86.71 |
| 48 | 26.46 | 31.88 | 43.03 | 52.83 | 65.13 | 75.19 | 88.19 |
| 49 | 26.52 | 32.04 | 43.08 | 53.27 | 65.16 | 75.46 | 88.25 |
| 50 | 26.90 | 32.35 | 44.31 | 53.44 | 66.48 | 76.26 | 90.17 |

表 3.12　不同截煤比时的振动信号特征样本　　　　单位：$g$

| 序号 | 截煤比 | | | | | | |
|---|---|---|---|---|---|---|---|
| | 全煤 | 4:5 | 2:3 | 1:2 | 1:3 | 1:5 | 全岩 |
| 1 | 0.2803 | 0.3582 | 0.4597 | 0.5629 | 0.6608 | 0.7592 | 0.8387 |
| 2 | 0.2974 | 0.3609 | 0.4662 | 0.5634 | 0.6629 | 0.7627 | 0.8412 |
| 3 | 0.2976 | 0.3667 | 0.467 | 0.5773 | 0.6649 | 0.7705 | 0.8428 |
| 4 | 0.2983 | 0.3715 | 0.4682 | 0.5775 | 0.6726 | 0.7725 | 0.8516 |
| 5 | 0.2988 | 0.3751 | 0.4711 | 0.5788 | 0.6772 | 0.7855 | 0.8529 |
| 6 | 0.3005 | 0.3775 | 0.4725 | 0.5837 | 0.6879 | 0.7882 | 0.8576 |
| 7 | 0.3026 | 0.3795 | 0.4813 | 0.5941 | 0.6881 | 0.7882 | 0.8592 |
| 8 | 0.3094 | 0.3866 | 0.4883 | 0.5983 | 0.6883 | 0.7988 | 0.8606 |
| 9 | 0.3134 | 0.3882 | 0.4889 | 0.5992 | 0.6885 | 0.7993 | 0.8642 |
| 10 | 0.3144 | 0.3885 | 0.4972 | 0.5992 | 0.6916 | 0.7994 | 0.8646 |
| 11 | 0.3166 | 0.3926 | 0.4988 | 0.6064 | 0.6948 | 0.8059 | 0.8647 |
| 12 | 0.3167 | 0.3942 | 0.5026 | 0.6066 | 0.6959 | 0.8062 | 0.8649 |
| 13 | 0.3169 | 0.3942 | 0.5052 | 0.6124 | 0.7056 | 0.8075 | 0.8664 |

| 序号 | 截煤比 | | | | | | |
|---|---|---|---|---|---|---|---|
| | 全煤 | 4：5 | 2：3 | 1：2 | 1：3 | 1：5 | 全岩 |
| 14 | 0.3192 | 0.3988 | 0.5164 | 0.6126 | 0.7086 | 0.8087 | 0.8725 |
| 15 | 0.3195 | 0.4017 | 0.5194 | 0.6128 | 0.7096 | 0.8096 | 0.876 |
| 16 | 0.3195 | 0.4159 | 0.5218 | 0.6156 | 0.7126 | 0.8109 | 0.8775 |
| 17 | 0.3196 | 0.4166 | 0.5246 | 0.6179 | 0.7168 | 0.8126 | 0.8829 |
| 18 | 0.3211 | 0.4166 | 0.5266 | 0.6185 | 0.7198 | 0.8126 | 0.8843 |
| 19 | 0.3217 | 0.4168 | 0.5276 | 0.6186 | 0.7199 | 0.8155 | 0.8859 |
| 20 | 0.3218 | 0.4183 | 0.5284 | 0.6230 | 0.7229 | 0.8156 | 0.8865 |
| 21 | 0.3243 | 0.4259 | 0.5285 | 0.6239 | 0.7246 | 0.8164 | 0.8875 |
| 22 | 0.3244 | 0.4264 | 0.5288 | 0.6241 | 0.7256 | 0.8164 | 0.8891 |
| 23 | 0.3244 | 0.4264 | 0.5304 | 0.6248 | 0.7283 | 0.8168 | 0.8895 |
| 24 | 0.3255 | 0.4268 | 0.5316 | 0.6258 | 0.7283 | 0.8176 | 0.8895 |
| 25 | 0.3267 | 0.4276 | 0.5317 | 0.6264 | 0.7302 | 0.8177 | 0.8895 |
| 26 | 0.3268 | 0.4277 | 0.5324 | 0.6273 | 0.7305 | 0.8195 | 0.8912 |
| 27 | 0.3276 | 0.4280 | 0.5326 | 0.6276 | 0.7325 | 0.8211 | 0.8913 |
| 28 | 0.3283 | 0.4285 | 0.5341 | 0.6276 | 0.7344 | 0.8213 | 0.8916 |
| 29 | 0.3284 | 0.4288 | 0.5341 | 0.6281 | 0.7344 | 0.8215 | 0.8959 |
| 30 | 0.3284 | 0.4299 | 0.5349 | 0.6285 | 0.7351 | 0.8228 | 0.8963 |
| 31 | 0.3285 | 0.4317 | 0.5349 | 0.6287 | 0.7354 | 0.8235 | 0.8971 |
| 32 | 0.3286 | 0.4326 | 0.5361 | 0.6288 | 0.7355 | 0.8237 | 0.8972 |
| 33 | 0.3305 | 0.4356 | 0.5362 | 0.6322 | 0.7386 | 0.8240 | 0.8976 |
| 34 | 0.3305 | 0.4372 | 0.5375 | 0.6331 | 0.7411 | 0.8249 | 0.8988 |
| 35 | 0.3312 | 0.4376 | 0.5376 | 0.6333 | 0.7416 | 0.8251 | 0.9005 |
| 36 | 0.3315 | 0.4379 | 0.5382 | 0.6335 | 0.7418 | 0.8251 | 0.9011 |
| 37 | 0.3319 | 0.4386 | 0.5391 | 0.6337 | 0.7428 | 0.8252 | 0.9014 |
| 38 | 0.3372 | 0.4396 | 0.5417 | 0.6344 | 0.7422 | 0.8263 | 0.9022 |
| 39 | 0.3419 | 0.4428 | 0.5422 | 0.6344 | 0.7425 | 0.8305 | 0.9025 |
| 40 | 0.3476 | 0.4428 | 0.5429 | 0.6348 | 0.7426 | 0.8311 | 0.9028 |
| 41 | 0.3479 | 0.4467 | 0.5518 | 0.6374 | 0.7428 | 0.8315 | 0.9036 |
| 42 | 0.3482 | 0.4468 | 0.5518 | 0.6417 | 0.7453 | 0.8326 | 0.9052 |
| 43 | 0.3506 | 0.4476 | 0.5528 | 0.6418 | 0.7515 | 0.8334 | 0.9055 |
| 44 | 0.3522 | 0.4495 | 0.5549 | 0.6445 | 0.7516 | 0.8402 | 0.9132 |
| 45 | 0.3529 | 0.4523 | 0.5662 | 0.6526 | 0.7549 | 0.8413 | 0.9133 |
| 46 | 0.3599 | 0.4575 | 0.5677 | 0.6558 | 0.7552 | 0.8495 | 0.9134 |
| 47 | 0.3628 | 0.4582 | 0.5684 | 0.6559 | 0.7616 | 0.8521 | 0.9165 |
| 48 | 0.3687 | 0.4599 | 0.5716 | 0.6573 | 0.7688 | 0.8595 | 0.9305 |
| 49 | 0.3706 | 0.4658 | 0.5728 | 0.6628 | 0.7701 | 0.8626 | 0.9346 |
| 50 | 0.3716 | 0.4671 | 0.5988 | 0.6771 | 0.7705 | 0.8875 | 0.9346 |

　　由表 3.9～表 3.12 各截割信号特征样本值数据得到其三维曲面，如图 3.79 所示。可以看出，采样得到的 50 组特征数据样本中，截割信号特征样本数据与煤岩试件的截煤比成反比关系，与煤岩试件中岩石所占比例呈正比关系，即截割信号的特征样本数据随着截煤比（岩石所占比例）的减小（增大）而增大（减小）。因此，以截割信号特征样本为基础，建立煤岩界面识别模型，实现截割过程中煤岩界面的有效识别。

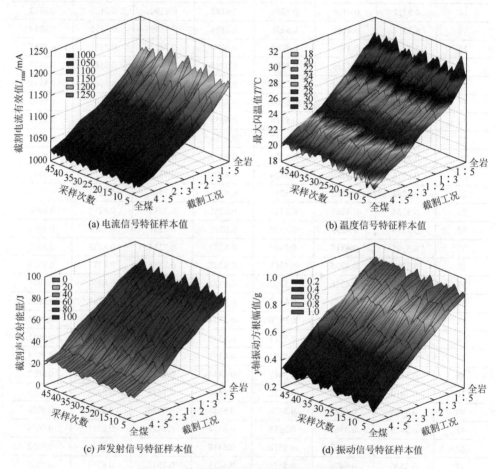

(a) 电流信号特征样本值　　　　　　　　(b) 温度信号特征样本值

(c) 声发射信号特征样本值　　　　　　　(d) 振动信号特征样本值

图 3.79　多截割信号特征样本数据三维曲面

# 参 考 文 献

[1]　张艳军, 王俊元, 董磊, 等. EML340 型连续采煤机截割臂振动特性分析[J]. 工矿自动化, 2016, 42 (12): 63-67.

[2]　李勇, 杜文华, 董磊, 等. 基于时域参数的连续采煤机截割臂振动特性分析[J]. 矿业研究与开发, 2017, 37 (1): 69-73.

[3]　吴晶晶，张绍和，孙平贺，等. 煤岩脉动水力压裂过程中声发射特征的试验研究[J]. 中南大学学报（自然科学版），2017，48（7）：1866-1874.

[4]　李元辉，刘建坡，赵兴东，等. 岩石破裂过程中的声发射 b 值及分形特征研究[J]. 岩土力学，2009，30（9）：2559-2574.

[5]　张朝鹏，张茹，李核归. 单轴受压缩煤岩声发射特征的层理效应试验研究[J]. 岩石力学与工程学报，2015，34（4）：1-9.

[6]　马立强，李奇奇，曹新奇，等. 煤岩受压过程中内部红外辐射温度变化特征[J]. 中国矿业大学学报，2013，42（3）：331-336.

[7]　杨桢，齐庆杰，叶丹丹，等. 复合煤岩受载破裂内部红外辐射温度变化规律[J]. 煤炭学报，2016，41（3）：618-624.

[8]　张守祥，张艳丽，王永强，等. 综采工作面煤矸频谱特征[J]. 煤炭学报，2007，32（9）：971-974.

[9]　崔玲丽，康晨辉，张建宇，等. 基于时延相关及小波包系数阈值的增强型共振解调方法[J]. 机械工程学报，2010，46（20）：53-57.

[10]　张进，冯志鹏，褚福磊. 滚动轴承故障特征的时间-小波能量谱提取方法[J]. 机械工程学报，2011，47（17）：44-49.

[11]　段晨东，郭研. 基于提升小波包变换的滚动轴承包络分析诊断方法[J]. 农业机械学报，2007，39（5）：192-196.

[12]　段蛟龙，许春雨，宋建成，等. 基于振动模型的采煤机摇臂齿轮局部故障频谱分析[J]. 工矿自动化，2016，42（7）：34-39.

[13]　李一鸣，符世琛，焦亚博，等. 基于分形盒维数和小波包能量矩的垮落煤岩性状识别[J]. 煤炭学报，2017，42（3）：803-808.

[14]　Zhu X D，Liu Y. Detection and location of defects in laminated veneer lumber by wavelet package analysis[J]. Bioresources，2014，9（3）：4834-4843.

[15]　Liu J，Xu G C，Xu D S，et al. Ultrasonic C-scan detection for stainless steel spot welding based on wavelet package analysis[J]. Journal of Wuhan University of Technology-Materials Science Edition，2015，30（3）：580-585.

# 第 4 章　基于 D-S 证据理论的煤岩界面动态识别

采煤机在截割过程中可以被看作一个不断向外输出信息的系统，其输出的振动信号、电流信号、温度信号和声发射信号构成煤岩界面融合识别模型的信号特征空间，每个特征作为特征空间的一个特征子集，再由多个特征子集交互构成融合识别煤岩界面的证据，通过 D-S 证据理论对所获取的证据进行推理，最终通过煤岩识别决策规则，得出煤岩识别结果。采煤机煤岩界面多信息融合决策模型结构如图 4.1 所示。

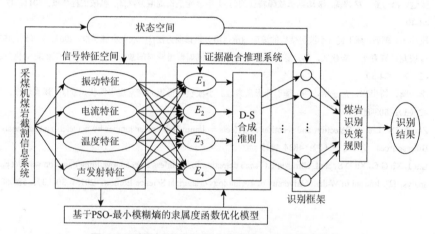

图 4.1　采煤机煤岩界面多信息融合决策模型结构

基于 D-S 证据理论的煤岩界面融合决策识别过程如下所示。

(1) 确定系统的识别空间。本系统共构建 7 种不同截煤比煤岩试件，其识别空间用集合表示为｛全煤，截煤比为 4∶5，截煤比为 2∶3，截煤比为 1∶2，截煤比为 1∶3，截煤比为 1∶5，全岩｝。

(2) 构建煤岩识别框架。根据识别空间构造系统的识别框架 $\Theta$，用集合表示为 $\{A_1, A_2, A_3, A_4, A_5, A_6, A_7\}$，即煤岩界面不同截煤比的命题集合，各子集与识别空间各截煤比一一对应。

(3) 确定识别系统证据体。根据识别框架中各截煤比煤岩界面截割过程中的信号特征，构造能够反映截煤比例的不同截割特征信号的证据体。

(4) 确定各证据体的基本可信度分配。采用适宜识别系统的基本可信度分配方法计算各证据体对识别框架中各命题的支持程度，即基本可信度分配。

（5）计算各证据信度函数并利用 D-S 合成法则合成信度函数。

通常情况下，D-S 证据理论中基本概率赋值函数构造的基础是计算距离贴近度和相关系数，即把煤岩界面识别某一证据体 $E_j$ 所包含的各个元素看作一个特征向量 $X_j = \{x_j^{(1)} x_j^{(2)} \wedge x_j^{(N_j)}\}$，$i = 1, 2, 3, 4$，而把截煤比识别框架中第 $i$ 个命题 $a_i$（即第 $i$ 种截煤比）对应的煤岩界面识别证据体 $E_j$ 中包含的各元素的标准特征值当作特征向量 $Y_{ij} = \{y_{ij}^{(1)} y_{ij}^{(2)} \wedge y_{ij}^{(N_j)}\}$，$i = 1, 2, \cdots, 7$，由此可以得到未知特征向量 $X_i$ 与标准特征向量 $Y_{ij}$ 的曼哈顿距离为

$$d_{ij}(X_i, Y_{ij}) = \sum_{k=1}^{N_i} |x_i^k - y_{ji}^k| \tag{4.1}$$

式中，$d_{ij}(X_i, Y_{ij})$ 为煤岩界面识别的证据体 $E_i$ 与截煤比识别框架中命题 $a_j$ 的距离，可以看出，距离 $d_{ij}$ 与贴近度成反比，距离 $d_{ij}$ 越大，贴近度越低；反之，距离 $d_{ij}$ 越小，贴近度越高。

通过距离 $d_{ij}$ 可得到煤岩界面识别证据体 $E_i$ 与截煤比识别框架中命题 $A_j$ 的相关系数：

$$C_i(A_j) = \frac{1 / d_{ij}}{\sum_{j=1}^{M} 1 / d_{ij}} \tag{4.2}$$

式中，$C_i(A_j)$ 为煤岩界面识别证据体 $E_i$ 对截煤比识别框架中命题 $A_j$ 的相关系数。

由第 3 章采样得到的不同截煤比试件截割过程中提取的振动信号、电流信号、声发射信号和红外热成像信号的特征样本数据可以看出，不同截煤比工况下各截割信号的特征样本具有一定的模糊性。因此，考虑到特征数据样本的模糊特性，采用 $\mu_i(A_j)$ 代替 $C_i(A_j)$ 来表示煤岩界面识别证据体 $E_i$ 对截煤比识别框架中命题 $A_j$ 的隶属度。

# 4.1　多截割特征信号隶属度函数优化模型

## 4.1.1　基于最小模糊熵的隶属度函数

熵是模糊变量的重要数字特征，用来度量模糊变量的不确定性[1-3]，而模糊熵用于描述模糊集的模糊性程度，其模糊熵的值越大，所代表的模糊集的模糊度也越大，反之则越小[4]。分明集不具有模糊性，因此其模糊熵为 0，而[1/2]的模糊度最大，是最难确认的模糊集[5]。图 4.2 为模糊熵在几何空间的表示。

图 4.2 中，$A$ 的模糊熵用 $E(A)$ 表示，顶点的熵为 0，表示不模糊，而中点的熵为 1，此时的熵最大。熵值从顶点到中点不断增大，其比例形式表示为

$$E(A) = \frac{l_1}{l_2} = \frac{l(A, A_{\text{near}})}{l(A, A_{\text{far}})} \qquad (4.3)$$

式中，$A = (k_2, k_1)$；$A_{\text{near}} = (0,1)$；$A_{\text{far}} = (1,0)$。根据图 4.2 可以分别得到 $l_1 = k_2 + (1 - k_1)$，$l_2 = k_1 + (1 - k_2)$，代入式（4.3）可得到模糊熵的解为

$$E(A) = \frac{k_2 + (1 - k_1)}{k_1 + (1 - k_2)}$$

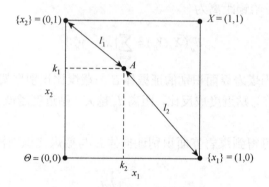

图 4.2　模糊熵在几何空间的表示

定义煤岩界面识别系统的样本模糊集为 $X = \{x_1, x_2, \cdots, x_n\}$，其隶属度函数为 $\mu_j(x)$，$\mu_j(x)$ 取值为 0 或 1 时，$A_j$ 为分明集，模糊熵为 $0^{[6]}$；当隶属度 $\mu_j(x) \subset (0,1)$ 时，其模糊熵的表达式为

$$E(A_j) = \begin{cases} 0, & \mu_j(x_i) = 0 \\ -\dfrac{1}{n \ln 2} \sum_{i=1}^{n} \left( \mu_j(x_i) \ln \mu_j(x_i) + [1 - \mu_j(x_i)] \ln[1 - \mu_j(x_i)] \right), & \mu_j(x_i) \subset (0,1) \\ 0, & \mu_j(x_i) = 1 \end{cases}$$

$$(4.4)$$

式中，$n$ 为模糊系统中所有特征样本的总数；$x_i$ 为模糊集 $X$ 中的第 $i$ 个特征样本；$\mu_j(x_i)$ 表示第 $i$ 个特征样本对第 $j$ 个子集 $A_j$ 的隶属度。

煤岩识别系统不同截煤比状态的模糊集为{全煤，截煤比为 4∶5，截煤比为 2∶3，截煤比为 1∶2，截煤比为 1∶3，截煤比为 1∶5，全岩}，分别用集合{$A_1$，$A_2$，$A_3$，$A_4$，$A_5$，$A_6$，$A_7$}表示。对应的各模糊子集的隶属度函数为 $\mu_1$、$\mu_2$、$\mu_3$、$\mu_4$、$\mu_5$、$\mu_6$ 和 $\mu_7$。

针对隶属度函数的最优确定还没有一套成熟有效的方法，绝大多数隶属度函数的确定方法主要依托经验和实验，常见的隶属度函数有三角形、梯（半梯）形、高斯型和 S 形等。其中，三角形是最简单的隶属函数，它是用直线形成的，梯形隶属函数实际上由三角形截顶所得[7]。这两种直线形隶属函数都具有简单的优势，在基于模糊推

理的信息融合方法中得到广泛使用。因此，煤岩识别系统采用两端为梯形，其余为三角形的隶属度函数构造方法建立隶属度函数模型，其隶属度函数图如图 4.3 所示。

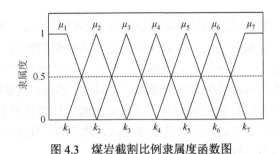

图 4.3　煤岩截割比例隶属度函数图

系统的模糊度越大，其模糊熵值越大，因此实现模糊系统中模糊熵的最小化能够实现系统模糊隶属度值的最大化[8, 9]。由图 4.3 可知，实现隶属度函数优化求解的本质就是实现对隶属度函数各阈值 $k$ 的优化求解。结合式（4.4），根据最小模糊度原则构建模糊系统的隶属度函数优化模型：

$$S_{\min}(A_1, A_2, \cdots, A_7) = -\frac{1}{n\ln 2}\sum_{i=1}^{n}\sum_{j=1}^{7}\left\{\mu_j(x_i)\ln\mu_j(x_i) + [1-\mu_j(x_i)]\ln[1-\mu_j(x_i)]\right\}$$

$$(4.5)$$

根据图 4.3 定义的隶属度函数，当下标 $j$ 为最小值 1 或最大值 7 时，其隶属度函数为梯形，其 $\mu(x)$ 的表达式为

$$\mu_1(x) = \begin{cases} 1, & x \leqslant k_1 \\ \dfrac{k_2 - x}{k_2 - k_1}, & k_1 < x < k_2 \\ 0, & 其他 \end{cases}$$

$$\mu_7(x) = \begin{cases} 1, & k_7 \leqslant x \\ \dfrac{k_7 - x}{k_7 - k_6}, & k_6 < x < k_7 \\ 0, & 其他 \end{cases}$$

当下标 $j$ 值为 2、3、4、5、6 时，隶属度函数为三角形，其 $\mu_j(x)$ 的表达式为

$$\mu_j(x) = \begin{cases} \dfrac{x - k_{j-1}}{k_j - k_{j-1}}, & k_{j-1} < x \leqslant k_j \\ \dfrac{k_{j+1} - x}{k_{j+1} - k_j}, & k_j < x < k_{j+1} \\ 0, & 其他 \end{cases}$$

### 4.1.2　PSO-最小模糊熵多传感特征隶属度函数优化求解

　　模糊熵越小，表征系统识别结果的模糊性越小[10, 11]，即得到的煤岩界面识别结果精确度越高，模糊熵的大小受隶属度函数中各阈值的影响，阈值的求解结果越好，其模糊熵越小，识别的准确度越高，传统的阈值求解方法是通过遍历所有可能的阈值，将使模糊熵最小的阈值视为最优阈值。然而，当数据取值范围较广，所需优化的阈值较多时，通过遍历方式寻找最优阈值计算量过大，且阈值的求解精度较低。粒子群算法较遍历方法搜索速度快，效率高，且算法简单，参数较少，适用于模糊系统中多目标阈值的精确优化求解。

　　1995 年，Kennedy 和 Eberhart 在模拟鸟群觅食过程中，通过分析鸟群觅食的最优策略，提出了粒子群优化（particle swarm optimization，PSO）算法。PSO 算法是一种基于种群智能的随机优化搜索算法，算法中任意一个粒子都表示待求解问题的一个潜在解，每个粒子对应的适应度值由适应度函数来决定，而粒子的速度则决定了粒子的移动方向和移动距离，速度的动态调整受自身及其他粒子的移动影响，进而寻找个体在可解空间内的最优解[12]。粒子在解空间的迁移方式如图 4.4 所示。

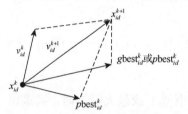

图 4.4　粒子在解空间的迁移方式

　　PSO 算法是一种基于迭代模式的求解优化算法，每个粒子代表极值优化的一个潜在最优解，其粒子特征采用位置、速度和适应度值三个指标来表示[13]。假设共有 $N$ 个粒子，其位置信息均为 $d$ 维，则每个粒子的信息如下所示。

　　（1）当前位置：

$$x_i = (x_{i1}, x_{i2}, \cdots, x_{id}) \tag{4.6}$$

　　（2）历史最优位置：

$$p_i = (p_{i1}, p_{i2}, \cdots, p_{id}) \tag{4.7}$$

　　（3）速度：

$$v_i = (v_{i1}, v_{i2}, \cdots, v_{id}) \tag{4.8}$$

式（4.6）～式（4.8）中，$i = 1, 2, \cdots, N$，若粒子 $i$ 的当前位置优于历史最优位置，则 $p_i$ 实现自更新，且记录整个群体的历史最优位置 $p_g = (p_{g1}, p_{g2}, \cdots, p_{gd})$，在每次迭代优化过程中，粒子通过个体极值和全局极值更新自身的速度与位置，其更新公式如下所示。

　　（1）速度更新：

$$v_{id}^{k+1} = v_{id}^k + c_1 \mathrm{rand}_1^k (p\mathrm{best}_{id}^k - x_{id}^k) + c_2 \mathrm{rand}_2^k (g\mathrm{best}_{id}^k - x_{id}^k) \tag{4.9}$$

（2）位置更新：

$$x_{id}^{k+1} = x_{id}^k + v_{id}^{k+1} \qquad (4.10)$$

式（4.9）和式（4.10）中，$v_{id}^k$ 表示粒子的当前速度；$v_{id}^{k+1}$ 表示粒子更新后的速度；$pbest_{id}^k$ 表示粒子个体历史最优位置；$gbest_{id}^k$ 表示整个种群的历史最优位置；$x_{id}^k$ 表示粒子的当前位置；$c_1$ 和 $c_2$ 表示学习因子或加速度因子，为非负常数，用来保证粒子本身向历史最优位置和群体全局最优位置靠拢；$rand_1^k$ 和 $rand_2^k$ 表示取值在[0, 1]区间的随机数。此外，为了防止粒子的盲目搜索，需要对粒子的位置和速度区间进行限制设定：

$$\begin{cases} -x_{\max} \leqslant x_{id} \leqslant x_{\max} \\ -v_{\max} \leqslant v_{id} \leqslant v_{\max} \end{cases}$$

式（4.9）中，PSO 算法容易陷入局部最优值，粒子易于趋向同一化，不能直接应用于求解多目标优化问题[14, 15]。

$$v_{id}^{k+1} = w v_{id}^k + c_1 rand_1^k (pbest_{id}^k - x_{id}^k) + c_2 rand_2^k (gbest_{id}^k - x_{id}^k) \qquad (4.11)$$

式中，$w$ 是非负数，称为惯性权重系数或惯性因子，用来平衡算法的全局搜索能力和局部搜索能力[16, 17]，当 $w$ 较大时，全局搜索能力较强；当 $w$ 较小时，局部搜索能力就强。为了实现搜索速度和搜索精度的平衡，通常在优化前期获得较高的局部搜索能力以获取合适的种子，而在后期为提高收敛精度而需要保证系统具有较高的局部搜索能力[18]。因此，惯性权重系数 $w$ 的取值不宜为固定常数，本书采用线性递减惯性权重系数方法获取算法的惯性权重系数 $w$：

$$w = w_{\max} - (w_{\max} - w_{\min}) \cdot \frac{t}{T_{\max}} \qquad (4.12)$$

式中，$w_{\max}$ 表示最大惯性权重系数；$w_{\min}$ 表示最小惯性权重系数；$t$ 表示当前的迭代次数；$T_{\max}$ 表示算法的迭代总次数。

PSO-最小模糊熵多传感特征隶属函数优化求解过程以不同截煤比煤岩试件截割过程中的多信号特征样本为基础，以最小模糊熵为优化准则，结合 PSO 算法对隶属度函数多目标阈值进行优化求解，最终得到模糊度最小的隶属度函数。其求解思路如图 4.5 所示。

图 4.5　PSO-最小模糊熵多传感特征隶属函数优化求解思路

PSO-最小模糊熵多目标阈值优化求解算法的基本步骤如下所示。

第一步，输入特征样本数据，对学习因子、最大速度、最小速度、种群规模、进化次数和惯性权重系数等参数进行初始化，同时初始化粒子和速度。

第二步，将式（4.5）作为粒子群优化算法的适应度函数，计算各粒子的适应度值，即获取各数据的模糊熵值，并根据其适应度值确定个体极值和群体极值。

第三步，根据个体极值和群体极值对粒子的速度与位置进行更新。再根据新的粒子适应度值对个体极值和群体极值进行更新。

第四步，根据式（4.12）更新惯性权重系数 $w$，重复进行第三步迭代计算，直到满足设定最大迭代次数，算法结束，系统求解并输出基于最小模糊熵的多特征参数隶属度函数的各阈值最优解。

PSO-最小模糊熵多传感特征隶属函数优化求解算法流程图如图 4.6 所示。

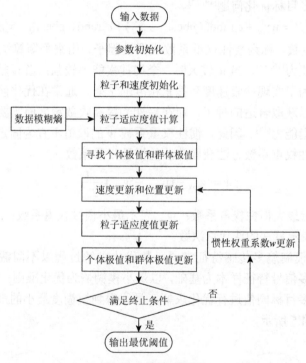

图 4.6  算法流程图

设定 PSO-最小模糊熵多传感特征隶属函数优化求解算法中迭代次数为 300，种群规模为 4，最大惯性权重系数 $w_{max} = 0.9$，最小惯性权重系数 $w_{min} = 0.4$，考虑到不同信号特征样本数据的差异，其优化算法中学习因子、最大速度和最小速度的选择如表 4.1 所示。

表 4.1 多特征信号隶属度函数阈值 PSO 优化参数

| 特征参数 | 电流信号 | 振动信号 | 声发射信号 | 温度信号 |
|---|---|---|---|---|
| 学习因子 $c_1$ | 0.5 | 0.05 | 0.2 | 0.2 |
| 学习因子 $c_2$ | 0.5 | 0.05 | 0.2 | 0.2 |
| 最大速度 $v_{max}$ | 0.9 | 0.02 | 0.1 | 0.05 |
| 最小速度 $v_{min}$ | −0.9 | −0.02 | −0.1 | −0.05 |

根据式（4.5），以最小模糊熵为优化准则，分别对振动信号、声发射信号、温度信号和电流信号的隶属函数阈值进行优化求解，得到各信号最小模糊熵迭代优化曲线如图 4.7 所示。

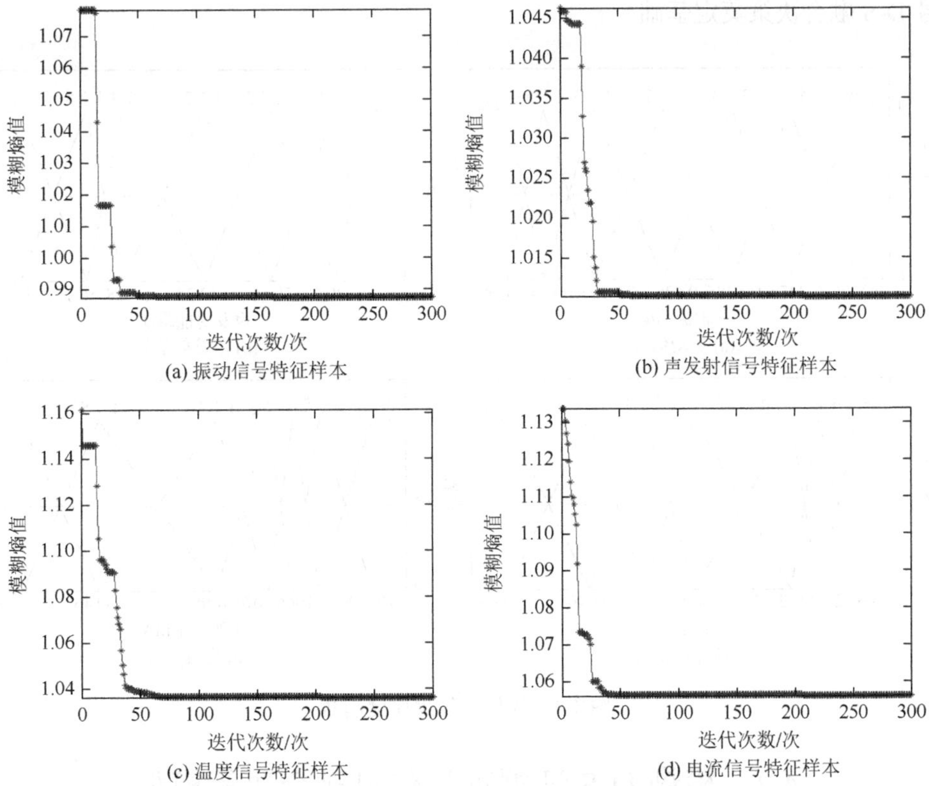

图 4.7 各信号最小模糊熵迭代优化曲线

由图 4.7 可以看出，采用 PSO-最小模糊熵多传感特征隶属函数优化算法对各特征信号的隶属度函数阈值进行求解，振动信号、声发射信号、温度信号和电流信号的模糊熵值在 70 次迭代次数内均达到收敛, 收敛速度较快, 优化后得到的隶属度函数阈值求解结果及各特征信号的最小熵值如表 4.2 所示。

表 4.2　隶属度函数阈值优化求解结果及各特征信号的最小熵值

| 特征样本 | $k_1$ | $k_2$ | $k_3$ | $k_4$ | $k_5$ | $k_6$ | $k_7$ | $S_{\min}$ |
|---|---|---|---|---|---|---|---|---|
| 振动信号 | 0.3326 | 0.4378 | 0.5285 | 0.6383 | 0.7460 | 0.8249 | 0.8837 | 0.9875 |
| 声发射信号 | 25.13 | 30.31 | 39.66 | 49.34 | 61.18 | 66.18 | 75.78 | 1.0101 |
| 温度信号 | 20.95 | 21.89 | 22.57 | 24.90 | 26.14 | 27.46 | 29.45 | 1.0343 |
| 电流信号 | 1033 | 1055 | 1066 | 1076 | 1098 | 1146 | 1178 | 1.0561 |

根据表 4.2 中的各特征样本的隶属度函数阈值优化求解结果, 分别得到如图 4.8 所示的隶属度函数图, 为之后计算随机截割特征信号的隶属度, 实现多特征信号 D-S 融合决策奠定基础。

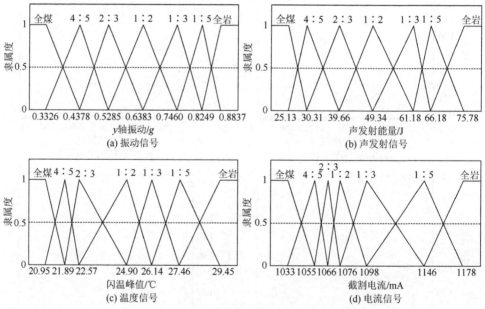

图 4.8　优化后的隶属度函数

## 4.2　模糊 D-S 证据理论信息融合决策模型

### 4.2.1　基本概率分配函数

定义 $m_1$、$m_2$、$m_3$ 和 $m_4$ 分别为振动信号、声发射信号、温度信号和电流信号的基本概率分配函数，结合图 4.8 优化求解得到的模糊隶属度函数，构造各证据体赋予其各模糊子集的基本概率赋值 $m_i(A_j)$ 及证据体的不确定性描述 $m_i(\Theta)$ 的求解公式：

$$m_i(A_j) = \frac{\mu_i(A_j)}{\sum_{j'}\mu_i(A_{j'}) + (1-\delta_i)\cdot(1-\gamma_i)\cdot(1-\varphi_i)} \quad (4.13)$$

$$m_i(\Theta) = \frac{(1-\delta_i)\cdot(1-\gamma_i)\cdot(1-\varphi_i)}{\sum_{j'}\mu_i(A_{j'}) + (1-\delta_i)\cdot(1-\gamma_i)\cdot(1-\varphi_i)} \quad (4.14)$$

式中，$\mu_i(A_j)$ 表示证据体 $E_i$ 对截煤比识别框架中命题 $A_j$ 的隶属度；$\delta_i$ 表示第 $i$ 个证据体对具有最大隶属度及次大隶属度的两命题的差值，该值从最大隶属度的突出程度角度反映系统识别的可靠性；$\gamma_i$ 表示除最大值命题外，第 $i$ 个证据体对其余命题隶属度的方差，反映决策结论的可靠性；$\varphi_i$ 表示第 $i$ 个证据体的权值，用来提高煤岩界面识别的正确性，由于融合模型中证据体包含多个截割特征信息，不同信号识别过程中的灵敏度和可靠性存在很大差异，因此不同的证据体权值分配对融合决策识别结果的精确程度具有重要影响。$\delta_i$ 与 $\gamma_i$ 的数学表达式分别为

$$\delta_i = \mu_i(A_m) - \max_{j\neq m}\{\mu_i(A_j)\} \quad (4.15)$$

$$\gamma_i = \sqrt{\frac{1}{M-2}\sum_{\substack{j=1\\j\neq m}}^{M}[\mu_i(A_j)-\xi_i]^2} \quad (4.16)$$

式中，$\mu_i(A_m)$ 表示第 $i$ 个证据体对第 $m$ 个命题的隶属度的最大值，其表达式为 $\max_j\{\mu_i(A_j)\}$；$\xi_i$ 表示除去第 $i$ 个证据体对各命题隶属度的最大值，其余命题隶属度的均值，其表达式为 $\frac{1}{M-2}\sum_{\substack{j=1\\j\neq m}}^{M}\mu_i(A_j)$；$M$ 表示识别框架中的命题个数。

### 4.2.2　D-S 证据理论信息融合规则

定义 Bel$_1$ 和 Bel$_2$ 是同一识别框架上的两个信度函数，其对应的概率赋值函数分别为 $m_1$ 和 $m_2$，焦元分别为 $A_1,\cdots,A_k$ 和 $B_1,\cdots,B_l$。分别用长度为 1 的线段上的闭区间来表示两个信度函数的信度区间 $m_1(A_1),\cdots,m_1(A_k)$ 和 $m_2(B_1),\cdots,m_2(B_k)$。闭区间[0, 1]中的某一段仅表示由各自的置信度决定的某一个焦元上的信质，并不表示整个识别框架。

D-S 证据理论融合规则几何刻画如图 4.9 所示，单位长度为 1 的正方形反映总信质，每一竖条表示概率赋值函数 $m_1$ 分配到其焦元 $A_1,\cdots,A_k$ 上的信质，每一

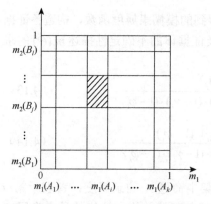

图4.9　D-S证据理论融合规则几何刻画

横条表示概率赋值函数 $m_2$ 分配到其焦元 $B_1, \cdots, B_l$ 上的信质，$m_1$ 和 $m_2$ 在正方形内实现正交合成，得到 $k \times l$ 个具有测度 $m_1(A_i)m_2(B_j)$ 的小矩形，其中，$i = 1, 2, \cdots, l$，$j = 1, 2, \cdots, k$。由于 $m_1(A_i)m_2(B_j)$ 同时分配到 $A_i$ 和 $B_j$ 上，因此，$\text{Bel}_1$ 和 $\text{Bel}_2$ 联合作用就是将 $m_1(A_i)m_2(B_j)$ 确切地分配到 $A_i \cap B_j$ 上。给定 $A \subset \Theta$，若有 $A_i \cap B_j = A$，则 $m_1(A_i)m_2(B_j)$ 分配到 $A$ 上的总信质为

$$\sum_{A_i \cap B_j = A} m_1(A_i)m_2(B_j) \tag{4.17}$$

当 $A_i \cap B_j = \varnothing$ 时，部分信质 $\sum\limits_{A_i \cap B_j = \varnothing} m_1(A_i)m_2(B_j)$ 分配到空集 $\varnothing$ 上。此时，冲突信息量 $k = m(\varnothing) = \sum\limits_{A_i \cap B_j = \varnothing} m_1(A_i)m_2(B_j) > 0$，这显然是不合理的。为了解决这一问题，则需要丢弃这部分信质，但丢弃这部分信质会造成总信质小于 1。因此，为满足总信为 1 的要求，还需要在每一信质上乘以一个系数[19]：

$$\left(1 - \sum_{A_i \cap B_j = \varnothing} m_1(A_i)m_2(B_j)\right)^{-1} = (1 - k)^{-1} \tag{4.18}$$

综上，D-S 证据理论融合规则的定义如下所示。

定义识别目标采煤机截割过程中煤岩界面识别的所有可能结果集（即识别框架）为 $\Theta = \{\theta_1, \theta_2, \cdots, \theta_n\}$。集合中各命题 $\theta_i$ 互斥且穷举，任意命题 $\theta_i \in 2^\Theta$；若某一函数 $m$ 满足如下条件。

（1）$\sum\limits_{\theta_i \in \Theta} m(\theta_i) = 1$，$i = 1, 2, \cdots, n$。

（2）$m(\varnothing) = 0$。

（3）函数 $m$ 是 $2^\Theta \rightarrow [0, 1]$ 的映射。

则称 $m(\theta_i)$ 是事件 $\theta_i$ 定义在 $2^\Theta$ 上的基本概率分配函数，$m(\theta_i)$ 表示证据支持命题 $\theta_i$ 发生的程度，但不支持任何 $\theta_i$ 的真子集。当 $m(\theta_i) > 0$ 时，称 $\theta_i$ 为证据的焦元。所有焦元的集合称为核。

若 $\text{Bel}_1$ 和 $\text{Bel}_2$ 是同一识别框架 $2^\Theta$ 上的两个信度函数，其基本概率分配函数及核分别为 $m_1$、$m_2$ 和 $\{A_1, A_2, \cdots, A_k\}$、$\{B_1, B_2, \cdots, B_k\}$。若满足条件 $\sum\limits_{i = j, A_i \cap B_j = \varnothing} m_1(A_i) m_2(B_j) < 1$，则基于 D-S 法则证据融合后的基本概率分配函数表达式为

$$m(A) = \begin{cases} 0, & A = \varnothing \\ \dfrac{\displaystyle\sum_{A_i \cap B_j = A} m_1(A_i)m_2(B_j)}{1-k}, & A \neq \varnothing \end{cases} \quad (4.19)$$

式中，$k = \displaystyle\sum_{A_i \cap B_j = \varnothing} m_1(A_i)m_2(B_j)$，用于反映证据之间冲突的程度，系数 $1/(1-k)$ 是保证避免合成时将非 0 的信任赋给空集 $\varnothing$ 的归一化因子[20]。

通过式（4.19）可以看出，D-S 证据理论信息融合技术就是将两个或两个以上单一信度函数的概率分配函数，通过计算得到新的基本概率分配作为最后的决策依据[21]。由此可以推导出多信度函数的证据组合规则为

$$m = \{[(m_1 \oplus m_2) \oplus m_3] \oplus \cdots\} \oplus m_n \quad (4.20)$$

式中，$m_1, m_2, \cdots, m_n$ 分别为同一识别框架 $2^\theta$ 上信度函数 $\mathrm{Bel}_1, \mathrm{Bel}_2, \cdots, \mathrm{Bel}_n$ 的基本概率分配函数。

$1-k$ 的引入实际上是为了避免证据组合时将非零的概率赋给空集，从而把空集所丢弃的信度分配按比例地补到非空集上。$k$ 客观地反映了融合过程中各证据间冲突的程度，$0 \leqslant k \leqslant 1$。$k$ 越大，证据间冲突越激烈，矛盾越明显。若 $k$ 接近于 1，很可能产生不合理的结果，导致与直觉相悖的融合决策[22]；若 $k = 1$，则无法用 D-S 理论进行融合。

D-S 证据组合规则提供了组合两个证据的规则。对于多个证据的组合，可重复运用式（4.19）对多证据进行两两组合。显然，证据组合规则满足交换律和结合律，即有

$$\begin{cases} m_1 \oplus m_2 = m_2 \oplus m_1 \\ (m_1 \oplus m_2) \oplus m_3 = m_1 \oplus (m_2 \oplus m_3) \end{cases} \quad (4.21)$$

### 4.2.3　D-S 证据理论融合决策准则

为了实现对采煤机截割过程中煤岩界面的精确识别，避免采用单一信号进行识别时信度比较低等缺陷和不足，采用多规则"与"判定的决策方法对煤岩界面进行识别，其各识别决策准则如下所示。

准则 1：$\mathrm{Bel}(A_m) = \max_j \{m(A_j)\}$；

准则 2：$\mathrm{Bel}(A_m) - \mathrm{Bel}(A_j) > \varepsilon$，
　　　　$\mathrm{Bel}(A_m) - m_i(\theta) > \varepsilon$，$\varepsilon > 0$ 且 $\varepsilon \in \mathbb{R}$；

准则 3：$m_i(\theta) < \lambda$，$\lambda > 0$ 且 $\lambda \in \mathbb{R}$。

准则 1 用来表明识别命题结果具有最大的信度；准则 2 说明识别结果的信度与其他任意命题的信度差值要大于阈值 $\varepsilon$；准则 3 证据的不确定性必须小于阈值 $\lambda$，$\varepsilon$ 与 $\lambda$ 的取值需根据实际情况来确定。多规则"与"判定决策方法要求识别

结果必须同时满足上述三个准则，缺一不可。若以上三个规则不能同时满足，则判定与决策终止，无法确定煤岩界面识别结论[23]。

## 4.3　模糊 D-S 证据理论信息融合决策模型校验

随机抽取一组截煤比为 4∶5 的煤岩试件截割过程中的振动信号、声发射信号、温度信号和电流信号的样本值对模糊 D-S 证据理论信息融合决策模型进行校验，各特征信号值如表 4.3 所示。

表 4.3　随机抽样截割特征信号值

| 特征信号 | 振动信号/g | 声发射信号/J | 温度信号/℃ | 电流信号/mA |
|---|---|---|---|---|
| 数值 | 0.4199 | 33.86 | 22.18 | 1059 |

根据优化得到的隶属度函数对表 4.3 中各特征信号的隶属度进行求解，得到各证据体的隶属度值求解结果，如表 4.4 所示。

表 4.4　隶属度值求解结果

| 证据体 | $\mu_i(A_1)$ | $\mu_i(A_2)$ | $\mu_i(A_3)$ | $\mu_i(A_4)$ | $\mu_i(A_5)$ | $\mu_i(A_6)$ | $\mu_i(A_7)$ |
|---|---|---|---|---|---|---|---|
| 振动信号 | 0.1702 | 0.8298 | 0 | 0 | 0 | 0 | 0 |
| 声发射信号 | 0 | 0.6203 | 0.3797 | 0 | 0 | 0 | 0 |
| 温度信号 | 0 | 0.5735 | 0.4265 | 0 | 0 | 0 | 0 |
| 电流信号 | 0 | 0.6364 | 0.3636 | 0 | 0 | 0 | 0 |

利用基本概率分配函数求解公式［式（4.13）～式（4.16）］对各证据体基本概率赋值及不确定性概率进行计算，证据体权值 $\varphi_i$ 的取值为 $\varphi_1 = \varphi_2 = \varphi_3 = \varphi_4 = 0.25$，得到的各证据体基本概率赋值及不确定性概率结果如表 4.5 所示。

表 4.5　各证据体基本概率赋值及不确定性概率结果

| 证据体 | $m_i(A_1)$ | $m_i(A_2)$ | $m_i(A_3)$ | $m_i(A_4)$ | $m_i(A_5)$ | $m_i(A_6)$ | $m_i(A_7)$ | $m_i(\Theta)$ |
|---|---|---|---|---|---|---|---|---|
| 振动信号 | 0.1463 | 0.7132 | 0 | 0 | 0 | 0 | 0 | 0.1405 |
| 声发射信号 | 0 | 0.4359 | 0.2668 | 0 | 0 | 0 | 0 | 0.2973 |
| 温度信号 | 0 | 0.3852 | 0.2864 | 0 | 0 | 0 | 0 | 0.3284 |
| 电流信号 | 0 | 0.4542 | 0.2595 | 0 | 0 | 0 | 0 | 0.2863 |

根据 D-S 证据理论信息融合规则，对不同数量证据体、不同组合方式下各识别框架中各目标的信度区间和不确定性概率进行计算。其中，振动信号、声发射信号、温度信号和电流信号的证据体分别用 $E_1 \sim E_4$ 表示。采用融合决策准则对各证据体组合计算结果进行分析和决策。其中，$\varepsilon$ 取值为 0.6，$\lambda$ 取值为 0.1，得到各目标的信度区间、不确定性概率及识别结果，如表 4.6 所示。

**表 4.6　各目标的信度区间、不确定性概率及识别结果**

| 证据体 | $m_i(A_1)$ | $m_i(A_2)$ | $m_i(A_3)$ | $m_i(A_4) \sim m_i(A_7)$ | $m_i(\Theta)$ | 识别结果 |
|---|---|---|---|---|---|---|
| $E_1 \& E_2$ | 0.0615 | 0.8264 | 0.0530 | 0 | 0.0591 | $A_2$ |
| $E_1 \& E_3$ | 0.0689 | 0.8073 | 0.0577 | 0 | 0.0661 | $A_2$ |
| $E_1 \& E_4$ | 0.0590 | 0.8331 | 0.0513 | 0 | 0.0566 | $A_2$ |
| $E_2 \& E_3$ | 0 | 0.5510 | 0.3226 | 0 | 0.1264 | 未知 |
| $E_2 \& E_4$ | 0 | 0.5979 | 0.2909 | 0 | 0.1112 | 未知 |
| $E_3 \& E_4$ | 0 | 0.5642 | 0.3137 | 0 | 0.1221 | 未知 |
| $E_1 \& E_2 \& E_3$ | 0.0288 | 0.8730 | 0.0706 | 0 | 0.0276 | $A_2$ |
| $E_1 \& E_2 \& E_4$ | 0.0245 | 0.8902 | 0.0617 | 0 | 0.0236 | $A_2$ |
| $E_1 \& E_3 \& E_4$ | 0.0276 | 0.8779 | 0.0680 | 0 | 0.0265 | $A_2$ |
| $E_2 \& E_3 \& E_4$ | 0 | 0.6511 | 0.2940 | 0 | 0.0509 | 未知 |
| $E_1 \& E_2 \& E_3 \& E_4$ | 0.0114 | 0.9142 | 0.0634 | 0 | 0.0110 | $A_2$ |

通过表 4.6 可以看出，采用两个特征信号组合对截煤比进行识别，信度相对较低，六种证据体组合中，仅有三组实现了实际截割截煤比的识别，识别准确程度仅为 50%，存在很大的不确定性；且各组识别结果的不确定性概率较大；采用三个特征信号组合对截煤比进行识别，其识别准确程度达到 75%，且正确识别证据体组的信度区间较高，不确定性概率大幅减小；而采用四种特征信号组合识别，其识别信度达到 0.9142，不确定性概率仅为 0.0110，识别精度高，显著地降低了融合结果的不确定性，有效地提高了多传感信息融合系统对煤岩界面的识别能力。

## 4.4　识别特征信号权值优化及修正

### 4.4.1　基于模糊隶属度的权值优化

基于 D-S 证据理论构造的煤岩界面融合决策识别系统的证据体包含多个截割

特征信息，系统在不同截煤比条件下对各证据体的敏感性各不相同，令 $R_i = (1-\delta_i) \cdot (1-\gamma_i) \cdot (1-\varphi_i)$ ，则对式（4.13）和式（4.14）变形可得

$$m_i(A_j) = \frac{\mu_i(A_j)}{\sum\limits_{j'} \mu_i(A_{j'}) + R_i} \qquad (4.22)$$

$$m_i(\Theta) = \frac{R_i}{\sum\limits_{j'} \mu_i(A_{j'}) + R_i} = \frac{1}{\dfrac{1}{R_i} \cdot \sum\limits_{j'} \mu_i(A_{j'}) + 1} \qquad (4.23)$$

由式（4.22）和式（4.23）可以看出，$R_i$ 反映了识别过程的总体不确定性，$R_i$ 越大，基本概率赋值 $m_i(A_j)$ 越小，证据体的不确定性描述 $m_i(\Theta)$ 越大；反之，$R_i$ 越小，基本概率赋值 $m_i(A_j)$ 越大，证据体的不确定性描述 $m_i(\Theta)$ 越小。

由图 4.8 所示的各特征信号隶属度函数图可知，任意一个随机信号样本在隶属度函数中求解可得到两个隶属度值，定义两者中较大值为 $\mu_{ib}(A_j)$、较小值为 $\mu_{is}(A_k)$，$i$ 为特征信息类数，$j$、$k$ 为识别框架中的子集数，$b$ 为较大值的缩写，$s$ 为较小值的缩写。一般地，$\mu_{ib}(A_j) > \mu_{is}(A_k)$，特殊地有两者隶属度值相同，即 $\mu_{ib}(A_j) = \mu_{is}(A_k) = 0.5$。

特征信号的隶属度值反映了该信号对识别框架中各目标的隶属度，若取 $r_i = \dfrac{\mu_{ib}(A_j)}{\mu_{is}(A_k)}$，$r_i$ 的值越大，则说明该信号对 $A_j$ 的隶属度越高，用 $\varphi_i'$ 表示第 $i$ 个证据体对总体不确定性的权重系数。可知，权重系数 $\varphi_i'$ 的值越大，识别过程的总体不确定性 $R_i$ 越小，则该证据体的基本概率赋值 $m_i(A_j)$ 越大，其不确定性描述 $m_i(\Theta)$ 越小。结合各证据体的隶属度比值 $r_i$ 得到权重系数更新公式为

$$\varphi_i' = \frac{r_i}{r_1 + r_2 + r_3 + r_4} \qquad (4.24)$$

根据式（4.24）可以得到构造各证据体赋予其各模糊子集的基本概率赋值 $m_i(A_j)$ 及证据体的不确定性描述 $m_i(\Theta)$ 的更新求解公式为

$$m_i(A_j) = \frac{\mu_i(A_j)}{\sum\limits_{j'} \mu_i(A_{j'}) + (1-\delta_i) \cdot (1-\gamma_i) \cdot (1-\varphi_i')} \qquad (4.25)$$

$$m_i(\Theta) = \frac{(1-\delta_i) \cdot (1-\gamma_i) \cdot (1-\varphi_i')}{\sum\limits_{j'} \mu_i(A_{j'}) + (1-\delta_i) \cdot (1-\gamma_i) \cdot (1-\varphi_i')} \qquad (4.26)$$

根据权重系数更新公式对表 4.3 中各随机抽样截割特征信号的权重系数进行优化，并以更新后的权重系数分别计算各证据体基本概率赋值及不确定性概率，根据式（4.25）和式（4.26）得到计算结果如表 4.7 所示。

**表 4.7　优化后各证据体基本概率赋值及不确定性概率**

| 证据体 | $\varphi_i'$ | $m_i(A_1)$ | $m_i(A_2)$ | $m_i(A_3)$ | $m_i(A_4)$ | $m_i(A_5) \sim m_i(A_7)$ | $m_i(\Theta)$ |
|---|---|---|---|---|---|---|---|
| 振动信号 | 0.5077 | 0.1537 | 0.7494 | 0 | 0 | 0 | 0.0969 |
| 声发射信号 | 0.1701 | 0 | 0.4225 | 0.2586 | 0 | 0 | 0.3189 |
| 温度信号 | 0.1400 | 0 | 0.3675 | 0.2733 | 0 | 0 | 0.3592 |
| 电流信号 | 0.1822 | 0 | 0.4427 | 0.2530 | 0 | 0 | 0.3043 |

由表 4.8 与表 4.6 可知，随着证据体个数的增加，识别结果的信度值显著增大，对于四种证据体组合融合结果，其证据的不确定性概率较其他证据组合降低了一个数量级，且采用权值优化后的融合结果信度值由原来的 0.9142 增大到 0.9308，其证据的不确定性概率由原来的 0.0110 下降到 0.0093，说明权值优化有效地提高了煤岩界面识别系统的精度和可信度。

**表 4.8　优化后不同组合方式下各目标的信度区间、不确定性概率**

| 证据体 | $m_i(A_1)$ | $m_i(A_2)$ | $m_i(A_3)$ | $m_i(A_4) \sim m_i(A_7)$ | $m_i(\Theta)$ |
|---|---|---|---|---|---|
| $E_1 \& E_2$ | 0.0699 | 0.8504 | 0.0357 | 0 | 0.0440 |
| $E_1 \& E_2 \& E_3$ | 0.0354 | 0.8936 | 0.0488 | 0 | 0.0223 |
| $E_1 \& E_2 \& E_3 \& E_4$ | 0.0148 | 0.9308 | 0.0451 | 0 | 0.0093 |

## 4.4.2　局部证据体高冲突权值修正

### 1. 单证据体关联冲突

在多证据体融合识别过程中，各证据体之间发生的严重冲突或完全冲突往往是由某一个或少数证据体与其他证据体严重不相容造成的[24, 25]。单证据体信息关联冲突如图 4.10 所示，振动信号、声发射信号和电流信号采样样本的隶属度值均反映证据体对 $A_j$ 的隶属度最大，根据最大隶属原则，振动信号、声发射信号和电流信号三个证据体的隶属度值均说明识别结果趋于 $A_j$，而温度信号证据体隶属度值反映出趋于 $A_{j-1}$ 的隶属度最大，与其他三个证据体产生明显冲突。

根据图 4.10 所示各隶属度函数图，若采用优化权重系数 $\varphi_i'$ 方法，$\varphi_1'$、$\varphi_2'$、$\varphi_3'$ 和 $\varphi_4'$ 分别表示振动信号、声发射信号、温度信号和电流信号四个证据体的权重系数，则可得到各证据体的权重系数大小排序为

$$\varphi_2' > \varphi_3' > \varphi_4' > \varphi_1'$$

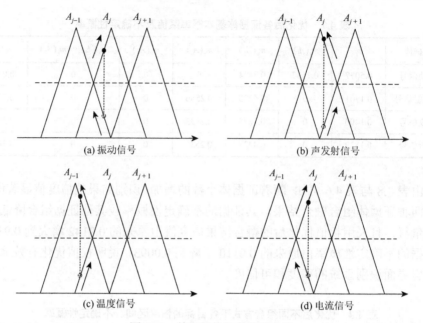

图 4.10　单证据体信息关联冲突

　　然而，对于实际截煤比识别结果，温度信号与其他三个信号具有明显冲突，对于 $A_j$ 的隶属度最小，其识别的不确定度最大，因此需要对各证据体的权值进行修正来保证合成结果满足大部分证据体支持的情况。

　　图 4.10 中，由于隶属度 $\mu_{3b}(A_{j-1})$ 的值显著地大于 $\mu_{3s}(A_j)$，则其两者的比值 $r_3 = \dfrac{\mu_{3b}(A_{j-1})}{\mu_{3s}(A_j)}$ 可反映出该温度样本对 $A_{j-1}$ 的隶属度相对较大。令 $r_3' = \dfrac{\mu_{3s}(A_j)}{\mu_{3b}(A_{j-1})}$，$r_3'$ 则可从另一角度相对反映出该温度样本对 $A_j$ 的隶属度。因此，当融合模型中第 $m$ 个证据体与其他证据体产生冲突时，权重系数常规优化求解为 $r_m = \dfrac{\mu_{mb}(A_k)}{\mu_{ms}(A_j)}$。令 $r_m' = \dfrac{\mu_{ms}(A_j)}{\mu_{mb}(A_k)}$，采用 $r_m'$ 置换 $r_m$ 对权重系数优化方法进行修正，得到修正后的权重系数计算公式为

$$
\begin{cases}
\varphi_i'' = \dfrac{r_i}{r_m' + \displaystyle\sum_{\substack{i=1 \\ i \neq m}}^{M} r_i} \\[4mm]
\varphi_m'' = \dfrac{r_m'}{r_m' + \displaystyle\sum_{\substack{i=1 \\ i \neq m}}^{M} r_i}
\end{cases} \tag{4.27}
$$

式中，$\varphi_i''$ 表示第 $i$ 个证据体修正后的权重系数；$\varphi_m''$ 表示冲突证据体修正后的权重系数，且 $r_m' = 1/r_m$；$M$ 表示融合系统中除冲突证据体外其他证据体的个数。

### 2. 多证据体信息关联冲突

图 4.11 中，振动信号、电流信号的采样样本的隶属度值均反映两个证据体对 $A_j$ 的隶属度最大，对 $A_{j+1}$ 和 $A_{j-1}$ 的隶属度很小；而声发射信号的隶属度函数图中，证据体的隶属度值对 $A_{j+1}$ 的隶属度较大，该证据体趋于识别结果为 $A_{j+1}$。同理可以看出，温度信号证据体的识别结果趋于 $A_{j-1}$，这就造成多个证据体与其他证据体之间产生明显冲突，但各冲突证据体对实际识别结果仍具有一定的隶属度，因此属于多证据体信息关联冲突。根据式（4.27），得到多证据体信息关联冲突时的权重系数修正计算公式为

$$\begin{cases} \varphi_j'' = \dfrac{r_i}{\sum\limits_{k=1}^{N} r_k' + \sum\limits_{j=1}^{M} r_j} \\[4mm] \varphi_k'' = \dfrac{r_k'}{\sum\limits_{k=1}^{N} r_k' + \sum\limits_{j=1}^{M} r_j} \end{cases} \tag{4.28}$$

式中，$\varphi_j''$ 表示第 $j$ 个非冲突证据体的权重系数；$\varphi_k''$ 表示第 $k$ 个冲突证据体的权重

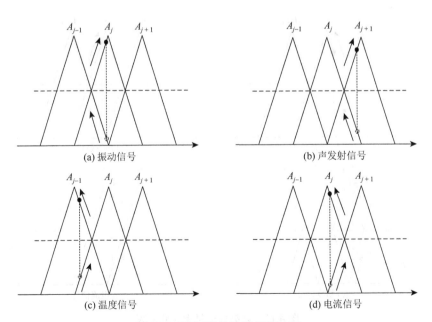

(a) 振动信号　　　　　　　　　　　(b) 声发射信号

(c) 温度信号　　　　　　　　　　　(d) 电流信号

图 4.11　多证据体信息关联冲突

系数；$N$、$M$ 分别表示冲突证据体与非冲突证据体的个数；$r_j$ 表示第 $j$ 个非冲突证据体较大隶属度与较小隶属度的比值，即 $r_j = \dfrac{\mu_{jb}(A_l)}{\mu_{js}(A_q)}$；$r_k'$ 表示第 $k$ 个冲突证据体较大隶属度与较小隶属度比值的倒数，即 $r_k' = \dfrac{\mu_{ks}(A_q)}{\mu_{kb}(A_l)}$。

### 3. 证据体信息无关联冲突

采用多截割特征信号证据体对煤岩界面进行融合识别时，其截割特征信号有时会出现个别证据体失真现象。如图 4.12 所示，振动信号、声发射信号和电流信号三个证据体的隶属度值均说明三种信号的隶属度均趋于 $A_j$，而根据温度信号证据体的隶属度函数图和最大隶属原则，温度信号证据体对 $A_{j-1}$ 的隶属度最大，而对 $A_{j-2}$ 的隶属度较小，对 $A_j$ 的隶属度为 0，因此温度信号证据体的识别结果出现了严重失真。此时，采用该证据体进行多传感信息融合煤岩识别会严重干扰和降低系统的识别精度。考虑到融合过程中，各证据体对融合结果的重要性，需要剔除该无关联冲突证据体以保证系统识别的准确性。此时，其余各证据体的权重系数修正为

$$\varphi_i'' = \frac{r_i}{r_e + \sum\limits_{\substack{i=1 \\ i \neq e}}^{M} r_i} \tag{4.29}$$

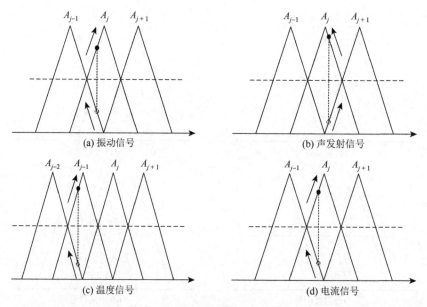

图 4.12　证据体信息无关联冲突

式中，$r_e$ 表示无关联证据体的权重系数且 $r_e \equiv 0$。

为验证式（4.27）~式（4.29）所示权重系数修正公式的合理性，选取三组典型特征样本进行识别验证，第一组数据中含有一个关联性冲突证据体，第二组数据中含有两个关联性冲突证据体，第三组数据中含有无关联性冲突证据体。其随机抽样的截割特征信号及其对应的截煤比如表 4.9 所示。

**表 4.9　随机抽样截割特征信号值**

| 组别 | 冲突类型 | 截煤比 | 振动信号/g | 声发射信号/J | 温度信号/℃ | 电流信号/mA |
|------|---------|-------|-----------|-------------|-----------|------------|
| 第一组 | 单关联 | 1:2 | 0.7082 | 51.25 | 26.52 | 1113 |
| 第二组 | 多关联 | 1:5 | 0.8778 | 64.72 | 26.69 | 1153 |
| 第三组 | 无关联 | 1:3 | 0.6105 | 52.83 | 22.36 | 1073 |

为了更加直观地反映不同冲突数据条件下，各权重系数优化修正后的融合结果对比，分别采用权值平均、权值优化和权值修正三种方法对两组数据进行融合识别，表 4.10~表 4.12 分别为采用三种方法对第一组特征信号样本进行计算得到的各证据体基本概率赋值、不确定性概率。表 4.13 为不同组合方式下各目标的信度区间及不确定性概率的融合结果。

**表 4.10　权值平均后各证据体基本概率赋值及不确定性概率（第一组）**

| 证据体 | $\varphi_i$ | $m_i(A_1)$ | $m_i(A_2)$ | $m_i(A_3)$ | $m_i(A_4)$ | $m_i(A_5)$ | $m_i(A_6)$ | $m_i(A_7)$ | $m_i(\Theta)$ |
|-------|------|------|------|------|------|------|------|------|------|
| 振动信号 | 0.2500 | 0 | 0 | 0.2536 | 0.4689 | 0 | 0 | 0 | 0.2775 |
| 声发射信号 | 0.2500 | 0 | 0 | 0.7269 | 0.1398 | 0 | 0 | 0 | 0.1333 |
| 温度信号 | 0.2500 | 0 | 0 | 0 | 0.5470 | 0.2211 | 0 | 0 | 0.2319 |
| 电流信号 | 0.2500 | 0 | 0 | 0 | 0.5156 | 0.2344 | 0 | 0 | 0.2500 |

**表 4.11　权值优化后各证据体基本概率赋值及不确定性概率（第一组）**

| 证据体 | $\varphi_i'$ | $m_i(A_1)$ | $m_i(A_2)$ | $m_i(A_3)$ | $m_i(A_4)$ | $m_i(A_5)$ | $m_i(A_6)$ | $m_i(A_7)$ | $m_i(\Theta)$ |
|-------|------|------|------|------|------|------|------|------|------|
| 振动信号 | 0.1577 | 0 | 0 | 0.2452 | 0.4534 | 0 | 0 | 0 | 0.3014 |
| 声发射信号 | 0.4436 | 0 | 0 | 0.7528 | 0.1448 | 0 | 0 | 0 | 0.1024 |
| 温度信号 | 0.2110 | 0 | 0 | 0 | 0.5404 | 0.2185 | 0 | 0 | 0.2411 |
| 电流信号 | 0.1877 | 0 | 0 | 0 | 0.5051 | 0.2296 | 0 | 0 | 0.2653 |

**表 4.12　权值修正后各证据体基本概率赋值及不确定性概率（第一组）**

| 证据体 | $\varphi_i''$ | $m_i(A_1)$ | $m_i(A_2)$ | $m_i(A_3)$ | $m_i(A_4)$ | $m_i(A_5)$ | $m_i(A_6)$ | $m_i(A_7)$ | $m_i(\Theta)$ |
|---|---|---|---|---|---|---|---|---|---|
| 振动信号 | 0.2754 | 0 | 0 | 0.2560 | 0.4733 | 0 | 0 | 0 | 0.2707 |
| 声发射信号 | 0.0286 | 0 | 0 | 0.6993 | 0.1345 | 0 | 0 | 0 | 0.1662 |
| 温度信号 | 0.3684 | 0 | 0 | 0 | 0.5677 | 0.2295 | 0 | 0 | 0.2028 |
| 电流信号 | 0.3276 | 0 | 0 | 0 | 0.5293 | 0.2406 | 0 | 0 | 0.2301 |

**表 4.13　不同组合方式下各目标的信度区间、不确定性概率（第一组）**

| 证据体 | 权值 | $m_i(A_1)$ | $m_i(A_2)$ | $m_i(A_3)$ | $m_i(A_4)$ | $m_i(A_5)$ | $m_i(A_6)$ | $m_i(A_7)$ | $m_i(\Theta)$ |
|---|---|---|---|---|---|---|---|---|---|
| $E_1\&E_2$ | 平均 | 0 | 0 | 0.6732 | 0.2675 | 0 | 0 | 0 | 0.0593 |
| | 优化 | 0 | 0 | 0.7006 | 0.2499 | 0 | 0 | 0 | 0.0495 |
| | 修正 | 0 | 0 | 0.6475 | 0.2816 | 0 | 0 | 0 | 0.0709 |
| $E_1\&E_2\&E_3$ | 平均 | 0 | 0 | 0.3684 | 0.5682 | 0.0309 | 0 | 0 | 0.0325 |
| | 优化 | 0 | 0 | 0.4083 | 0.5367 | 0.0261 | 0 | 0 | 0.0289 |
| | 修正 | 0 | 0 | 0.3133 | 0.6136 | 0.0388 | 0 | 0 | 0.0343 |
| $E_1\&E_2$ $\&E_3\&E_4$ | 平均 | 0 | 0 | 0.1603 | 0.7863 | 0.0393 | 0 | 0 | 0.0141 |
| | 优化 | 0 | 0 | 0.1922 | 0.7595 | 0.0347 | 0 | 0 | 0.0136 |
| | 修正 | 0 | 0 | 0.1221 | 0.8197 | 0.0449 | 0 | 0 | 0.0133 |

由表 4.13 可以看出，在两种证据体和三种证据体融合情况下，无论采用权值平均、权值优化或者权值修正方法，其识别结果信度都很低，识别结果的不确定度都很高，而四种证据体融合结果较前两者信度值较高，不确定度大大降低，尤其是采用权值修正方法的识别结果，其信度值达到了 0.8197，不确定度降低至 0.0133，识别结果较好。

采用不同权重系数方法对第二组多关联冲突特征信号样本进行融合，得到各证据体基本概率赋值、不确定性概率和各目标的信度区间融合结果如表 4.14～表 4.17 所示。

**表 4.14　权值平均各证据体基本概率赋值及不确定性概率（第二组）**

| 证据体 | $\varphi_i$ | $m_i(A_1)\sim m_i(A_3)$ | $m_i(A_4)$ | $m_i(A_5)$ | $m_i(A_6)$ | $m_i(A_7)$ | $m_i(\Theta)$ |
|---|---|---|---|---|---|---|---|
| 振动信号 | 0.2500 | 0 | 0 | 0 | 0.0919 | 0.8247 | 0.0834 |
| 声发射信号 | 0.2500 | 0 | 0 | 0.2234 | 0.5417 | 0 | 0.2349 |
| 温度信号 | 0.2500 | 0 | 0 | 0.3955 | 0.2825 | 0 | 0.3220 |
| 电流信号 | 0.2500 | 0 | 0 | 0 | 0.6413 | 0.1796 | 0.1791 |

**表 4.15　权值优化后各证据体基本概率赋值及不确定性概率（第二组）**

| 证据体 | $\varphi_i'$ | $m_i(A_1)\sim m_i(A_3)$ | $m_i(A_4)$ | $m_i(A_5)$ | $m_i(A_6)$ | $m_i(A_7)$ | $m_i(\Theta)$ |
|---|---|---|---|---|---|---|---|
| 振动信号 | 0.5480 | 0 | 0 | 0 | 0.0951 | 0.8529 | 0.0520 |
| 声发射信号 | 0.1482 | 0 | 0 | 0.2165 | 0.5249 | 0 | 0.2586 |
| 温度信号 | 0.0855 | 0 | 0 | 0.3694 | 0.2639 | 0 | 0.3667 |
| 电流信号 | 0.2183 | 0 | 0 | 0 | 0.6364 | 0.1783 | 0.1853 |

**表 4.16　权值修正后各证据体基本概率赋值及不确定性概率（第二组）**

| 证据体 | $\varphi_i''$ | $m_i(A_1)\sim m_i(A_3)$ | $m_i(A_4)$ | $m_i(A_5)$ | $m_i(A_6)$ | $m_i(A_7)$ | $m_i(\Theta)$ |
|---|---|---|---|---|---|---|---|
| 振动信号 | 0.0163 | 0 | 0 | 0 | 0.0896 | 0.8038 | 0.1066 |
| 声发射信号 | 0.3555 | 0 | 0 | 0.2310 | 0.5602 | 0 | 0.2088 |
| 温度信号 | 0.1047 | 0 | 0 | 0.3722 | 0.2659 | 0 | 0.3619 |
| 电流信号 | 0.5235 | 0 | 0 | 0 | 0.6861 | 0.1922 | 0.1217 |

**表 4.17　不同组合方式下各目标的信度区间、不确定性概率（第二组）**

| 证据体 | 权值 | $m_i(A_1)\sim m_i(A_3)$ | $m_i(A_4)$ | $m_i(A_5)$ | $m_i(A_6)$ | $m_i(A_7)$ | $m_i(\Theta)$ |
|---|---|---|---|---|---|---|---|
| $E_1\&E_2$ | 平均 | 0 | 0 | 0.0535 | 0.3344 | 0.5559 | 0.0562 |
| | 优化 | 0 | 0 | 0.0324 | 0.2933 | 0.6355 | 0.0388 |
| | 修正 | 0 | 0 | 0.0717 | 0.3746 | 0.4888 | 0.0649 |
| $E_1\&E_2\&E_3$ | 平均 | 0 | 0 | 0.1274 | 0.4583 | 0.3763 | 0.0380 |
| | 优化 | 0 | 0 | 0.0794 | 0.4061 | 0.4848 | 0.0297 |
| | 修正 | 0 | 0 | 0.1450 | 0.4766 | 0.3340 | 0.0444 |
| $E_1\&E_2\&E_3\&E_4$ | 平均 | 0 | 0 | 0.0399 | 0.7002 | 0.2480 | 0.0119 |
| | 优化 | 0 | 0 | 0.0265 | 0.6360 | 0.3275 | 0.0100 |
| | 修正 | 0 | 0 | 0.0320 | 0.7528 | 0.2054 | 0.0098 |

采用不同权重系数方法对第三组无关联冲突特征信号样本进行融合，得到各证据体基本概率赋值、不确定性概率和各目标的信度区间融合结果如表 4.18～表 4.21 所示。

**表 4.18　权值平均各证据体基本概率赋值及不确定性概率（第三组）**

| 证据体 | $\varphi_i$ | $m_i(A_1)$ | $m_i(A_2)$ | $m_i(A_3)$ | $m_i(A_4)$ | $m_i(A_5)$ | $m_i(A_6)$ | $m_i(A_7)$ | $m_i(\Theta)$ |
|---|---|---|---|---|---|---|---|---|---|
| 振动信号 | 0.25 | 0 | 0 | 0 | 0.1661 | 0.6707 | 0 | 0 | 0.1632 |
| 声发射信号 | 0.25 | 0 | 0 | 0 | 0 | 0.5381 | 0.2249 | 0 | 0.2370 |
| 温度信号 | 0.25 | 0 | 0 | 0.2324 | 0.5203 | 0 | 0 | 0 | 0.2473 |
| 电流信号 | 0.25 | 0 | 0 | 0 | 0.2277 | 0.5314 | 0 | 0 | 0.2409 |

**表 4.19 权值优化后各证据体基本概率赋值及不确定性概率（第三组）**

| 证据体 | $\varphi_i'$ | $m_i(A_1)$ | $m_i(A_2)$ | $m_i(A_3)$ | $m_i(A_4)$ | $m_i(A_5)$ | $m_i(A_6)$ | $m_i(A_7)$ | $m_i(\Theta)$ |
|---|---|---|---|---|---|---|---|---|---|
| 振动信号 | 0.3670 | 0 | 0 | 0 | 0.1705 | 0.6883 | 0 | 0 | 0.1412 |
| 声发射信号 | 0.2174 | 0 | 0 | 0 | 0 | 0.5326 | 0.2226 | 0 | 0.2448 |
| 温度信号 | 0.2035 | 0 | 0 | 0.2289 | 0.5124 | 0 | 0 | 0 | 0.2587 |
| 电流信号 | 0.2121 | 0 | 0 | 0 | 0.2250 | 0.5250 | 0 | 0 | 0.2500 |

**表 4.20 权值修正后各证据体基本概率赋值及不确定性概率（第三组）**

| 证据体 | $\varphi_i''$ | $m_i(A_1)$ | $m_i(A_2)$ | $m_i(A_3)$ | $m_i(A_4)$ | $m_i(A_5)$ | $m_i(A_6)$ | $m_i(A_7)$ | $m_i(\Theta)$ |
|---|---|---|---|---|---|---|---|---|---|
| 振动信号 | 0.4608 | 0 | 0 | 0 | 0.1741 | 0.7030 | 0 | 0 | 0.1229 |
| 声发射信号 | 0.2730 | 0 | 0 | 0 | 0 | 0.5420 | 0.2266 | 0 | 0.2314 |
| 温度信号 | — | — | — | — | — | — | — | — | — |
| 电流信号 | 0.2662 | 0 | 0 | 0 | 0.2289 | 0.5342 | 0 | 0 | 0.2369 |

**表 4.21 不同组合方式下各目标的信度区间、不确定性概率（第三组）**

| 证据体 | 权值 | $m_i(A_1)$ | $m_i(A_2)$ | $m_i(A_3)$ | $m_i(A_4)$ | $m_i(A_5)$ | $m_i(A_6)$ | $m_i(A_7)$ | $m_i(\Theta)$ |
|---|---|---|---|---|---|---|---|---|---|
| $E_1\&E_2$ | 平均 | 0 | 0 | 0 | 0.0545 | 0.8412 | 0.0508 | 0 | 0.0535 |
| | 优化 | 0 | 0 | 0 | 0.0581 | 0.8500 | 0.0438 | 0 | 0.0481 |
| | 修正 | 0 | 0 | 0 | 0.0570 | 0.8634 | 0.0394 | 0 | 0.0402 |
| $E_1\&E_2$ $\&E_3$ | 平均 | 0 | 0 | 0.0317 | 0.1775 | 0.5301 | 0.0320 | 0 | 0.0337 |
| | 优化 | 0 | 0 | 0.0283 | 0.1785 | 0.5652 | 0.0291 | 0 | 0.0320 |
| | 修正 | 0 | 0 | 0 | 0.0570 | 0.8634 | 0.0394 | 0 | 0.0402 |
| $E_1\&E_2$ $\&E_3\&E_4$ | 平均 | 0 | 0 | 0.0097 | 0.1157 | 0.5442 | 0.0098 | 0 | 0.0103 |
| | 优化 | 0 | 0 | 0.0091 | 0.1180 | 0.5833 | 0.0093 | 0 | 0.0103 |
| | 修正 | 0 | 0 | 0 | 0.0482 | 0.9264 | 0.0126 | 0 | 0.0128 |

根据表 4.13、表 4.17 和表 4.21 所示不同证据体冲突类别条件下的多传感信息融合煤岩识别结果，可得到图 4.13 和图 4.14 所示三种权重系数分配方式的识别结果信度对比及不确定度对比。

结合表 4.13、表 4.17 和表 4.21 的融合数据结果，以及对图 4.13 和图 4.14 的识别结果信度、不确定度对比分析可知，对于多证据体融合过程中含有关联性证据冲突的情况，基于本书构建的权值优化方法的多信息融合识别方法识别结果信度较低，明显低于权值平均及权值修正时的识别结果信度。因此，权值优化方法适用于多证据体无明显冲突的融合情况，而对于含有明显关联性冲突的证据体时，即某一证据

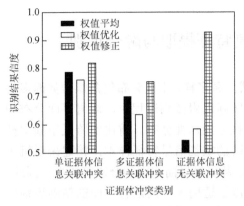

图 4.13　识别结果信度对比

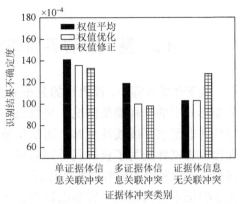

图 4.14　识别结果不确定度对比

体或少数证据体与其他证据体相容性较差时，需要对权值优化方法进行修正。图 4.13 反映了针对不同证据体冲突类别时，采用权值修正方法的识别结果信度都明显优于其他两种方法，而图 4.14 则反映了采用权值修正方法有效降低了系统识别结果不确定度，虽然对于证据体无关联冲突情况融合结果的不确定度高于其他两种方法，但权值修正方法是对三个信号证据体进行融合，其融合结果的不确定度已远远低于其他两种方法三个信号识别结果的不确定度。

综上分析，对于期望识别目标，根据修正后的权重系数进行融合识别，其识别结果获得了更高的信度，识别结果的不确定性概率也有了一定减小，因此，针对不同特征信号，系统可以根据多特征信号的隶属度，自适应分析其信号之间的冲突程度，建立如图 4.15 所示的自适应权值系数分配煤岩识别模型，分别采用权值优化和权值修正方法得到高信度与低不确定度的识别结果，有效地提高了基于 D-S 证据理论多传感信息融合煤岩界面识别系统的识别精度。

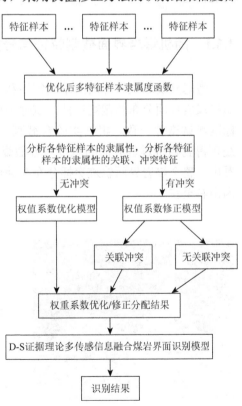

图 4.15　自适应权值系数分配煤岩识别模型

# 4.5　随机煤岩界面截割特征提取与融合识别

地下开采过程中，煤岩层的分布形式多种多样，平面分布仅是煤岩界面多种分布形式中的一种简单情况。采煤机在实际煤岩截割过程中，煤岩界面分布和趋势并非呈水平或线性分布，而是呈随机无规律性分布。前述实验采用固定截煤比煤岩试件是为了获取其不同截煤比时的截割信号特征样本，构建采煤机不同截煤比截割时的信号特征变化规律，以及煤岩界面识别融合决策模型。因此，为了验证本书构建的煤岩界面识别系统能否适用于不同煤岩界面的精确识别，还需要通过随机煤岩界面截割过程中的识别结果进行分析和判定。此外，传统的煤岩界面识别方法仅实现了煤岩层次上的区分，对于如何实现实际煤岩界面的精确识别，最大精度地确定煤岩界面的分布轨迹，仍然是需要进一步解决的关键问题。

## 4.5.1　随机煤岩界面截割特征信号提取

考虑到实际煤岩界面的不确定性和随机性，通过实验室浇筑如图 4.16 所示的随机煤岩界面分布的截割试件，试件中煤岩的成分、配比及物理性质与第 2 章中标准测试试件一致。根据实验台截割滚筒的截割直径及不同截煤比的分布水平线可得到随机煤岩界面的轨迹与各截煤比的关系如图 4.17 所示。由图 4.17 可以看出，整个煤岩界面轨迹穿插分布在截煤比为 1∶5 至截煤比为 4∶5，截割方向为由右至左。

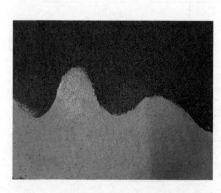

图 4.16　随机煤岩界面分布的截割试件

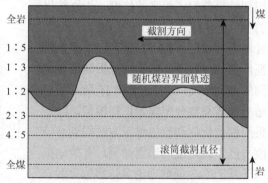

图 4.17　煤岩分界面与截煤比的关系

将随机煤岩界面分布的试件固定在煤岩截割实验台上进行截割实验,如图 4.18 所示,分别测试和提取截割过程中的振动信号、声发射信号、温度信号和电流信号。考虑到截割滚筒截割进刀过程中各特征信号的提取和采样不够准确,因此,信号测试时除去进刀过程中的煤岩截割距离(滚筒的半径长度距离),其实际测试煤岩截割距离约为350mm,共分为 36 个特征数据采样点,各特征信号经过时域、频域及小波分析

图 4.18　随机煤岩界面分布试件截割测试实验

与处理后得到不同采样点的特征参数值分别如表 4.22 所示。

表 4.22　多截割信号特征参数值

| 采样点 | 特征参数值 | | | |
| --- | --- | --- | --- | --- |
| | 振动信号/g | 声发射信号/J | 温度信号/℃ | 电流信号/mA |
| 1 | 0.6985 | 53.93 | 24.28 | 1082 |
| 2 | 0.6583 | 53.72 | 25.56 | 1081 |
| 3 | 0.6039 | 47.64 | 24.32 | 1073 |
| 4 | 0.5906 | 45.11 | 23.96 | 1074 |
| 5 | 0.5883 | 46.12 | 23.99 | 1072 |
| 6 | 0.5822 | 46.31 | 23.38 | 1070 |
| 7 | 0.5692 | 43.95 | 23.72 | 1072 |
| 8 | 0.5618 | 43.63 | 23.36 | 1069 |
| 9 | 0.5563 | 42.89 | 23.21 | 1069 |
| 10 | 0.5761 | 43.24 | 23.06 | 1069 |
| 11 | 0.5632 | 46.77 | 22.96 | 1069 |
| 12 | 0.5873 | 46.22 | 23.57 | 1072 |
| 13 | 0.5982 | 45.88 | 23.86 | 1073 |
| 14 | 0.6144 | 46.01 | 25.31 | 1074 |
| 15 | 0.6635 | 54.76 | 25.42 | 1084 |
| 16 | 0.6968 | 55.02 | 25.98 | 1088 |
| 17 | 0.7672 | 63.29 | 26.55 | 1118 |
| 18 | 0.7824 | 63.02 | 26.89 | 1120 |
| 19 | 0.7943 | 63.16 | 26.98 | 1132 |
| 20 | 0.8026 | 64.55 | 26.77 | 1128 |

| 采样点 | 特征参数值 | | | |
|---|---|---|---|---|
| | 振动信号/g | 声发射信号/J | 温度信号/℃ | 电流信号/mA |
| 21 | 0.8003 | 64.06 | 26.95 | 1133 |
| 22 | 0.7846 | 63.35 | 26.58 | 1129 |
| 23 | 0.7714 | 63.28 | 26.62 | 1117 |
| 24 | 0.7811 | 63.52 | 26.69 | 1125 |
| 25 | 0.6659 | 53.32 | 25.37 | 1084 |
| 26 | 0.5978 | 46.02 | 23.96 | 1073 |
| 27 | 0.5872 | 43.98 | 23.38 | 1070 |
| 28 | 0.5585 | 42.28 | 23.16 | 1070 |
| 29 | 0.5494 | 41.88 | 22.26 | 1069 |
| 30 | 0.5513 | 41.97 | 23.85 | 1068 |
| 31 | 0.5592 | 42.38 | 22.20 | 1069 |
| 32 | 0.5701 | 43.16 | 22.28 | 1072 |
| 33 | 0.5716 | 46.38 | 24.11 | 1072 |
| 34 | 0.5929 | 46.83 | 24.31 | 1072 |
| 35 | 0.6025 | 46.12 | 25.32 | 1072 |
| 36 | 0.6516 | 48.29 | 25.61 | 1079 |

### 4.5.2　单一特征信号与多信息融合识别结果对比分析

由表 4.22 可以看出，随机煤岩界面试件截割过程中，各特征信号随着煤岩界面的走势呈现一定的规律性变化，其采用各单一特征信号进行煤岩界面识别，得到的识别结果如图 4.19 所示。可以看出，截割过程中各单一特征信号的煤岩界面识别结果仅在一定趋势上反映了煤岩界面的分布趋势，与实际煤岩界面轨迹存在很大差异，部分特征信号在识别过程中出现失真情况，识别界面与实际界面差异较大，尤其是对于煤岩轨迹处于两个截煤比中间位置的情况，不同特征信号的识别结果各不相同，具有很大的不确定性和随机性，不能有效地确定该采样点的实际截煤比。因此，采用单一特征信号实现煤岩界面轨迹的识别精度较差，可信度较低。

采用模糊 D-S 证据理论信息融合决策模型对表 4.22 中不同采样点的多截割特征信号进行融合，并根据融合决策准则对煤岩截煤比识别结果进行判定。其中，$\varepsilon$ 取值为 0.6，$\lambda$ 取值为 0.1。得到识别框架中各目标的信度区间、不确定性概率及识别结果分别如表 4.23 所示。

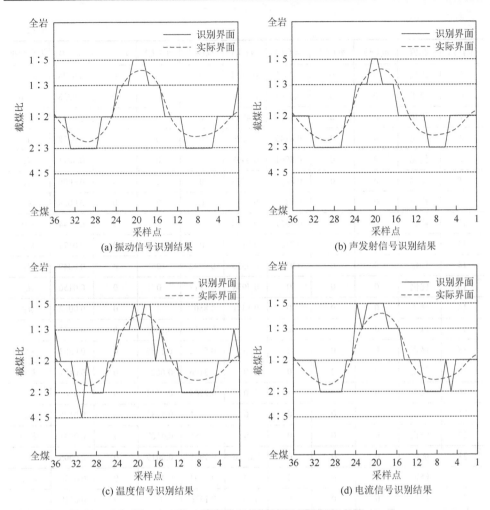

图 4.19　单一截割信号煤岩界面离散识别结果

　　以表 4.23 中各识别结果为特征识别离散点,得到基于 D-S 证据理论多传感信息融合决策煤岩界面离散识别结果如图 4.20 所示。

表 4.23　各目标的信度区间、不确定性概率及识别结果表

| 采样点 | 权值 | $m_i(A_1)$ | $m_i(A_2)$ | $m_i(A_3)$ | $m_i(A_4)$ | $m_i(A_5)$ | $m_i(A_6)$ | $m_i(A_7)$ | $m_i(\Theta)$ | 识别结果 |
|---|---|---|---|---|---|---|---|---|---|---|
| 1 | 修正 | 0 | 0 | 0.0156 | 0.8818 | 0.0887 | 0 | 0 | 0.0139 | $A_4$ |
| 2 | 修正 | 0 | 0 | 0 | 0.8915 | 0.1018 | 0 | 0 | 0.0067 | $A_4$ |
| 3 | 优化 | 0 | 0 | 0.0575 | 0.9386 | 0 | 0 | 0 | 0.0039 | $A_4$ |
| 4 | 优化 | 0 | 0 | 0.1764 | 0.8104 | 0 | 0 | 0 | 0.0132 | $A_4$ |

| 采样点 | 权值 | $m_i(A_1)$ | $m_i(A_2)$ | $m_i(A_3)$ | $m_i(A_4)$ | $m_i(A_5)$ | $m_i(A_6)$ | $m_i(A_7)$ | $m_i(\Theta)$ | 识别结果 |
|---|---|---|---|---|---|---|---|---|---|---|
| 5 | 优化 | 0 | 0 | 0.2652 | 0.7124 | 0 | 0 | 0 | 0.0224 | 未知 |
| 6 | 修正 | 0 | 0 | 0.5393 | 0.4379 | 0 | 0 | 0 | 0.0228 | 未知 |
| 7 | 优化 | 0 | 0 | 0.5455 | 0.4248 | 0 | 0 | | 0.0298 | 未知 |
| 8 | 优化 | 0 | 0 | 0.8243 | 0.1629 | 0 | 0 | 0 | 0.0128 | $A_3$ |
| 9 | 优化 | 0 | 0 | 0.8961 | 0.0968 | 0 | 0 | 0 | 0.0071 | $A_3$ |
| 10 | 优化 | 0 | 0 | 0.8616 | 0.1288 | 0 | 0 | 0 | 0.0096 | $A_3$ |
| 11 | 修正 | 0 | 0 | 0.8317 | 0.1626 | 0 | 0 | 0 | 0.0058 | $A_3$ |
| 12 | 修正 | 0 | 0 | 0.3367 | 0.6388 | 0 | 0 | 0 | 0.0244 | 未知 |
| 13 | 优化 | 0 | 0 | 0.2104 | 0.7725 | 0 | 0 | 0 | 0.0171 | 未知 |
| 14 | 优化 | 0 | 0 | 0.0359 | 0.9550 | 0.0042 | 0 | 0 | 0.0049 | $A_4$ |
| 15 | 优化 | 0 | 0 | 0 | 0.7934 | 0.1917 | 0 | 0 | 0.0150 | $A_4$ |
| 16 | 修正 | 0 | 0 | 0 | 0.1411 | 0.8507 | 0 | 0 | 0.0082 | $A_5$ |
| 17 | 修正 | 0 | 0 | 0 | 0 | 0.8052 | 0.1805 | 0 | 0.0142 | $A_5$ |
| 18 | 修正 | 0 | 0 | 0 | 0 | 0.5712 | 0.3985 | 0 | 0.0303 | 未知 |
| 19 | 修正 | 0 | 0 | 0 | 0 | 0.3196 | 0.6623 | 0 | 0.0181 | 未知 |
| 20 | 修正 | 0 | 0 | 0 | 0 | 0.2104 | 0.7735 | 0 | 0.0161 | 未知 |
| 21 | 优化 | 0 | 0 | 0 | 0 | 0.1731 | 0.8133 | 0 | 0.0136 | $A_6$ |
| 22 | 修正 | 0 | 0 | 0 | 0 | 0.5585 | 0.4167 | 0 | 0.0248 | 未知 |
| 23 | 优化 | 0 | 0 | 0 | 0.0016 | 0.9961 | 0.0019 | 0 | 0.0005 | $A_5$ |
| 24 | 修正 | 0 | 0 | 0 | 0 | 0.5393 | 0.4271 | 0 | 0.0336 | 未知 |
| 25 | 优化 | 0 | 0 | 0 | 0.8345 | 0.1536 | 0 | 0 | 0.0119 | $A_4$ |
| 26 | 优化 | 0 | 0 | 0.1911 | 0.7936 | 0 | 0 | 0 | 0.0153 | $A_4$ |
| 27 | 修正 | 0 | 0 | 0.6709 | 0.3031 | 0 | 0 | 0 | 0.0260 | 未知 |
| 28 | 优化 | 0 | 0 | 0.8907 | 0.1018 | 0 | 0 | 0 | 0.0075 | $A_3$ |
| 29 | 优化 | 0 | 0 | 0.9160 | 0.0785 | 0 | 0 | 0 | 0.0056 | $A_3$ |
| 30 | 修正 | 0 | 0 | 0.9257 | 0.0699 | 0 | 0 | 0 | 0.0044 | $A_3$ |
| 31 | 修正 | 0 | 0 | 0.8309 | 0.1580 | 0 | 0 | 0 | 0.0110 | $A_3$ |
| 32 | 修正 | 0 | 0.0243 | 0.7394 | 0.2082 | 0 | 0 | 0 | 0.0280 | 未知 |
| 33 | 修正 | 0 | 0 | 0.2773 | 0.7052 | 0 | 0 | 0 | 0.0175 | 未知 |
| 34 | 优化 | 0 | 0 | 0.1389 | 0.8506 | 0 | 0 | 0 | 0.0106 | $A_4$ |
| 35 | 优化 | 0 | 0 | 0.0969 | 0.8718 | 0.0151 | 0 | 0 | 0.0162 | $A_4$ |
| 36 | 修正 | 0 | 0 | 0.0009 | 0.9932 | 0.0052 | 0 | 0 | 0.0007 | $A_4$ |

由表4.23、图4.19 和图4.20 可以看出,采用多传感信息融合实现煤岩界面识别,其识别界面轨迹与实际界面轨迹更加接近,且识别结果的不确定性大大降低,识别精度较单一信号有了大幅度提高,识别结果具有较高的信度。

为了准确对比 D-S 证据理论多传感信息融合与单一特征信号煤岩界面识别的优劣性,采用定量分析方法分析采用不同识别方法时,煤岩界面轨迹识别结果的煤层残余量、岩层侵蚀量及误差总百分比。以多信息融合煤岩界面识别轨迹为例,如图4.21 所示,除去进刀过程中的截割距离,实际截割随机煤岩试件的总长度为 350mm,总面积为 350mm×380mm。

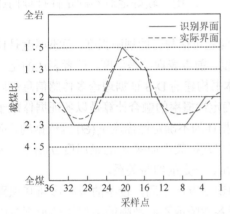
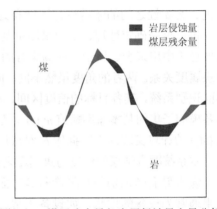

图 4.20　多传感信息融合决策煤岩界面　　　　图 4.21　煤层残余量与岩层侵蚀量定量分析
离散识别结果

分别计算各识别煤岩界面轨迹与实际煤岩界面轨迹对比的煤层残余量和岩层侵蚀量,得到不同煤岩界面识别方法的效果对比如表4.24 所示。

通过表4.24 可知,采用 D-S 证据理论多传感信息融合的煤岩界面识别结果,其煤层残余量和岩层侵蚀量均明显小于其他单一特征信号的识别结果,且识别的误差总百分比由 5.56%降低至 3.24%,识别精度有了很大程度提高,煤岩界面识别轨迹更加逼近实际煤岩界面轨迹,识别效果较好。

表 4.24　不同煤岩界面识别方法的效果对比

| 煤岩识别方法 | 煤层残余量/mm² | 岩层侵蚀量/mm² | 误差总百分比/% |
|---|---|---|---|
| 振动信号 | 2788.8 | 2284.8 | 4.53 |
| 声发射信号 | 2923.2 | 2632.0 | 4.96 |
| 温度信号 | 2945.6 | 3281.6 | 5.56 |
| 电流信号 | 3584.0 | 1960.0 | 4.95 |
| 多传感信息融合 | 1713.6 | 1915.2 | 3.24 |

# 4.6　基于识别目标信度值优化的煤岩界面识别

在 D-S 证据理论多传感信息煤岩界面识别系统中，识别框架是由互不相容的基本命题（不同截煤比）组成的完备集合，表示煤岩识别过程中的所有可能的截煤比，但针对某一组特征信号样本，其中只有一种截煤比识别结果是正确的，作为该识别框架的一个子集，我们称为命题。分配给各命题的信任程度称为基本概率分配，也可称为 $m$ 函数。$m(A)$ 为基本可信数，反映着对 $A$ 的信度大小。D-S 证据理论融合识别采用的是信度的"半可加性"原则，较好地对不确定性推理问题中主、客观性之间的矛盾进行了调和处理。

可信度是确定性理论中用来衡量某一问题可信与否的规则强度，而隶属度是模糊性理论中用来表达属于某模糊集合的程度，前者表现的是信度，后者表达的是一种隶属度关系。两者的角度虽然不同，但本书构建的 D-S 证据理论多传感信息煤岩界面识别系统，其各目标的信度区间、不确定性概率的融合计算是以各证据体赋予其各模糊子集的基本概率赋值 $m_i(A_j)$ 及证据体的不确定性描述 $m_i(\Theta)$ 为依据的，而 $m_i(A_j)$ 的计算又取决于证据体 $E_i$ 对截煤比识别框架中命题 $A_j$ 的隶属度 $\mu_i(A_j)$。因此，本系统融合结果的信度与隶属度之间存在一定的纽带关系。

煤岩界面的识别与故障诊断等方面的识别有所不同，设备的故障诊断其识别结果通常为设备的性状，如设备正常、设备故障或不同故障的类型如轴承不对中故障、断齿故障等。而煤岩界面的识别不仅仅是对截煤比的识别，截煤比的识别结果只能在一定程度上反映当前采样点相对接近的截煤比例状态，而并非实际的截煤比，截煤比在煤岩分布中处于连续变化的状态，而并非呈离散跳跃性的比例数值状态。因此，想要进一步地提高煤岩界面的识别精度，还需要对截煤比进行更深一层次的精确量化。

图 4.22 反映了各采样点具有最大信度、次大信度及第三大信度的截煤比识别结果。可以看出，实际煤岩轨迹在各采样点均分布在具有最大信度和次大信度的截煤比识别结果之间，且相对接近于具有最大信度的截煤比识别结果，对于次大信度截煤比识别结果具有一定程度的趋向性。

结合表 4.23 识别结果可以看出，采用多传感信息融合进行煤岩识别过程中，各信号的特征样本对实际截煤比阈值的隶属度越高，其最终识别结果的信度也越大，而各信号特征样本对实际截煤比阈值隶属度的大小又取决于该采样点实际煤岩比值与最接近固定截煤比阈值的贴近程度。因此，识别结果信度值的大小也很大程度地反映了实际煤岩比值与识别结果的接近程度，即信度值越大，其识别结果越接近实际截煤比。鉴于此，采用各采样点识别结果的信度值对煤岩截割轨迹进行进一步优化。

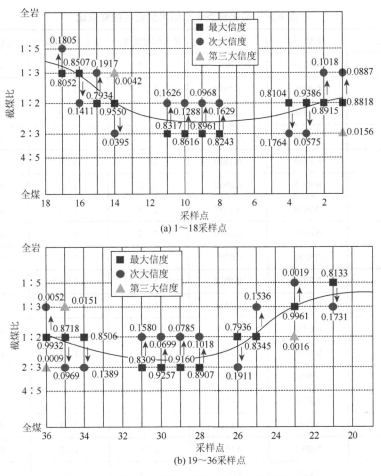

图 4.22　截煤比识别结果信度分布及趋向性分析

若定义第 $i$ 组样本融合结果中拥有最大信度目标的信度值 $m_i(A_j)$，拥有次大信度目标的信度值为 $m_i(A_k)$，$A_j$、$A_k$ 代表两个相邻识别目标的截煤比，用 $L_i$ 表示当前样本采样点的截煤比修正值，则有

（1）若 $A_j < A_k$

$$L_i = A_k - m_i(\theta_j) \cdot (A_k - A_j) \tag{4.30}$$

式中，$m_i(\theta_j)$ 是第 $i$ 组样本事件 $\theta_j$ 定义在 $2^\theta$ 上的基本概率分配函数，表示证据支持命题 $\theta_j$ 发生的程度。

（2）若 $A_j > A_k$

$$L_i = A_k + m_i(\theta_j) \cdot (A_k - A_j) \tag{4.31}$$

根据式（4.30）和式（4.31）对各识别结果进行优化，得到各采样点识别结果优化后的截煤比如表 4.25 所示。

表 4.25　各采样点识别结果优化后的截煤比

| 采样点 | 最大信度 | 次大信度 | 最大信度截煤比 | 次大信度截煤比 | 优化后截煤比 |
|---|---|---|---|---|---|
| 1 | 0.8818 | 0.0887 | 1∶2 | 1∶3 | 0.4803 |
| 2 | 0.8915 | 0.1018 | 1∶2 | 1∶3 | 0.4819 |
| 3 | 0.9386 | 0.0575 | 1∶2 | 2∶3 | 0.5102 |
| 4 | 0.8104 | 0.1764 | 1∶2 | 2∶3 | 0.5316 |
| 8 | 0.8243 | 0.1629 | 2∶3 | 1∶2 | 0.6374 |
| 9 | 0.8961 | 0.0968 | 2∶3 | 1∶2 | 0.6494 |
| 10 | 0.8616 | 0.1288 | 2∶3 | 1∶2 | 0.6436 |
| 11 | 0.8317 | 0.1626 | 2∶3 | 1∶2 | 0.6386 |
| 14 | 0.9550 | 0.0395 | 1∶2 | 2∶3 | 0.5075 |
| 15 | 0.7934 | 0.1917 | 1∶2 | 1∶3 | 0.4656 |
| 16 | 0.8507 | 0.1411 | 1∶3 | 1∶2 | 0.3582 |
| 17 | 0.8052 | 0.1805 | 1∶3 | 1∶5 | 0.3074 |
| 21 | 0.8133 | 0.1731 | 1∶5 | 1∶3 | 0.2249 |
| 23 | 0.9961 | 0.0019 | 1∶3 | 1∶5 | 0.3328 |
| 25 | 0.8345 | 0.1536 | 1∶2 | 1∶3 | 0.4724 |
| 26 | 0.7936 | 0.1911 | 1∶2 | 2∶3 | 0.5344 |
| 28 | 0.8907 | 0.1018 | 2∶3 | 1∶2 | 0.6485 |
| 29 | 0.9160 | 0.0785 | 2∶3 | 1∶2 | 0.6527 |
| 30 | 0.9257 | 0.0699 | 2∶3 | 1∶2 | 0.6543 |
| 31 | 0.8309 | 0.1580 | 2∶3 | 1∶2 | 0.6385 |
| 34 | 0.8506 | 0.1389 | 1∶2 | 2∶3 | 0.5429 |
| 35 | 0.8718 | 0.0969 | 1∶2 | 2∶3 | 0.5214 |
| 36 | 0.9932 | 0.0052 | 1∶2 | 1∶3 | 0.4989 |

　　根据表 4.25 中各优化后的截煤比,得到新的煤岩界面轨迹识别结果如图 4.23 所示。可以看出,优化后的煤岩界面轨迹更加逼近实际煤岩轨迹。通过定量计算分析,优化后煤岩界面轨迹与实际煤岩轨迹相比,煤层残余量为 1037.4mm$^2$,岩层侵蚀量为 1476.3mm$^2$,误差总百分比为 1.89%,较未优化前下降了 41.67%,显著地提高了煤岩界面的识别精度。

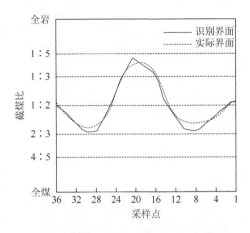

图 4.23 优化后煤岩界面轨迹识别结果

# 4.7 现场工业性实验验证

实验室模拟实验结果从一定程度上能够体现和反映所构建煤岩界面识别模型的可行性和识别精度，但实验室实验是基于一定的工况简化和特定条件下开展的研究，其结果必然与现场实际结果存在一定程度的差距。因此，为了验证煤岩界面识别模型在实际开采过程中的可行性，本书开展现场工业实验对煤岩界面识别模型进行验证。

## 4.7.1 含岩模拟煤壁浇筑

本书以张家口市国家能源采掘装备研发实验中心为平台进行现场截割实验，根据相似原则，以煤炭为主体，结合特骨料等浇筑工业实验煤壁。煤壁全长 70m，宽 4m，高 3m，其中主要部分以煤炭为主，硬度为 F3，局部煤壁添加沙子、水泥和特骨料等，硬度为 F5，表示煤层中局部分布的岩层，整个煤壁物理结构特性与所选定煤矿非常接近。浇筑的岩层共分为两部分，一部分为水平走向分布岩层，另一部分为随机走向分布岩层。水平走向分布岩层为等高 1.5m 的线性平直岩层，用于截割过程中提取不同截煤比的特征样本信号，建立煤岩截割特征样本数据库，获取各特征信号的优化隶属度函数。随机走向分布岩层用于验证识别模型的精确性和可靠性。随机走向分布的岩层在煤壁中的分布如图 4.24 所示，岩层全长 9m，厚度为 1.2m，最大高度为 2.7m。

含岩煤壁浇筑过程中，首先在煤壁预浇筑模型内采用模具浇筑好水平和随机走向分布岩层，待岩层成型之后再进行煤壁的浇筑，煤壁浇筑采用每 300mm 浇筑一层，待凝固后再进行下一层浇筑的方法，浇筑完毕后在煤壁顶部施加重载来模拟煤壁受到的支撑应力。现场煤壁浇筑模型如图 4.25 所示。

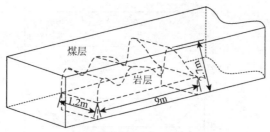

(a) 岩层在煤壁中的三维分布

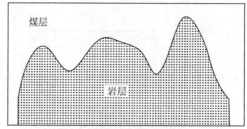

(b) 岩层在煤壁中的平面分布

图 4.24　随机走向分布的岩层在煤壁中的分布

$$(a) \hspace{6cm} (b)$$

图 4.25　现场煤壁浇筑模型

## 4.7.2　整机实验系统及实验测试

实验采用的采煤机型号为 MGN500/1130-WD，双滚筒采煤机，滚筒直径为 1800mm，截割深度为 800mm，适用于采高为 1800～3860mm 的硬煤层或中硬煤层，MGN500/1130-WD 型采煤机主要技术特征如表 4.26 所示。

**表 4.26　MGN500/1130-WD 型采煤机主要技术特征**

| 参数名称 | 数值 | 参数名称 | 数值 |
|---|---|---|---|
| 机面高度 | 1535mm | 截割电机功率 | 400kW |
| 滚筒直径 | 1800mm | 截割电机电压 | 3300V |
| 最大采高 | 3660mm | 截割电机转速 | 1470r/min |
| 卧底量 | 302mm | 牵引电机功率 | 55kW |
| 过煤高度 | 680mm | 牵引电机电压 | 380V |
| 截深 | 800mm | 牵引电机转速 | 0～2440r/min |

现场与采煤机配套使用的刮板输送机为 SGZ1000/1710 型中双链刮板输送机，装机功率为 2×855kW，实验铺设输送距离为 80m，空载刮板链速为 1.58m/s，空载运行一周时间为 103s，整机为水平铺设，无安装倾角。现场整机实验采煤机及相关配套装备如图 4.26 所示。

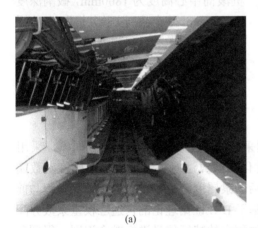 

(a)　　　　　　　　　　　　　　　　(b)

图 4.26　现场整机实验采煤机及相关配套装备

现场测试过程中，传感器的安装要综合考虑传感器的大小、安装位置和信号的传输方式，三向振动传感器和电参数的采集均在采煤机身上实现，属于随动式采集。因此，信号的传输方式采用无线信号传输方式。振动传感器的安装结合采煤机摇臂的实际结构，在摇臂外侧开窗口安装三向振动传感器、无线采集与发射模块，开口空间尺寸为 135mm×100mm×60mm，左、右摇臂对称安装，根据所开窗口尺寸设计并加工合适的盖板，盖板留有充电和数据下载孔，保证防水、无线通信和数据读取。采集到的滚筒振动信号通过连接线缆发送到无线采集与发射模块，再经无线通信方式传输至数据采集与处理终端，最终获得三向振动信号。采煤机的截割电流信号可直接从采煤机系统中获取。声发射传感器安装在煤壁一侧的顶部，采用耐高温的真空脂耦合剂实现传感器与煤壁的充分耦合接触，并对传感器进行加装固定。声发射信号的采集采用有线传输方式，声发射传感器通过前置放大器与采集系统连接，通过信号处理后将数据传输至上位机。红外热成像信号的采集采用红外热成像仪与采煤机同步的方法，随动式地采集滚筒截割过程中的红外热成像信号。

测试不同截煤比特征样本时，由于水平走向岩层的高度固定，因此采集过程中通过调节摇臂改变截割滚筒的高度来实现各信号不同截煤比时特征信号的采集，分别测试提取七种不同截煤比时的振动信号、电流信号、声发射信号和温度信号，构建各信号的特征样本数据库。随机走向分布岩层截割实验过程中，采煤机牵引速度为 15m/min，与测试各信号特征样本时牵引速度一致，采煤机滚筒中心高度为 1800mm，截割深度为 600mm，整个截割实验共提取 36 个采样点的信号数据，采样周期为 1s，现场煤岩界面识别截割实验如图 4.27 所示。

图 4.27　现场煤岩界面识别截割实验

### 4.7.3　融合识别结果分析

通过采集各信号的特征样本，构建采煤机煤岩界面识别特征数据库，采用 PSO-最小模糊熵多传感特征隶属函数优化求解算法对各特征信号隶属度函数阈值进行优化求解，获得各特征信号优化后的隶属度函数，其求解和计算过程与前述各示例相同，在这里不再赘述。采用基于 D-S 证据理论的自适应权重系数分配煤岩识别模型对现场随机走向岩层截割过程中的特征信号进行融合识别，得到各采样点的识别结果如表 4.27 所示。

表 4.27　各采样点的识别结果

| 采样点 | 最大信度 | 次大信度 | 最大信度截煤比 | 次大信度截煤比 | 识别结果 |
|---|---|---|---|---|---|
| 1 | 0.9215 | 0.0562 | 1∶3 | 1∶2 | 1∶3 |
| 2 | 0.9794 | 0.0127 | 1∶5 | 1∶3 | 1∶5 |
| 3 | 0.6528 | 0.3105 | 全岩 | 1∶5 | 未知 |
| 4 | 0.9376 | 0.0518 | 全岩 | 1∶5 | 全岩 |
| 5 | 0.9527 | 0.0389 | 全岩 | 1∶5 | 全岩 |

| 采样点 | 最大信度 | 次大信度 | 最大信度截煤比 | 次大信度截煤比 | 识别结果 |
|---|---|---|---|---|---|
| 6 | 0.8326 | 0.1509 | 全岩 | 1:5 | 未知 |
| 7 | 0.8644 | 0.1214 | 1:5 | 1:3 | 1:5 |
| 8 | 0.8044 | 0.1848 | 1:2 | 1:3 | 1:2 |
| 9 | 0.8115 | 0.1753 | 2:3 | 1:2 | 2:3 |
| 10 | 0.8904 | 0.1016 | 2:3 | 4:5 | 2:3 |
| 11 | 0.9816 | 0.0097 | 2:3 | 1:2 | 2:3 |
| 12 | 0.9415 | 0.0483 | 1:2 | 2:3 | 1:2 |
| 13 | 0.5625 | 0.4139 | 1:3 | 1:2 | 未知 |
| 14 | 0.8742 | 0.1108 | 1:3 | 1:2 | 1:3 |
| 15 | 0.9458 | 0.0449 | 1:3 | 1:2 | 1:3 |
| 16 | 0.9916 | 0.0063 | 1:3 | 1:5 | 1:3 |
| 17 | 0.9617 | 0.0289 | 1:3 | 1:5 | 1:3 |
| 18 | 0.6207 | 0.3455 | 1:3 | 1:5 | 未知 |
| 19 | 0.7612 | 0.2214 | 1:5 | 1:3 | 未知 |
| 20 | 0.8095 | 0.1817 | 1:5 | 1:3 | 1:5 |
| 21 | 0.6958 | 0.2841 | 1:3 | 1:5 | 未知 |
| 22 | 0.9488 | 0.0470 | 1:3 | 1:2 | 1:3 |
| 23 | 0.5681 | 0.4096 | 1:2 | 1:3 | 未知 |
| 24 | 0.8306 | 0.1588 | 1:2 | 2:3 | 1:2 |
| 25 | 0.7968 | 0.1916 | 2:3 | 1:2 | 2:3 |
| 26 | 0.9885 | 0.0073 | 2:3 | 1:2 | 2:3 |
| 27 | 0.9726 | 0.0188 | 2:3 | 1:2 | 2:3 |
| 28 | 0.5416 | 0.4365 | 2:3 | 1:2 | 未知 |
| 29 | 0.9918 | 0.0058 | 1:2 | 1:3 | 1:2 |
| 30 | 0.7123 | 0.2665 | 1:3 | 1:2 | 未知 |
| 31 | 0.8378 | 0.1566 | 1:3 | 1:2 | 1:3 |
| 32 | 0.8295 | 0.1594 | 1:3 | 1:2 | 1:3 |
| 33 | 0.5977 | 0.3760 | 1:2 | 1:3 | 未知 |
| 34 | 0.8826 | 0.1065 | 1:2 | 2:3 | 1:2 |
| 35 | 0.9117 | 0.0803 | 2:3 | 4:5 | 2:3 |
| 36 | 0.9884 | 0.0096 | 全煤 | 4:5 | 全煤 |

根据式（4.30）和式（4.31）对表 4.27 中各识别结果进行优化计算，并对优化后的识别结果进行拟合，最终得到的煤岩界面识别结果如图 4.28 所示。

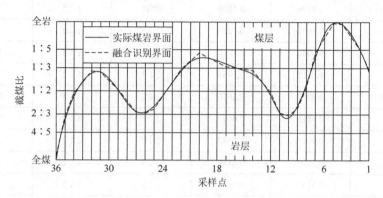

图 4.28　煤岩界面识别结果

由图 4.28 可以看出，采用基于多传感信息融合的煤岩界面识别算法，其识别结果与实际煤岩界面基本一致，总体识别误差较小，说明采用自适应权重系数分配及基于信度值的优化算法，其识别结果精度及可信度大大提高，克服了单一信号识别受外界环境扰动影响较大与识别结果不准确的缺陷及不足，实现了随机走向煤岩界面的准确识别，为实现采煤机智能化、无人化高效开采提供了重要的技术保障。

## 4.8　截齿损耗对煤岩界面识别精度影响分析

### 4.8.1　截齿损耗对截割特征信号影响分析

采煤机截割煤岩过程中，滚筒上各截齿与煤岩发生连续碰撞和摩擦，随着开采时长的增加，截齿的磨损程度也不断加剧，根据截齿截割过程中的磨损特征，可将其分为新齿、轻微磨损、一般磨损、严重磨损和磨损失效五个阶段，如图 4.29 所示。而由于磨损失效状态下的截齿已完全不适用于采煤机截割，因此，本书主要研究新齿、轻微磨损、一般磨损和严重磨损这 4 个磨损状态下的截齿截割信号特征。新齿即安装后未进行煤岩截割的截齿；轻微磨损的截齿受煤岩的碰撞冲击，其齿尖由尖锐状态过渡到略微圆滑状态；一般磨损的截齿较轻微磨损截齿其齿尖的凸起度明显下降，但仍然保持较好的截割性能；而严重磨损的截齿其齿尖已近乎磨损殆尽，截齿截割性能明显下降。不同磨损程度截齿如图 4.30 所示。

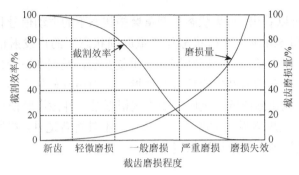

图 4.29　不同磨损程度截齿对应的磨损量及截割效率

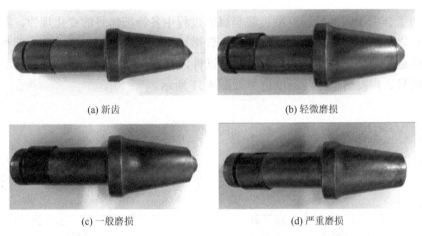

图 4.30　不同磨损程度截齿

随着截齿磨损程度的加剧，采煤机滚筒的截割效率加速退化。与此同时，截齿磨损程度的变化会对截割过程中的各特征信号产生显著的影响。通过构建的煤岩截割实验台开展实验测试，采用新齿、轻微磨损、一般磨损、严重磨损四种磨损程度的截齿分别截割截煤比为 1∶2 的煤岩试件得到截割过程中的振动信号、电流信号、声发射信号及温度信号数据如表 4.28 所示。

表 4.28　不同磨损程度截齿截割过程中多特征信号数据

| 特征信号 | 截齿磨损程度 | | | |
|---|---|---|---|---|
| | 新齿 | 轻微磨损 | 一般磨损 | 严重磨损 |
| 振动信号/g | 0.6683 | 0.6892 | 0.6995 | 0.7087 |
| 电流信号/mA | 1084 | 1109 | 1146 | 1169 |
| 声发射信号/J | 48.86 | 46.22 | 45.01 | 43.28 |
| 温度信号/℃ | 25.08 | 24.69 | 24.26 | 23.68 |

由表 4.28 可以看出,新齿状态与严重磨损状态下的振动信号和电流信号分别相差 0.0404$g$ 和 85mA,新齿状态与严重磨损状态下的声发射信号与温度信号分别相差 5.58J 和 1.4℃。通过开展 30 次重复实验,发现如下规律:随着截齿磨损程度的加剧,振动信号及电流信号明显增大,而声发射信号和温度信号随着截齿磨损程度的加剧不断降低。因此,如果仅根据某一种截齿磨损状态下的多截割特征信号样本构建煤岩界面的融合识别模型,不具备普适性,煤岩界面识别结果容易造成很大的误差,导致识别精度不高。

### 4.8.2　不同磨损程度截齿截割特征信号分析

为了分析不同磨损程度截齿截割煤岩过程中各特征信号的变化规律,利用构建的煤岩截割实验台,分别采用新齿、轻微磨损、一般磨损、严重磨损四种磨损程度的截齿截割七种不同截煤比的煤岩试件,测试、采集截割过程中的振动信号、电流信号、声发射信号及温度信号如图 4.31 所示。

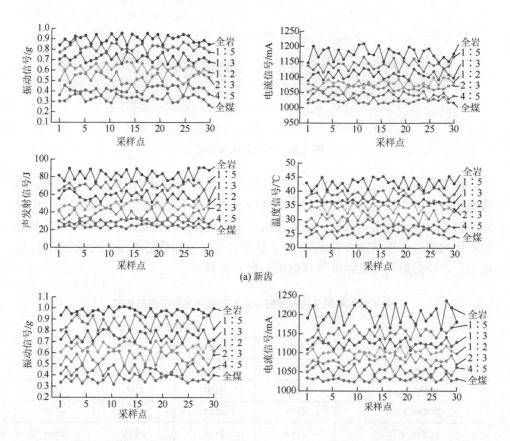

(a) 新齿

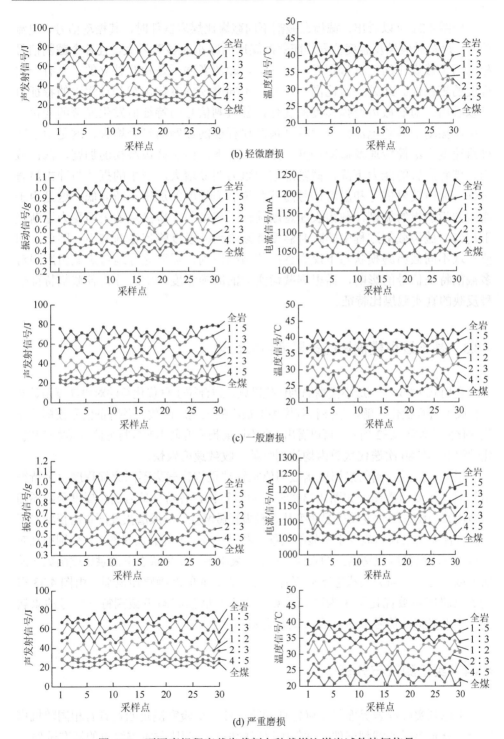

图 4.31　不同磨损程度截齿截割七种截煤比煤岩试件特征信号

　　由图 4.31 可以看出，截齿在截割不同截煤比煤岩试件时，其振动信号、电流信号、声发射信号及温度信号均随着截煤比的减小而显著增大，且各个截割信号相邻两个截煤比的特征值存在一定交集，即两者并不是相互独立的，具有一定程度的模糊性。此外，对比同一信号在不同磨损程度截齿截割过程中的特征值可以看出，随着截齿磨损程度的变化，各截割信号的特征值发生显著的变化。其中，振动信号和电流信号随着截齿磨损程度的加剧而显著增大，这是由于在进给速度、滚筒转速及截割深度恒定的工况下，由于截齿磨损的加剧，截齿截割、破碎煤岩的能力下降，截割过程中阻力明显增大，产生的振动与冲击显著增强；而声发射信号和温度信号随着截齿磨损程度的加剧不断降低，这是由于随着截齿磨损的加剧，截齿表面逐渐钝化，截齿与煤岩接触的表面受力逐渐趋于均匀，截齿截割过程中的瞬时温度逐渐增大，温度峰值逐渐减小。因此，想要实现不同截齿磨损状态下煤岩界面的精准识别，需要充分地考虑截齿磨损对多截割特征信号的影响，需根据截齿实际的磨损程度，实时分析各截割特征信号反映的真实截煤比特征。

### 4.8.3　基于最小模糊熵的隶属度函数优化

　　利用式（4.5），以最小模糊熵为优化准则，结合粒子群优化算法对隶属度函数多目标阈值进行优化求解，最终得到模糊度最小的隶属度函数。各特征信号模糊熵迭代优化曲线如图 4.32 所示。可以看出，在不同磨损程度截齿的各特征信号样本迭代优化过程中，在 80 次迭代次数内均达到收敛，收敛速度较快。

　　根据优化后得到的隶属度函数阈值求解结果构建截齿不同磨损程度时多特征信号的隶属度函数图，如图 4.33 所示。可以看出，各特征信号的隶属度函数图随着截齿磨损状态的改变发生显著变化，截齿轻微磨损、一般磨损及严重磨损状态下的阈值优化结果较新齿发生明显的偏移，表明截齿在不同磨损状态下，分别独立对应适宜获取高精度识别结果的隶属度函数，采用单一新齿状态下的隶属度函数无法保证截齿处于不同磨损状态下截割时，对煤岩界面的准确感知识别。由图 4.33 得到的隶属度函数优化结果为准确计算截齿不同磨损状态下截割特征信号的隶属度，实现多特征信号 D-S 融合决策奠定基础。

### 4.8.4　实验测试与分析

　　考虑到实际煤岩界面的不确定性和随机性，实验室浇筑四块具有相同随机煤岩走向分布界面的截割试件，试件中煤岩的成分、配比与本书浇筑的标准试件一

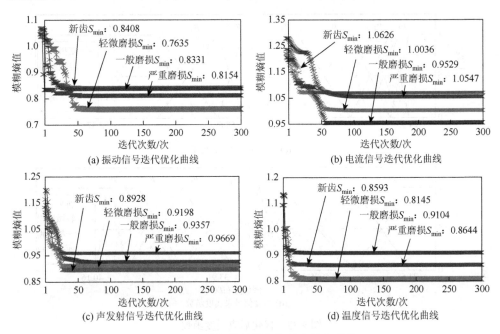

(a) 振动信号迭代优化曲线

(b) 电流信号迭代优化曲线

(c) 声发射信号迭代优化曲线

(d) 温度信号迭代优化曲线

图 4.32　各特征信号模糊熵迭代优化曲线

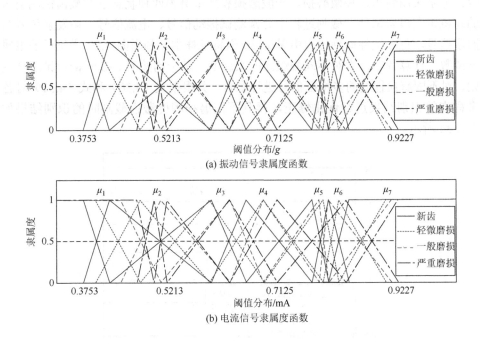

(a) 振动信号隶属度函数

(b) 电流信号隶属度函数

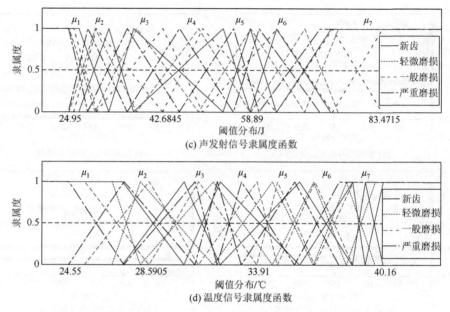

(c) 声发射信号隶属度函数

(d) 温度信号隶属度函数

图 4.33　优化后隶属度函数

致，分别采用新齿、轻微磨损、一般磨损和严重磨损四种状态下的截齿截割浇筑
的随机走向煤岩试件。截割过程中分别测试振动信号、电流信号、声发射信号及
温度信号，每个试件截割过程中采集 30 组特征样本，利用图 4.33 优化后的隶属
度函数，计算各个样本对不同截煤比的隶属度，基于构建的 D-S 证据理论融合规
则，对不同磨损程度的多特征信号进行融合，并根据式（4.30）和式（4.31）对各
采样点的识别结果进行优化修正，得到不同磨损程度截齿截割时的识别结果如
图 4.34 所示。

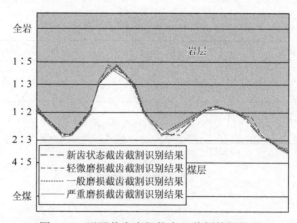

图 4.34　不同截齿磨损状态下截割特征信号

　　图 4.35 给出了考虑截齿损耗与基于单一优化隶属度函数的煤岩识别精度对比。可以看出，在新齿状态下，两种工况的识别精度基本处于持平状态，而随着截齿磨损程度的加剧，基于单一优化隶属度函数的煤岩界面识别精度明显降低，而考虑截齿损耗的煤岩界面识别方法，根据截齿的磨损状态，自适应地选择对应的优化隶属度函数，从而能够持续得到高精度的识别结果。

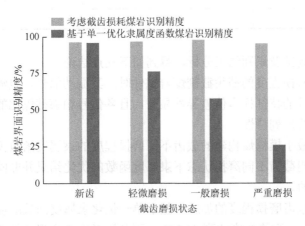

图 4.35　截齿不同磨损状态煤岩识别精度对比分析

　　分别采用新齿、轻微磨损、一般磨损和严重磨损四种状态下的截齿截割浇筑的煤壁，截割过程如图 4.36 所示。测试过程中采煤机牵引速度为 15m/min，采煤机滚筒中心高度为 1800mm，截割深度为 600mm。结合实验室实验的对比分析方法，分别得到考虑截齿损耗及基于单一优化隶属度函数的煤岩界面识别精度，如表 4.29 所示。可以看出，截齿损耗对煤岩截割特征信号的影响显著，截齿不同磨损程度状态下，如果采用单一优化隶属度函数进行计算、融合与识别，识别精度差异性显著，而根据截齿的实际磨损程度，匹配对应的隶属度函数，能够保证持续、高精度的煤岩界面识别结果，为采煤机截割提供精准的煤岩界面轨迹。

图 4.36　现场测试实验

**表 4.29　煤岩界面识别结果对比分析**

| 磨损程度 | 识别精度/% | |
|---|---|---|
| | 考虑截齿损耗 | 单一优化隶属度函数 |
| 新齿 | 94.46 | 94.52 |
| 轻微磨损 | 95.11 | 80.66 |
| 一般磨损 | 93.57 | 62.11 |
| 严重磨损 | 94.09 | 53.84 |

通过实验测试及识别结果分析，得到如下几点结论。

（1）不同磨损程度的截齿截割煤岩试件时，其振动信号、电流信号、声发射信号及温度信号的特征样本值差异性显著，且各信号相邻截煤比的特征样本值均存在一定程度的模糊特性。

（2）基于最小模糊熵构建的截齿不同磨损程度的隶属度函数模型其阈值发生显著变化，表明截齿不同磨损状态下隶属度函数的优化结果并非固定不变，而是呈现动态变化的。

（3）随着截齿磨损程度的加剧，基于单一优化隶属度函数的煤岩界面识别精度明显下降，最大下降幅度达到43.04%；而利用考虑截齿损耗的匹配隶属度函数可以实现煤岩界面的持续、高精度识别，识别误差在1.54%范围内，为采煤机自动化开采提供精准的截割轨迹。

# 参 考 文 献

[1] Ahmed M，Chanwimalueang T，Thayyil S，et al. Multivariate multiscale fuzzy entropy algorithm with application to uterine EMG complexity analy[J]. Entropy，2017，19（1）：1-18.

[2] Pujol F A，Pujol M，Jimeno-Morenilla A，et al. Face detection based on skin color segmentation using fuzzy entropy[J]. Entropy，2017，19（1）：1-22.

[3] 魏冠军，党亚民，章传银. 测量数据不确定性度量的最小模糊熵算法[J]. 武汉大学学报（信息科学版），2016，41（12）：1677-1682.

[4] 刘晓明，牟龙华，张鑫. 基于信息融合的隔爆开关永磁机构储能电容失效诊断[J]. 煤炭学报，2014，39（10）：2121-2127.

[5] 张鑫，牟龙华. 基于信息融合的矿山电网复合保护的研究[J]. 煤炭学报，2012，37（11）：1947-1952.

[6] Zhou X G，Zhao R H，Yu F Q，et al. Intuitionistic fuzzy entropy clustering algorithm for infrared image segmentation[J]. Journal of Intelligent and Fuzzy Systems，2016，30（3）：1831-1840.

[7] 谢季坚，刘承平. 模糊数学方法及其应用[M]. 武汉：华中科技大学出版社，2013.

[8] 武腾腾，朱浩，樊彦国，等. 最小模糊熵算法在 SAR 影像溢油检测中的应用[J]. 遥感信息，2015，30（2）：89-93，98.

[9] Sadeghian H，Merat K，Salarieh H，et al. On the fuzzy minimum entropy control to stabilize the unstable fixed points of chaotic maps[J]. Applied Mathematical Modelling，2011，35（3）：1016-1023.

[10] Hafezalkotob A. Fuzzy entropy-weighted multimoora method for materials selection[J]. Journal of Intelligent and Fuzzy Systems，2016，31（3）：1211-1226.

[11] 舒思材，韩东. 基于多尺度最优模糊熵的液压泵特征提取方法研究[J]. 振动与冲击，2016，35（9）：184-189.

[12] Zaw M M，Mon E E. Web document clustering by using PSO-based cuckoo search clustering algorithm[J]. Recent Advances in Swarm Intelligence and Evolutionary Computation，2015，585（1）：263-281.

[13] 王小川. MATLAB 神经网络 43 个案例分析[M]. 北京：北京航空航天大学出版社，2013.

[14] 高云龙，闫鹏. 基于多种群粒子群算法和布谷鸟搜索的联合寻优算法[J]. 控制与决策，2016，31（4）：601-608.

[15] Paknahad A，Fathi A，Goudarzi A M，et al. Optimum head design of filament wound composite pressure vessels using a hybrid model of FE analysis and inertia weight PSO algorithm[J]. International Journal of Material Forming，2016，9（1）：1-9.

[16] Li G Y，Guo C，Li Y X，et al. Fractional-order control of USV course-keeping based on self-adaptive weight PSO algorithm[J]. International Journal of Control and Automation，2015，8（10）：309-320.

[17] Mahor A，Rangnekar S. Short term generation scheduling of cascaded hydro electric system using time varying acceleration coefficients PSO[J]. International Journal of Electrical Power and Energy Systems，2012，34（1）：1-9.

[18] 王东风，孟丽. 粒子群优化算法的性能分析和参数选择[J]. 自动化学报，2016，42（10）：1552-1561.

[19] 于洪珍. 监测监控信息融合技术[M]. 北京：清华大学出版社，2011.

[20] Zhang J C，Zhou S P，Li Y，et al. Improved D-S evidence theory for pipeline damage identification[J]. Journal of Vibroengineering，2015，17（7）：3527-3537.

[21] 刘海波，殷越，艾永乐. 基于 D-S 证据理论的瓦斯突出危险等级评判策略[J]. 济南大学学报（自然科学版），2017，31（1）：73-76.

[22] 费翔，周健. 一种处理冲突证据的 D-S 证据权重计算方法[J]. 计算机工程，2016，42（2）：142-145.

[23] 廖燕子，方健，马小平，等. D-S 证据理论融合技术及其应用[M]. 北京：电子工业出版社，2013.

[24] 张鑫，牟龙华. 基于局部冲突消除的证据合成法则[J]. 系统工程与电子技术，2016，38（7）：1594-1599.

[25] Ma H，Saha T K，Ekanayake C. Predictive learning and information fusion for condition assessment of power transformer[C]. IEEE Power and Energy Society General Meeting，New York，2011.

# 第5章　非接触式主动热激励煤岩红外感知

## 5.1　无损检测技术

### 5.1.1　无损检测技术概论

无损检测（non-destructive testing，NDT）技术是在物理学、材料科学、断裂力学、机械工程、电子学、计算机技术、信息技术和人工智能等学科的基础上发展起来的一门应用工程技术。随着现代工业和科学技术的发展，无损检测技术正日益受到各个工业领域和科学研究部门的重视，不仅在产品质量控制中其不可替代的作用已为众多科技人员和企业界人员所认同，而且对运行中设备的在役检查也发挥着重要作用。无损检测技术作为一种新兴的检测技术，具有不需前处理工作、试件制作简单、即时检测、在线检测、不损伤样品、无污染等优势。

无损检测是利用声、光、磁和电等特性，在不损害或不影响被检对象使用性能的前提下，检测被检对象中是否存在缺陷或不均匀性，给出缺陷的大小、位置、性质和数量等信息，进而判定被检对象所处技术状态（如合格与否、剩余寿命等）的所有技术手段的总称。

无损检测与破坏性检测相比，具有以下特点。

（1）具有非破坏性，因为它在做检测时不会损害被检测对象的使用性能。

（2）具有全面性，由于检测是非破坏性的，因此必要时可对被检测对象进行100%的全面检测，这是破坏性检测办不到的。

（3）具有全程性，破坏性检测一般只适用于对原材料进行检测，如机械工程中普遍采用的拉伸、压缩、弯曲等，破坏性检验都是针对制造用原材料进行的，对于产成品和在用品，除非不准备让其继续服役，否则是不能进行破坏性检测的，而无损检测因为不损坏被检测对象的使用性能，所以无损检测不仅可对制造用原材料，各中间工艺环节乃至最终产成品进行全程检测，还可对服役中的设备进行检测。

无损检测可分为常规检测技术和非常规检测技术。常规检测技术有超声检测、射线检测、磁粉检测、渗透检验、涡流检测。非常规检测技术有声发射检测、红外检测、激光全息检测等。

（1）超声检测。超声检测的基本原理是利用超声波在界面（声阻抗不同的两种介质的结合面)处的反射和折射,以及超声波在介质中传播过程中的衰减特性,由发射探头向被检件发射超声波,由接收探头接收从界面(缺陷或本底)处反射回来超声波或透过被检件后的透射波,以此检测备件部件是否存在缺陷,并对缺陷进行定位、定性与定量。超声检测主要应用于对铸件、锻件和焊缝,以及桥梁、房屋建筑等混凝土构件的检测。

(2)射线检测。射线检测的基本原理是利用射线(X 射线、γ 射线和中子射线)在介质中传播时的衰减特性,当将强度均匀的射线从被检件的一面注入其中时,由于缺陷与被检件基体材料对射线的衰减特性不同,透过被检件后的射线强度将会不均匀,用胶片照相、荧光屏直接观测等方法在其对面检测透过被检件后的射线强度,即可判断被检件表面或内部是否存在缺陷(异质点)。射线检测主要应用于机械、兵器、造船、电子、航空航天、石油化工等领域中的铸件、焊缝等的检测。

(3)磁粉检测。磁粉检测的基本原理是由于缺陷与基体材料的磁特性(磁阻)不同,穿过基体的磁力线在缺陷处将产生弯曲并可能逸出基体表面,形成漏磁场。若缺陷漏磁场的强度足以吸附磁性颗粒,则将在缺陷对应处形成尺寸比缺陷本身更大、对比度也更高的磁痕,从而指示缺陷的存在。磁粉检测主要应用于金属铸件、锻件和焊缝的检测。

(4)渗透检测。渗透检测的基本原理是利用毛细管现象和渗透液对缺陷内壁的浸润作用,使渗透液进入缺陷中,将多余的渗透液除去,残留缺陷内的渗透液能吸附显像剂从而形成对比度更高、尺寸放大的缺陷显像,有利于人眼的观测。渗透检测主要应用于有色金属和黑色金属材料的铸件、锻件、焊接件、粉末冶金件,以及陶瓷、塑料和玻璃制品的检测。

(5)涡流检测。涡流检测的基本原理是将交变磁场靠近导体(被检件)时,由于电磁感应在导体中将感生出密闭的环状电流,即涡流。该涡流受激励磁场(电流强度、频率)、导体的电导率和磁导率、缺陷(性质、大小、位置等)等许多因素的影响,并反作用于原激发磁场,使其阻抗等特性参数发生改变,从而指示缺陷的存在。涡流检测主要应用于导电管材、棒材、线材的探伤和材料分选。

(6)声发射检测。声发射检测的基本原理是利用材料内部因局部能量的快速释放(缺陷扩展、应力松弛、摩擦、泄漏、磁畴壁运动等)而产生的弹性波,用声发射传感器与二次仪表取该弹性波,从而对试件的结构完整性进行检测。声发射检测主要应用于锅炉、压力容器、焊缝等试件中的裂纹检测,以及隧道、涵洞、桥梁、大坝、边坡、房屋建筑等在役检(监)测。

(7)红外检测。红外检测的基本原理是用红外点温仪、红外热成像仪等设备,测取目标物体表面的红外辐射能,并将其转变为直观形象的温度场,通过观察该温度场是否均匀来推断目标物体表面或内部是否有缺陷[1-3]。红外检测主要应用于电力设备、石化设备、机械加工过程检测、火灾检测、农作物优种、材料与构件中的缺陷无损检测。

（8）激光全息检测。激光全息检测利用激光全息照相来检验物体表面和内部的缺陷。它是通过外部加载的方法，使物体表面和内部的缺陷在相应的物体表面形成局部变形，再用激光全息照相来观察和比较这种变形，然后判断出物体内部的缺陷。

## 5.1.2　主动热激励红外检测技术

红外检测技术作为无损检测技术的一种，是利用红外辐射原理对材料表面进行检测的方法。其实质是扫描记录被检材料表面上由于缺陷或材料不同的热性质所引起的温度变化。可用于检测胶接或焊接件中的脱黏或未焊透部位，以及固体材料中的裂纹、空洞和夹杂物等缺陷[4, 5]。

红外检测技术是把物体反射或自身辐射的红外辐射图像转换成人眼可观察图像的技术。理论上，当物体本身的温度与其周围环境温度不同时，都会向外发出红外辐射。当物体内部出现缺陷时，其表面的温度场会发生变化。因此，通过接收来自物体表面的热辐射，就可以对物体内部的状态做出判断。但是，当物体与周围介质的温差较小或基本处于同一温度时，上述方法几乎是不可能实现的。因此，为了能利用由物体表面发出的热波来达到诊断物体内部状态的目的，必须首先人为地提高物体表面的温度，从而能有效地克服周围介质的影响。

主动热激励红外检测是指在进行无损检测实验时对被检对象通过热激励注入热量，使被检对象失去热平衡，不需要使其内部温度达到均匀稳定状态，而在它的内部温度尚不均匀、具有导热过程时就进行红外检测。

主动红外检测中给试件加热用的热源分为内热源和外热源两种。内热源是指给工件通直流电源加热，外热源是指用红外灯照射试件加热。

根据激励产生条件不同，主动红外热波成像检测中的激励方式有外部光学激励、超声激励和电磁感应激励，其中外部光学激励的主要问题是加热不均等外部干扰严重。超声激励是缺陷选择性的，即仅在缺陷处通过摩擦或弹性波转换为热，但通常需要转换器与试件接触才能完成超声波耦合。电磁感应激励仅对导电体有效。根据热量注入的方式的不同有如下几种激励检测形式。

（1）脉冲法。脉冲法是研究最多、最成熟且应用最广泛的主动热激励方法。脉冲辐射检测使用脉冲作为热激励方式，在试件表面注入脉冲热源，热量迅速扩散到试件内部，物体温度快速变化。同时，由于辐射和对流造成热损失，试件表面下缺陷的存在改变了热扩散速率，在缺陷处形成与周围不同的温差，通过测量表面温度完成检测。采用脉冲激励源的原因主要是检测速度快，对高热导率物体热激励脉冲时间只有几毫秒，而对低热导率物体热脉冲时间也仅持续几秒钟。由于脉冲法检测具有速度快、适于现场应用、激励方式容易实现等特点，所以得到了广泛的应用。

（2）调制加热法检测。调制加热法检测技术是使用激励强度随时间按正弦规律变化的热激励源对被测对象进行加热，同时采用单面法对热波图像进行采集，根据在不同时刻采集的多幅热波图像，计算物体表面各点温度变化的相位图和幅值图，然后根据相位和幅值判断缺陷是否存在与缺陷的特征。调制加热法检测的过程是：在试件表面注入周期调制的热量，在试件中形成周期变化的温度分布即热波，对产生变化的温度场进行检测。

（3）阶跃辐射检测。阶跃辐射检测是在阶跃辐射检测中，对辐射加热过程中的表面温度变化进行检测。主要用于涂层厚度检测、涂层与基底结合检测及复合结构检测等。

（4）振动辐射检测。振动辐射检测也属于主动检测。在外部机械振动作用下，缺陷处由于存在摩擦机械能转化为热能，从而在试件中产生热激励。

## 5.2　主动热激励煤岩红外热成像提取

### 5.2.1　主动热激励煤岩红外热成像装置

煤岩由于自身的物理特性差异，在热激励作用下，体现出不同的温升、温降特征，煤岩界面的主动热激励红外热成像测试与分析系统如图 5.1 所示，测试系统主要包括红外热成像仪、光源激发装置和上位机测试分析模块，红外热成像仪和光源激发装置均与上位机连接，通过上位机测试软件控制光源激发装置的激励时间及红外热成像仪的采样时间，测试过程中不得改变光源激发装置、测试对象和红外热成像仪的相对位置。

由于煤岩的自身物理特性，煤岩对温度激励的反应差异较大，且一定程度上与煤岩的自身颜色有关，造成煤的吸热效果远远大于岩的吸热效果。而井下实际综采工作面的煤岩界面错综复杂，其岩石表层可能被煤层覆盖，或其颜色受长期地质特征影响，与煤层颜色相近。因此，为了最大限度地模拟井下实际煤岩界面工况，浇筑的煤岩随机分布界面其表层均被薄煤层所覆盖，并开展主动热激励作用下的煤岩界面红外图像提取与分析。实验过程如图 5.2 所示。

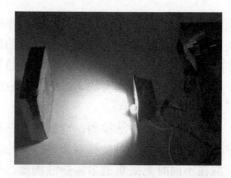

图 5.1　煤岩界面的主动热激励红外热成像　　　图 5.2　主动热激励作用下煤岩界面红外热
　　　　　测试系统　　　　　　　　　　　　　　　　　成像提取过程

### 5.2.2　主动热激励红外热成像提取

　　煤岩试件在光源激发装置的主动热激励作用下，其温度发生显著变化，在此过程中，红外热成像仪连续拍摄煤岩界面的红外图像，并将图像数据传输至上位机图像数据采集与分析系统，上位机红外图像数据采集与分析系统界面如图 5.3 所示。

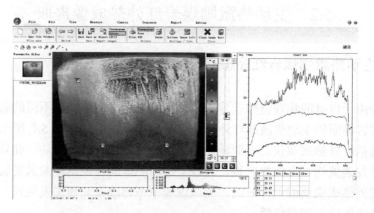

图 5.3　上位机红外图像数据采集与分析系统界面

　　上位机红外图像数据采集与分析系统可以提取和回放不同时段煤岩试件的红外热成像信息，获取不同测试点的温度特征信息，同时可以分析不同像素条件下的红外图像温度-频率曲线。

　　图 5.4 为主动热激励作用下每隔 10s 采样的一组煤岩试件红外图像样本，可以看出，随着主动热激励时间的增长，煤岩试件表面的温度发生显著变化，颜色差异逐渐显著，能够较为容易地区分煤岩的分界地带。

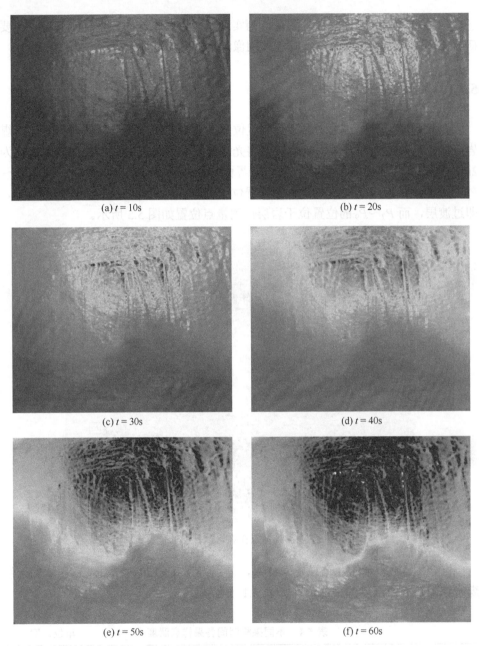

(a) $t = 10\text{s}$

(b) $t = 20\text{s}$

(c) $t = 30\text{s}$

(d) $t = 40\text{s}$

(e) $t = 50\text{s}$

(f) $t = 60\text{s}$

图 5.4　煤岩主动热激励红外图像样本

## 5.3　不同时空特性煤岩热激励温升表征

煤岩介质对主动热激励的响应随着时间和空间位置的变化而变化。因此，为了获取高精度的煤岩界面红外图像，为实现煤岩界面轨迹的识别奠定基础，需要研究不同时间和不同空间位置时红外图像温度的变化规律。

### 5.3.1　时间效应分析

在相同煤岩介质、主动热激励装置位置不改变的情况下，研究时间变化对煤岩介质红外热成像温升的影响规律，将光源激发装置与煤岩试件之间的距离定为2m，测试时间为120s，每隔 5s 对煤岩界面的红外图像进行一次采样，设置 $P_1 \sim P_9$ 共九个测量点，其中，$P_1 \sim P_3$ 的位置位于煤层，$P_4 \sim P_6$ 的位置为煤岩分界处，即过渡层，而 $P_7 \sim P_9$ 的位置位于岩层，测量点位置如图 5.5 所示。

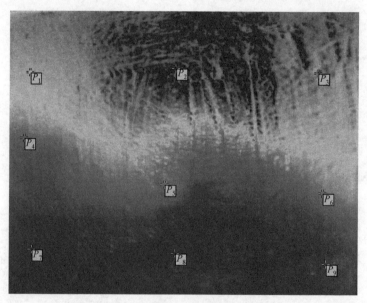

图 5.5　各测量点在煤岩试件上的位置

结合图 5.5 所示的九个设定采样点，分别得到 0~120s 内每隔 5s 获取的一组煤岩红外热成像温度的采样值，如表 5.1 所示。

表 5.1　不同采样时间各采样点温度　　　　　　　单位：℃

| 采样时间/s | 采样点 | | | | | | | | |
|---|---|---|---|---|---|---|---|---|---|
| | $P_1$ | $P_2$ | $P_3$ | $P_4$ | $P_5$ | $P_6$ | $P_7$ | $P_8$ | $P_9$ |
| 0 | 26.33 | 26.33 | 26.33 | 26.33 | 26.33 | 26.33 | 26.33 | 26.33 | 26.33 |
| 5 | 28.88 | 29.65 | 28.65 | 27.72 | 27.67 | 27.85 | 27.02 | 26.95 | 27.06 |
| 10 | 29.07 | 30.05 | 28.85 | 28.00 | 28.12 | 27.91 | 27.16 | 27.12 | 27.19 |

| 采样时间/s | 采样点 | | | | | | | | |
|---|---|---|---|---|---|---|---|---|---|
| | $P_1$ | $P_2$ | $P_3$ | $P_4$ | $P_5$ | $P_6$ | $P_7$ | $P_8$ | $P_9$ |
| 15 | 29.22 | 30.16 | 29.08 | 28.14 | 28.20 | 28.02 | 27.17 | 27.10 | 27.26 |
| 20 | 29.38 | 30.33 | 29.25 | 28.07 | 28.31 | 28.16 | 27.23 | 27.20 | 27.25 |
| 25 | 29.54 | 30.72 | 29.44 | 28.25 | 28.47 | 28.28 | 27.26 | 27.14 | 27.32 |
| 30 | 29.77 | 30.92 | 29.65 | 28.43 | 28.64 | 28.50 | 27.41 | 27.53 | 27.45 |
| 35 | 29.89 | 31.25 | 29.78 | 28.56 | 28.73 | 28.59 | 27.55 | 27.59 | 27.50 |
| 40 | 30.02 | 31.38 | 30.00 | 28.59 | 28.79 | 28.67 | 27.54 | 27.60 | 27.50 |
| 45 | 30.18 | 31.64 | 30.30 | 28.73 | 28.84 | 28.84 | 27.67 | 27.70 | 27.66 |
| 50 | 30.31 | 32.02 | 30.67 | 28.82 | 29.11 | 28.89 | 27.70 | 27.76 | 27.69 |
| 55 | 30.46 | 32.62 | 30.95 | 28.90 | 29.26 | 29.08 | 27.85 | 27.87 | 27.88 |
| 60 | 30.61 | 32.71 | 31.12 | 29.02 | 29.50 | 29.26 | 27.96 | 28.04 | 27.85 |
| 65 | 30.88 | 33.31 | 31.28 | 29.28 | 29.86 | 29.53 | 28.05 | 28.24 | 28.03 |
| 70 | 31.05 | 33.50 | 31.56 | 29.36 | 29.91 | 29.66 | 28.11 | 28.35 | 28.14 |
| 75 | 31.24 | 33.82 | 31.88 | 29.46 | 30.00 | 29.76 | 28.26 | 28.36 | 28.23 |
| 80 | 31.51 | 34.32 | 32.01 | 29.46 | 30.22 | 29.84 | 28.23 | 28.54 | 28.28 |
| 85 | 31.71 | 34.29 | 32.14 | 29.57 | 30.19 | 29.98 | 28.34 | 28.51 | 28.38 |
| 90 | 31.92 | 34.59 | 32.30 | 29.70 | 30.52 | 30.07 | 28.49 | 28.72 | 28.45 |
| 95 | 32.08 | 34.77 | 32.42 | 29.82 | 30.54 | 30.19 | 28.58 | 28.76 | 28.65 |
| 100 | 32.34 | 34.82 | 32.66 | 29.82 | 30.61 | 30.30 | 28.69 | 28.80 | 28.66 |
| 105 | 32.56 | 35.30 | 32.77 | 29.83 | 30.77 | 30.36 | 28.68 | 28.94 | 28.57 |
| 110 | 32.89 | 35.24 | 32.95 | 29.92 | 30.79 | 30.46 | 28.64 | 28.88 | 28.60 |
| 115 | 33.15 | 35.41 | 33.12 | 29.98 | 30.79 | 30.51 | 28.73 | 28.92 | 28.66 |
| 120 | 33.42 | 35.93 | 33.39 | 30.13 | 30.88 | 30.65 | 28.75 | 29.13 | 28.81 |

　　为了更加清楚地分析煤岩红外图像各采样点不同采样时间的温度变化,将表 5.1 各组数据绘制成如图 5.6 所示的曲线。由图 5.6 可以看出,随着光源激发装置对煤岩试件表面热激励时间的不断延长,其各采样点的温度均呈现增长趋势,且 9 组采样数据明显分为三个层次。其中,$P_1 \sim P_3$ 采样点为煤层,温升最快,$P_4 \sim P_6$ 采样点为煤岩过渡层,温度相对低于煤层,但高于 $P_7 \sim P_9$ 三个岩层的采样点。由此可以看出,主动热激励作用下,煤岩及过渡层的温度呈现不同速度的增长,其中煤层温度增长最为快速,过渡层其次,岩层温度增长相对较平缓。

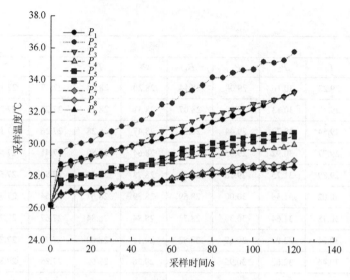

图 5.6　各采样点的温度-时间曲线

## 5.3.2　空间效应分析

主动热激励作用下煤岩界面识别过程中，其红外图像除了受自身物理特性和时间效应影响，其另外一个重要的因素就是煤岩表面与光源激发装置的垂直距离，主动热激励装置与煤岩表面的距离越近，辐射面积越小，其辐射能量越大、越集中。相反，光源激发装置与煤岩表面的距离越远，则辐射面积也就越大，其辐射能量相对比较扩散。

为了研究空间效应对主动热激励红外温升的影响，分别进行四种不同工况的测试实验，其激励距离 S 分别为 2m、3m、4m 和 5m，测试原理图如图 5.7 所示。

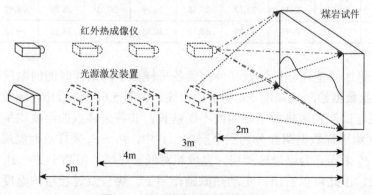

图 5.7　不同激励距离测试原理图

为了区分不同煤层、岩层及过渡层的温度变化差异，分别设置如图 5.8 所示的 $P_1$（煤层）、$P_2$（过渡层）、$P_3$（岩层）三个采样点，开展不同主动热激励距离工况的红外热成像测试、采集实验，采样时间为 100s，为了保证测试结果的准确性，每种工况测试完成后，需等待煤岩表面完全恢复到室温状态方可进行下一次实验，最终得到不同激励距离各采样点的温度-时间曲线如图 5.9～图 5.11 所示。

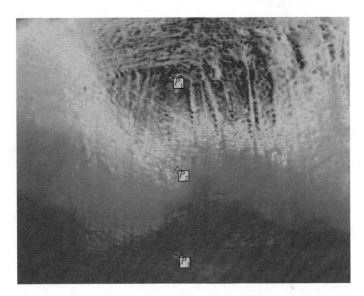

图 5.8　煤层、岩层及过渡层不同采样点的位置

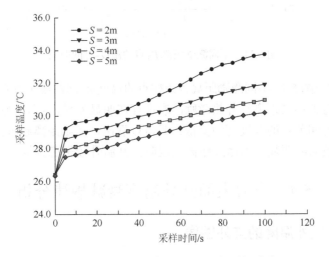

图 5.9　不同激励距离 $P_1$ 点的温度-时间曲线

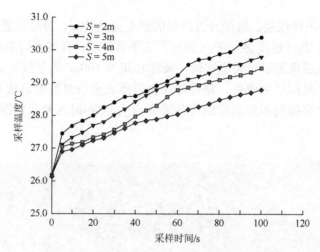

图 5.10　不同激励距离 $P_2$ 点的温度-时间曲线

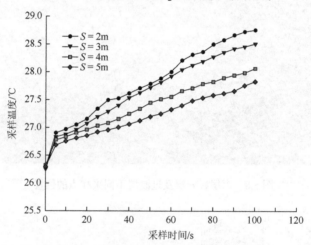

图 5.11　不同激励距离 $P_3$ 点的温度-时间曲线

由图 5.9～图 5.11 不同激励距离各采样点的温度-时间曲线可以看出,煤层、岩层及过渡层对于不同距离红外热激励的表征存在明显差异,随着激励距离的变大,相同热激励时间节点的温度逐渐降低;且可以看出,激励距离越近,其煤岩试件表面温度的波动越明显,而激励距离较远时,其温升较平稳且规律。

## 5.4　煤岩表面红外温度衰减规律分析

### 5.4.1　煤岩红外温降的红外图像

分析煤岩表面主动热激励后温降过程中的红外图像,是分析煤岩表面红外温度衰减速率、探寻最佳降温时间及最佳降温温度、实现煤岩界面精确识别的关键。因此，研究过程中，应保证经历主动热激励后的煤岩试件自然冷却降温，在煤岩试件表面冷却过程中，采用红外热成像仪拍摄和提取不同时间的红外图像信息，通过红外图像信息分析煤岩在主动热激励后的温度衰减规律。

　　图 5.12 为采用红外热成像仪测试和提取的主动热激励源关闭后，0~450s 煤岩试件表面的温度下降的 8 组红外图像，可以看出随着冷却时间的增长，煤岩试件表面煤岩的红外温度场均发生显著变化，为了更加清楚地分析不同时段煤岩表面的温降速率，分别设置图中所示的 6 个采样点。

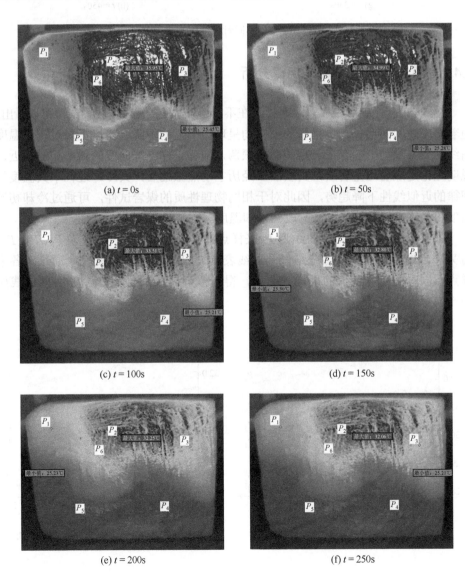

(a) $t = 0$s

(b) $t = 50$s

(c) $t = 100$s

(d) $t = 150$s

(e) $t = 200$s

(f) $t = 250$s

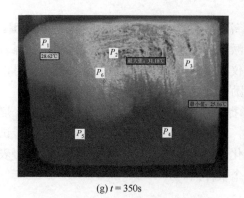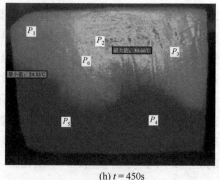

(g) $t = 350s$　　　　　　　　　　　　　　　(h) $t = 450s$

图 5.12　激励停止后不同时间的煤岩表面红外图像

## 5.4.2　煤岩红外温度衰减规律分析

图 5.13 分别为 $P_1 \sim P_6$ 六个采样点在不同温降时段的温度变化曲线，可以看出，随着温降时间的增长，各采样的温度均呈现出明显的下降趋势，下降过程中温度曲线受外界扰动影响存在一定的微小振荡，但各采样温降曲线的斜率相对接近，说明无论是煤层还是岩层，其表面在经历主动热激励后，其冷却过程中其温度呈规律的近似线性下降趋势，因此对于相同物理性质的煤岩试件，可通过冷却初始温度和温降时间计算其不同时段的冷却温度。

图 5.13 中温度最高的曲线为 $P_2$ 采样点的温度曲线，其次依次为 $P_6$、$P_3$、$P_1$、$P_4$ 采样点的温度曲线，温度最低的曲线表示 $P_5$ 采样点的温度变化，通过对各采样点不同时间点温度值的采样、拟合，得到拟合后各采样点的温度-时间曲线如图 5.14 所示。

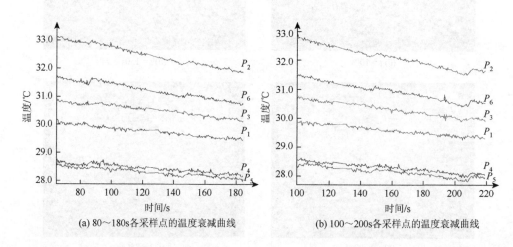

(a) 80~180s各采样点的温度衰减曲线　　　　　(b) 100~200s各采样点的温度衰减曲线

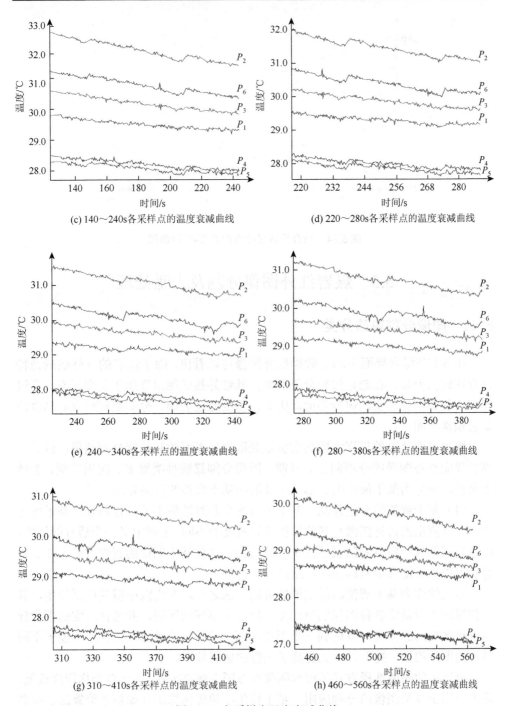

(c) 140~240s各采样点的温度衰减曲线

(d) 220~280s各采样点的温度衰减曲线

(e) 240~340s各采样点的温度衰减曲线

(f) 280~380s各采样点的温度衰减曲线

(g) 310~410s各采样点的温度衰减曲线

(h) 460~560s各采样点的温度衰减曲线

图 5.13 各采样点温度衰减曲线

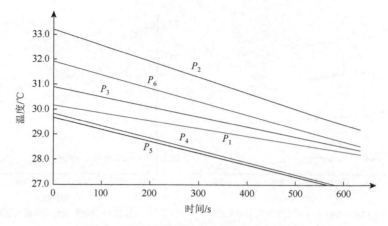

图 5.14　拟合后各采样点的温度-时间曲线

# 5.5　煤岩红外图像分割及去噪处理

## 5.5.1　图像分割算法分类

由 5.1 节煤岩界面主动热激励红外图像可以看出，除了煤岩的红外热成像特征存在较大差异，在趋近煤岩分界面处，其红外热成像温度属于渐变形态，通过肉眼不易识别其真实的煤岩界面。因此，需要通过去燥、分割处理获取高精度的煤岩识别界面。

煤岩界面轨迹的识别本质其实就是获取煤岩界面的高精度分割结果，也就是煤岩界面红外图像的分割问题。目前，图像分割算法种类繁多、应用广泛，总体上来说，可分为基于阈值的、基于统计的和基于聚类的分割算法三类。

（1）基于阈值的分割算法。基于阈值的分割算法的主要工作原理是基于图像中的待分割出的目标图像与其他图像背景灰度的不同，主观定义一个适宜的阈值，以达到在图像中将两者的属性区别开的目的。这种基于图像的属性的分离和切割算法可以更好地确定目标图像，达到分割的效果。

聚类法作为基于阈值的最主要的分割方法之一，在实践中得到广泛使用，其工作原理主要是将各种图像的组成部分划分为不同的区域，并选择一定的图像样本进行区域间的分类，以达到一个图像切割的目的，这种算法的优点是便于不同特性的图片的统一提取，大大提高了图像的切割效率。

最简单的阈值选择方式是根据图像直方图主观给定的，但其自动化程度较低，且不适用于复杂图像的分割应用。基于仿生学的优化算法（如粒子群算法、蚁群算法等）以种群为研究对象，能够有效地估计复杂图像的最优阈值，其自动化程度较高、精度较为理想。

（2）基于统计的分割算法。基于统计的分割算法以统计学理论为基础，描述不同目标的像素值分布特征，构建其先验概率、条件概率模型，并根据 Bayes 定理计算目标的后验概率或边缘概率，最后通过采样或其他优化算法求解使得其目标概率最大化的对应参数，实现图像分割。基于统计的分割算法具有较强的理论支撑，符合人类的认知规律，但需大量采样才能使得其目标概率趋于收敛，处理速度较慢。

（3）基于聚类的分割算法。基于聚类的分割算法利用表征不同目标的像素在其特征空间中自然聚类这一性质，定义描述像素到其聚类中心加权距离的目标函数，并通过最小化目标函数的方式求解能够代表目标特点的聚类中心，并将像素划分到距离最近的聚类中心中。基于聚类的分割算法计算简单，运行速度快，可拓展性强，适用于大量工业化图像处理。

目前，广泛采用的分割算法主要包括以下几种。

### 1. K 均值算法

K 均值算法采用欧几里得距离定义像素间的非相似性测度衡量像素到每个聚类中心的距离，使像素隶属于测度最小的聚类，在判断所有像素的隶属性后更新各个聚类的聚类中心，进而构成一个循环利用像素在特征空间自然聚类的性质。将图像域划分成不同的同质区域，进而实现分割。

但是 K 均值算法的每个像素只能隶属于某一类别，不具有模糊性，也就是说隶属于该类别的程度为 1，隶属于其他类别的程度为 0，属于"硬分割"算法。但在实际图像分割过程中，往往存在一定的模糊性，很难确定某个像素具体属于哪个类别。

### 2. 模糊 C 均值聚类算法

模糊 C 均值（fuzzy C mean，FCM）聚类算法是将模糊集理论引入 K 均值算法而形成的一种全新的图像分割算法。该算法将像素的隶属度由{0, 1}拓展到[0, 1]，并用模糊因子表示算法的模糊程度，实现了"软分割"，其目标函数可定义为

$$J_{FCM} = \sum_{i=1}^{N}\sum_{j=1}^{c} u_{ij}^m d_{ij} = \sum_{i=1}^{N}\sum_{j=1}^{c} u_{ij}^m \| x_i - \mu_j \|_2 \tag{5.1}$$

式中，$i$ 表示像素的索引；$N$ 表示像素的个数；$j$ 表示类别的索引；$c$ 表示类别的个数；$u_{ij}$ 表示第 $i$ 个像素属于第 $j$ 个类别的模糊隶属度；模糊因子 $m$ 表示算法的模糊程度；$d_{ij}$ 表示第 $i$ 个像素与第 $j$ 个聚类中心的非相似性测度[6-8]。

在传统模糊 C 均值算法中，该非相似性测度采用欧几里得距离定义，$d_{ij} = \| x_i - \mu_j \|$，$x = (x_1, x_2, \cdots, x_N)$ 是一幅待分割影像，$x_i = (x_{iR}, x_{iG}, x_{iB})^T$ 是第 $i$ 个像素的彩色矢量，该彩色矢量为列矢量，$\mu_j = (\mu_R, \mu_{jG}, \mu_{jB})^T$ 表示第 $j$ 个聚类的聚类中心[9, 10]。FCM 算法解决了像素隶属性的问题，但是指数加权没有明确的物理意义，很难被人们理解。

（1）基于熵的 FCM 算法[11, 12]。基于熵的 FCM 算法是一种用信息熵表示算法模糊程度的模糊 C 均值算法，该算法的目标函数可表示为

$$J_{EFCM} = \sum_{i=1}^{N} \sum_{j=1}^{c} u_{ij} d_{ij} + \lambda \sum_{i=1}^{N} \sum_{j=1}^{c} u_{ij} \log u_{ij} \qquad (5.2)$$

式中，$\lambda$ 替换了传统 FCM 算法中的 $m$，用来表示算法的模糊程度，式（5.2）中等号右边第二项为信息熵，信息熵越小，算法分割结果越好，反之，信息熵越大，算法分割结果很差。同样，通过最小化目标函数的算法能够得到基于聚类的最优分割。然而当聚类尺度差异较大，即像素数量较多的聚类和像素数量较少的聚类同时存在时，基于熵的 FCM 算法很容易将较大尺度聚类的边缘像素分割到较小尺度聚类中。

（2）基于 KL 信息的 FCM 算法。基于 KL 信息的 FCM（Kullback-Leibler fuzzy C mean，KLFCM）算法能够有效地解决将较大尺度聚类的边缘像素分割到较小尺度聚类中的问题[13]，其目标函数可定义为

$$J_m = \sum_{i=1}^{N} \sum_{j=1}^{c} u_{ij} d_{ij} + \lambda \sum_{i=1}^{N} \sum_{j=1}^{c} u_{ij} \log \left( \frac{u_{ij}}{\pi_{ij}} \right) \qquad (5.3)$$

KLFCM 算法中采用欧几里得距离定义非相似性测度，且控制聚类尺度的参数通过最小化目标函数得到，但该算法只利用像素本身的彩色矢量聚类，易受噪声影响，导致分割结果不理想。

### 5.5.2 煤岩红外图像分割

假设煤岩识别红外图像用 $X = \{x_1, x_2, \cdots, x_i, \cdots, x_n\}$ 表示。其中，$i$ 表示图像像素索引，$n$ 为图像像素个数。在红外图像中，煤和岩的主动热激励时的温升程度及主动热激励后的温降速率不同，因此表征煤岩的像素具有类似的像素值，即煤岩的像素呈现一定的聚类性。假设其聚类中心为 $j$，$j = 1, 2$，分别为表征煤的像素聚类和表征岩的像素聚类[14-16]。利用聚类思想识别煤岩界面的实质是将表征煤岩的像素划分到其对应的聚类中心，利用欧几里得距离衡量像素到聚类中心的距离 $d_{ij} = \sqrt{(x_i - v_j)^2}$，则 FCM 算法的目标函数可表示为

$$J = \sum_{i=1}^{n} \sum_{j=1}^{2} u_{ij}^m d_{ij} \qquad (5.4)$$

式中，$u_{ij}$ 表示第 $i$ 个像素属于第 $j$ 个类别的概率，满足 $\sum_{j=1}^{2} u_{ij} = 1$，$u_{ij}^m$ 相当于 $d_{ij}$ 的权重系数；$m$ 表示算法的模糊程度。

目标函数表示所有像素到其聚类中心的加权平均距离，实现煤岩界面分割的

实质就是使目标函数 $J$ 最小[17, 18]。考虑到拉格朗日乘子，目标函数可表示为

$$J_L = \sum_{i=1}^{n}\sum_{j=1}^{2} u_{ij}^{m} d_{ij} + \sum_{i=1}^{n} \lambda_i \left( \sum_{j=1}^{2} u_{ij} - 1 \right) \tag{5.5}$$

$J_L$ 对 $u_{ij}$ 求偏导可得

$$\frac{\partial J_L}{\partial u_{ij}} = d_{ij} m u_{ij}^{m-1} + \lambda_j \tag{5.6}$$

令 $\dfrac{\partial J_L}{\partial u_{ij}} = 0$ ，则

$$u_{ij} = \sqrt[m-1]{-\frac{\lambda_i}{m d_{ij}}} \tag{5.7}$$

由于 $\sum_{j=1}^{2} u_{ij} = 1$ ，则

$$\sum_{j}^{2} \sqrt[m-1]{-\frac{\lambda_i}{m d_{ij}}} = 1 \tag{5.8}$$

$$\sqrt[m-1]{-\lambda_i} = \frac{1}{\sum_{j=1}^{2} \sqrt[m-1]{\dfrac{1}{m d_{ij}}}} \tag{5.9}$$

故

$$u_{ij} = \frac{\sqrt[m-1]{-\dfrac{1}{m d_{ij}}}}{\sum_{j-1}^{2} \sqrt[m-1]{\dfrac{1}{m d_{ij}'}}} = \frac{(d_{ij})^{1-m}}{\sum_{j-1}^{2} (d_{ij}')^{1-m}} \tag{5.10}$$

目标函数对 $v_j$ 求导：

$$\frac{\partial J}{\partial v_j} = -\sum_{i=1}^{n} u_{ij}^{m} \frac{2(x_i - v_j)}{2\sqrt{(x_i - v_j)^2}} \tag{5.11}$$

令式（5.11）等于 0，可得

$$v_j = -\frac{\sum_{i=1}^{n} u_{ij}^{m} x_i}{\sum_{i=1}^{n} u_{ij}^{m}} \tag{5.12}$$

综上，利用模糊聚类分割算法实现基于红外热成像的煤岩界面的识别过程如下所示。

（1）初始化煤岩聚类中心 $v_j^{(0)}$ 。

（2）计算每个像素到聚类中心的距离 $d_{ij}^{(1)}$ 。

（3）计算模糊隶属度函数 $u_{ij}^{(1)}$ 。

（4）根据模糊隶属度函数更新聚类中心 $v_j^{(1)}$ 。

（5）判断隶属度函数是否满足停止条件 $\max\{u_{ij}^{(t)} - u_{ij}^{(t-1)}\} < e$ ，满足则停止迭代，否则返回步骤（2）继续迭代。

利用上述分割算法对图 5.15 所示的两采样煤岩表面红外图像进行分割，得到分割后的图像如图 5.16 所示。

 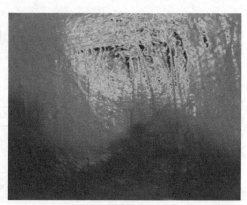

(a) 采样图像1　　　　　　　　　　　　　　　(b) 采样图像2

图 5.15　煤岩表面采样红外图像

 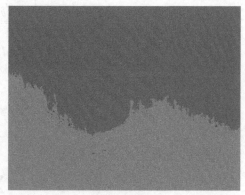

(a) 采样图像1　　　　　　　　　　　　　　　(b) 采样图像2

图 5.16　分割结果

由图 5.16 分割结果可以看出，采用模糊聚类分割算法仅能够大致对煤岩界面进行分割和识别，想要通过主动激励红外图像获取高精度的煤岩界面识别结果，仍需要进行进一步的深入研究和分析。

# 参 考 文 献

[1] 金学元. 持续热激励红外热像无损检测技术的研究及应用[D]. 北京：首都师范大学，2013.

[2] 宋芬芬. 低温压力容器缺陷红外检测及热激励影响分析[D]. 大庆：东北石油大学，2012.

[3] 郭伟，董丽虹，徐滨士. 主动红外热像无损检测技术的研究现状与进展[J]. 无损检测，2016，38（4）：58-66.

[4] 吕中产，田裕鹏，周克印. 红外无损检测中热激励研究[J]. 无损探伤，2005，29（6）：44-45.

[5] 贾文抖，范春利，孙丰瑞. 缺陷红外诊断的热激励方式对比研究[J]. 红外技术，2014，36（10）：849-854.

[6] Szilagyi L，Benyo Z，Szilagyii S M，et al. MR brain image segmentation using an enhanced fuzzy C-means algorithm[C]. Proceedings of the 25th Annual International Conference of the IEEE Engineering in Medicine and Biology Society，Los Alamitos，2003：724-726.

[7] Cai W L，Chen S C，Zhang D Q. Fast and robust fuzz C-means clustering algorithms incorporating local information for image segmentation[J]. Pattern Recognition，2007，40（3）：825-838.

[8] 纪则轩，陈强，孙权森，等. 各向异性权重的模糊 C 均值聚类图像分割[J]. 计算机辅助设计与图形学学报，2009，21（10）：1451-1459.

[9] 刘国英，钟珞，王爱民. 基于 MRF 模型的鲁棒 FCM 分割算法[J]. 计算机工程与科学，2012，34（10）：108-112.

[10] 夏菁，张彩明，张小峰，等. 结合边缘局部信息的 FCM 抗噪图像分割算法[J]. 计算机辅助设计与图形学学报，2014，26（12）：2203-2213.

[11] 乔颖婧，高保禄，史瑞雪，等. 融合 Tamura 纹理特征的改进 FCM 脑 MRI 图像分割算法[J]. 计算机科学，2021，48（8）：111-117.

[12] Miyamoto S，Mukaidono M. Fuzzy C-means as a regularization and maximum entropy approach[C]. Proceedings of the 7th IFSA World Congress，Prague，1997：86-92.

[13] Ichihashi H，Miyagishi K，Honda K. Fuzzy C-means clustering with regularization by K-L information[C]. Proceedings of the 10th IEEE International Conference on Fuzzy Systems，Los Alamitos，2001：924-927.

[14] 赵雪梅，李玉，赵泉华. 基于隐马尔可夫高斯随机场模型的模糊聚类高分辨率遥感影像分割算法[J]. 电子学报，2016，44（3）：679-686.

[15] 赵雪梅，李玉，赵泉华. 结合马尔可夫高斯模型的双邻域模糊聚类分割算法[J]. 计算机辅助设计与图形学学报，2016，28（4）：614-622.

[16] 张春伶. 图像分割算法综述与探索[J]. 科技创新与应用，2012，5：56.

[17] 郭海涛，刘丽媛，赵亚鑫，等. 基于 MAR 与 FCM 聚类的声呐图像分割[J]. 仪器仪表学报，2013，34（10）：2322-2327.

[18] 徐少平，刘小平，李春泉，等. 基于区域特征分析的快速 FCM 图像分割改进算法[J]. 模式识别与人工智能，2012，25（6）：987-995.

# 第6章　基于主动激励红外图像的煤岩界面识别技术

通过对现有煤岩界面感知与识别技术的总结分析可知，想要为采煤机提供精准的煤岩截割轨迹，煤岩界面的识别必须兼具预先性和精准性。虽然部分煤岩介质的灰度、硬度等物理特性十分相近，不易根据物理特性的差异实现煤岩界面的有效区分，但通过测试分析煤岩混合介质主动激励作用下的红外图像特征，可发现煤岩介质对主动红外激励具有显著的温升差异性，仅通过人为视觉观测就可以较直观、明显地区分煤岩介质的大致分界面，如图 6.1 和图 6.2 所示。因此，采集煤岩介质的主动激励红外图像是实现煤岩界面预先感知识别的有效途径。

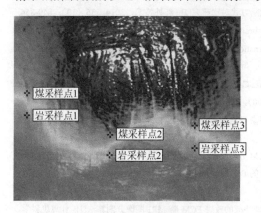

图 6.1　煤岩主动激励红外图像

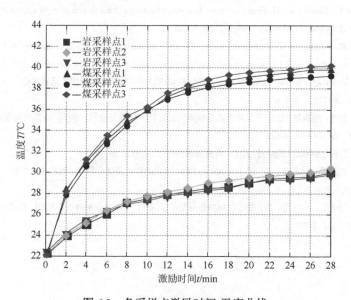

图 6.2　各采样点激励时间-温度曲线

# 6.1 主动激励红外煤岩识别实验系统

## 6.1.1 煤岩识别影响因素及边界条件分析

采用光照热激励的煤岩红外图像识别方法在测试和获取煤岩红外图像时，受到多个因素的影响，如光照距离、光照时间、光源强度、红外热成像仪拍摄角度和光源摆放位置等，这些因素在不同工况下对煤岩红外图像的获取效果也是不同的，这样就会进一步地影响识别结果的好坏。对于这几个因素，根据实际的开采情况，确定了如下边界条件。

（1）光照距离。光照距离对煤岩试件光照过程中的温升速度会有比较明显的影响，距离越近，温升速度越快，但根据实际的截割工况，确定其距离范围为 0.80～1.20m。

（2）光照时间。无论是煤还是岩，光照时间对其温度都是有影响的，但是通过比较简单的实验已经证明，时间过短，煤和岩的温升速度不是很明显，但是如果照射时间过长，煤和岩的温升速度又基本保持稳定，变化不明显，所以选择适宜的光照时间意义重大，根据实验测试与综合分析，最终确定光照时间的范围为 10～30min。

（3）光源强度。光源强度是影响煤岩试件温升速度的一个因素，光源强度越强，则煤岩介质单位时间内的温升速度也越快，但光源强度也不宜过大，因此综合考虑，光源强度的范围为 100～500W。

（4）红外热成像仪拍摄角度。红外热成像仪拍摄角度，即采集图像过程中，红外热成像仪安装位置与垂直煤岩试件表面方向的夹角，拍摄角度存在差异时，红外图像的采集结果及煤岩界面识别结果的精度也会产生明显差异，但拍摄角度不宜偏离过大，过大的偏移不容易获得完整的煤岩试件界面，因此最终将拍摄角度定为 0°～45°。

（5）光源摆放位置。光源的摆放位置对煤岩试件表面对光吸收的均匀性及最后的识别结果也有一定的影响，也是不可被忽略的重要因素。综合考虑，光源的摆放考虑上下、左右和对角三种形式。

## 6.1.2 实验台设计与构建

光照热激励红外图像煤岩界面识别实验台的设计要考虑实验的实际需要，要考虑的因素包括光照距离、光照时间、光源强度、红外热成像仪拍摄角度和光源摆放位置。在实验过程中，光照距离、光照时间、光源强度、红外热成像仪拍摄角度和光源摆放位置均需要进行变化。因此，煤岩试件的承载台需具有前后移动的功能；红外热成像仪的支撑架应处于非锁定固定状态，以便调节拍摄角度时可以进行灵活移动；光源摆放位置需要进行改变，则光源支撑架上需要有多个安装位置，如图 6.3 所示。

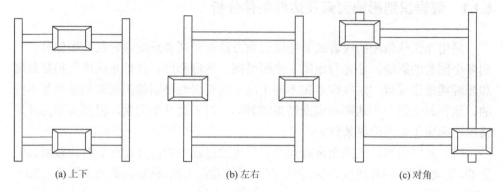

(a) 上下　　　　　　　　　　(b) 左右　　　　　　　　　　(c) 对角

图 6.3　光源的摆放位置

　　光照热激励红外图像煤岩界面识别实验台总体结构如图 6.4 所示，主要包括图像采集系统、红外热成像仪、热激励装置、光源支撑架、光度计、滑台、煤岩试件和承载台，煤岩试件放在承载台上，承载台可在滑台上前后滑动，用于调节煤岩试件与热激励装置的距离，热激励装置与红外热成像仪通过通信线缆与图像采集系统连接，可实现图像的在线采集和热激励装置的控制。

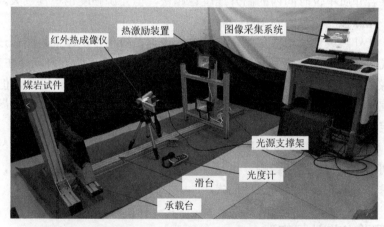

图 6.4　光照热激励红外图像煤岩界面识别实验台总体结构

## 6.1.3　煤岩试件浇筑

　　通常，实验室采用的煤岩试件可分为两类，一种是从矿井下直接取样出来的天然煤岩试件,这种煤岩试件由于直接从地下取出,因此其各方面与实际地下煤岩的特性接近或一致,采用这类的煤岩试件进行实验,实验的效果更加可信和可靠。但是,本实验采用的煤岩试件要求尺寸相对较大,且形状要求也是比较规整的长方体。因此,大块的规则煤岩试件本身很难从井下进行取样,且运输过程中也容易破坏,想要从井下整个地获取本实验需要的煤岩试件难度非常大。另外一种煤岩试件是通过人工浇筑,也就是人们根据煤岩的实际组成情况,在实验室利用煤、沙子、水泥等根据固定的配比浇筑形状规则但煤岩界面走向随机的煤岩试件,这种煤岩试件虽然结构组成与井下实际的煤岩体有所偏差,但结构形状规则,易于浇筑,且实验结果与真实结果比较接近,因此这种试件浇筑方法目前被广泛采用。

　　本实验为了测试和提取煤岩的红外图像,需要浇筑一个同时包含煤和岩的试件,而且煤岩试件的煤岩界面尽量是随机走向的,根据经验方法,本实验采用煤、沙子、水泥及黏合剂分别浇筑煤、岩部分,浇筑过程中煤岩试件的材料配比分别如表 6.1 所示。其中,黏合剂的作用是用于加快煤岩试件的成型。

**表 6.1　煤岩浇筑材料配比**

| 煤岩分类 | 材料类别 | | | |
| --- | --- | --- | --- | --- |
| | 煤 | 沙子 | 水泥 | 黏合剂 |
| 煤 | 85% | 0% | 10% | 5% |
| 岩 | 0% | 85% | 12% | 3% |

　　根据实验的实际需求,煤岩试件的尺寸为 450mm×350mm×12mm,为了实现煤岩试件的浇筑,单独设计了煤岩试件浇筑的模具。浇筑前,首先分别将煤岩部分的材料充分搅拌混合,然后增加清水,搅拌均匀,在模具中用软的隔膜材料先形成随机的界面,然后在两侧分别灌注煤岩材料,表面进行平整处理,然后抽出软的隔膜材料,等待煤岩试件干硬成型后,卸掉模具,得到最终的煤岩试件如图 6.5 所示。

图 6.5　成型的煤岩试件

## 6.2　多影响因素参数耦合优化分析

　　由 6.1 节分析可知,采用主动红外图像的煤岩界面识别方法,在图像测试过程中，受光照距离、光照时间、光源强度、红外热成像仪拍摄角度和光源摆放位置多个因素的影响。想要获得高精度的煤岩界面识别结果，就需要确定这些参数的最优值，这样得到的煤岩界面红外图像最容易被分割和识别。因此，需要对光照距离、光照时间、光源强度、红外热成像仪拍摄角度和光源摆放位置多个因素进行优化。

### 6.2.1　主动激励红外图像采集正交实验设计

1. 正交实验法

正交实验法，也称为正交实验设计法。正交实验法属于一种数理统计方法，采用"正交表"对多个因素开展实验，并对实验结果进行整理分析。正交实验法具有测试次数少、使用方便、效率高、方法简单、效果好等优点[1]。尤其是在研究更复杂的问题时，往往会涉及许多因素，采用常规的实验方法需要进行大量的实验，大大增加了实验的量和烦琐程度。当我们使用正交实验法时，影响实验指标的条件被命名为因素，而实验中要研究的因素的不同状态被命名为水平。因此，想要获取最佳的实验或生产条件，我们要对不同水平的各种因素进行测试，从而实现多因素的优化。

1) 正交实验设计

正交实验设计（orthogonal experimental design）作为多因素多水平情况下广泛使用的实验设计方法。其原理是利用正交性提取所有实验中具有均匀分散、整洁可比特点的代表性的点[2, 3]。正交实验设计作为一种分式析因设计（fractional factorial design），具有如下优点。

（1）获取均匀且具有强代表性的少数实验方案。

（2）通过少量实验结果，推导、获取较优的方案。

（3）可以得到实验结果之外更多的信息。

由于析因设计需要的实验数量过多，从业者已采取从析因设计的水平组合中选择部分具有代表性的水平组合进行实验的方法。因此，分式析因设计便随之出现。但对于缺乏实验设计知识的从业者来说，选择合适的分式析因设计是困难的。

2) 正交表

作为一种特殊的表格，正交表[4]在正交实验设计中分别具有安排实验和分析测试结果的作用，其表格形式可分为等水平正交表和混合水平正交表两种。

（1）等水平正交表。在 $L_n(m_1 \times m_2 \times \cdots \times m_k)$ 中，若 $m_1 = m_2 = \cdots = m_k$，这种正交表称为等水平正交表，表示为 $L_n(m_k)$，$n$ 表示需要做的实验次数，$L$ 表示正

交表代号，$k$ 表示能安排的最多因素数，$m$ 为水平数。常用的等水平正交表如下所示。

①二水平正交表：$L_4(2^3)$，$L_8(2^7)$，$L_{16}(2^{15})$，…

②三水平正交表：$L_9(3^4)$，$L_{27}(3^{13})$，$L_{81}(3^{41})$，…

③四水平正交表，$L_{16}(4^5)$，$L_{64}(4^{21})$，…

④五水平正交表：$L_{25}(5^6)$，$L_{125}(5^{31})$，…

（2）混合水平正交表。在 $L_n(m_1 \times m_2 \times \cdots \times m_k)$ 中，若 $m_1, m_2, \cdots, m_k$ 不完全相等，这种正交表为混合水平正交表。其中最常用的是 $L_n(m_1k_1 \times m_2k_2)$ 型混合水平正交表。其中 $m_1k_1$ 表示水平数为 $m_1$ 的有 $k_1$ 列；$m_2k_2$ 表示水平数为 $m_2$ 的有 $k_2$ 列。采用此正交表进行实验时，水平数为 $m_1$ 或者 $m_2$ 最多可安排 $k_1$ 或 $k_2$ 个因素。

正交表具有以下基本性质。

（1）正交性。

①每一列的各元素其出现次数相等。②任意两列的同行元素组成的元素对称为一个"完全对"，各种元素对的出现次数相同。③正交表能够进行行置换或列置换，变换后与原正交表等价。

（2）代表性。

①代表全面实验。②部分与全面实验最优条件一致性。③综合可比性。

正交实验设计其内容包括两部分：一是实验设计，二是数据处理。基本步骤可简单归纳如下[5-7]。

（1）明确实验目的，确定评价指标。实验的目的主要是解决相应的工程技术问题，并获取相应的结论。因此，作为正交实验设计的前提，首先要确定一个清晰的实验目的。

正交实验中的实验指标作为一个特征量，用于衡量实验得到的结果。实验指标分为两种，分别是定量指标和定性指标。定量指标是直接通过数量实现指标的表示，如尺寸、精度、长度、产量等；而定性指标与定量指标不同，它无法采用数量进行表示，如用来表示实验结果的手感、外观及颜色等特性。

（2）挑选因素，确定水平。虽然实验指标的影响因素多种多样，但考虑到实际实验条件允许的范畴，不可能所有因素都考虑。因此，应针对具体问题具体分析，综合考虑实验的实际情况，确定其主要因素，而次要因素则可以忽略不计，这样有利于降低考察因素的数量。通常情况，实验因素的数量一般选择 3~7 个，不要过多，如果过多会大大增加没必要的实验工作量。如果第一次实验未能得到预期的效果或目的，可在第一次实验的前提下，对实验因素进行进一步调整，增加水平数，且适当拉开各水平的数值，这样便于分析最终的实验结果。

（3）选正交表，进行表头设计。正交表的选择需要根据水平数和因素数来确定。通常来说，正交表的列数要大于等于因素数，而因素的水平数要与正交表相应的水平数相同，如果满足以上条件，便可以采用较小的正交表。以一个四因素、三水平的实验为例，对应的正交表可选择 $L_2(3)$ 和 $L_{27}(3)$ 等，但通常情况下，我们选择 $L_2(3)$。但假如实际实验条件允许，且对实验结果的精度要求较高，则应选择相对较大的正交表。当实验因素与水平数不相同时，可以采用混合水平正交表。此外，有时还需要考虑各因素之间的交互作用，这时需要进一步考虑交互作用因素的数量及安排原则，从而确定适宜的正交表。

表头设计就是在确定的正交表的相应列中合理地安排各实验因素，如果正交表的列数与实验因素相同，则将不易改变的水平因素优先排列在第一列，容易改变的水平因素放在最后一列，剩下的其他因素进行任意安排，如果正交表的列数表存在空列的话，在不考虑交互作用的情况下，将空列作为误差列，其位置一般选择中间或者靠后的位置。

（4）明确实验方案，开展实验并获取实验结果。根据确定的正交表和表头设计，制定各组实验的具体实验方案，开展实验并记录实验结果，实验结果要以实验指标形式进行记录。

（5）对实验结果进行统计分析。分析正交实验结果通常有两种方式，分别为直观分析法和方差分析法。通过实验结果的分析，能够确定各因素的主次顺序及最优方案的重要信息。

（6）开展验证实验，深入分析。虽然通过统计分析确定了最优方案，但还需要进行进一步的验证，这样做的目的是保证最优方案与实际情况相符，如果不相符，则仍需要改变方案再次进行正交实验。

图 6.6 为正交实验设计的具体步骤。

3）因素交互作用

对于多因素的正交实验，每个因素不但单独对实验指标有影响，而且各因素之间的联合也同样起作用，也就是各因素之间的交互作用。一般交互作用可以用乘积形式来表示。例如，$Y$ 和 $Z$ 两个因素的交互作用可表示为 $Y \times Z$。对于具有交互作用的正交实验，两个因素的交互作用可以看作一个新的因素，与其他因素相同，独占一列，称为交互作用列，当正交实验考虑交互作用时，需要用交互作用表来安排交互作用。

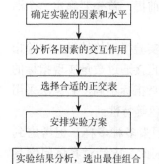

图 6.6　正交实验设计
的具体步骤

正交实验的各因素之间如果存在交互作用[8]，则需要进一步考虑以下内容。

（1）表头的设计，这种情况下表头的第一列最多可以安排一个因素或一个交互作用，不能同时将多个因素或交互作用安排在一列，即不可以出现混杂情况；尤其是重点需要考虑的交互作用或者因素，不得混杂任何其他交互作用，其他次要因素或交互作用可以进行混杂。因此，如果因素或者交互作用需要考察得比较多，就会导致表头设计过于复杂。如果选择较小的正交表，混杂情况不容易避免，所以宜选择较大的正交表，这样可以有效地避免混杂。

（2）交互作用又分为一级交互作用和高级交互作用，前者表示的是两个因素间的交互作用，而后者则是表达三个或三个以上的交互作用。在实际的正交实验中，基本上可以忽略高级交互作用，一级交互作用也是仅考察影响比较显著的，其他大部分交互作用基本均被忽略不计。

（3）交互作用根据水平因素的不同占用的列数也不同，二水平因素的交互作用仅占一列，三水平因素之间的交互作用需要占用两列，以此类推。

### 2. 煤岩红外测试正交实验设计

#### 1）影响因素水平表

根据正交实验设计的原理和步骤，结合实验实际情况，确定实验的实验因素共包括 5 个，分别为光照距离、光照时间、光源强度、红外热成像仪拍摄角度和光源摆放位置；水平数为 3，即采用 5 因素 3 水平，如表 6.2 所示。

**表 6.2　影响因素水平表**

| 水平 | 光照距离(A)/m | 光照时间(B)/min | 光源强度(C)/W | 红外热成像仪拍摄角度(D)/(°) | 光源摆放位置(E) |
|------|------|------|------|------|------|
| 1 | 0.80 | 10 | 100 | 0 | 上下 |
| 2 | 1.00 | 20 | 300 | 30 | 左右 |
| 3 | 1.20 | 30 | 500 | 45 | 对角 |

#### 2）表头设计

实验采用 $L_{27}(3^{13})$ 三水平正交表，且实验中各因素之间存在交互作用，由于交互作用被看作影响因素，因此同样在正交表中应占有相应的列，也就是交互作用列。表 6.3 给出了 $L_{27}(3^{13})$ 二列间的交互作用。

表 6.3 分别给出了 $L_{27}(3^{13})$ 不同因素数量下三水平正交表的表头设计方法，考虑到实验因素包括光照距离、光照时间、光源强度、红外热成像仪拍摄角度和光源摆放位置五个因素，且各因素间存在交互影响，如果全部考虑各因素间的因素交互关系，表头设计比较复杂，因此通过已有经验分析，发现光照距离与光照时间、光照距离与光源强度及光源强度与光照时间的交互作用比较明显，其他交互作用可以忽略不计，由此得到实验的表头设计如表 6.4 第三行的五因素表头设计所示。

**表 6.3　$L_{27}(3^{13})$ 二列间的交互作用**

| 行列号 | 列号 | | | | | | | | | | | | |
|---|---|---|---|---|---|---|---|---|---|---|---|---|---|
| | 1 | 2 | 3 | 4 | 5 | 6 | 7 | 8 | 9 | 10 | 11 | 12 | 13 |
| (1) | (1) | 3 | 2 | 2 | 6 | 5 | 5 | 9 | 8 | 8 | 12 | 11 | 11 |
| | | 4 | 4 | 3 | 7 | 7 | 6 | 10 | 10 | 9 | 13 | 13 | 12 |
| (2) | | (2) | 1 | 1 | 8 | 9 | 10 | 5 | 6 | 7 | 5 | 6 | 7 |
| | | | 4 | 3 | 11 | 12 | 13 | 11 | 12 | 13 | 8 | 9 | 10 |
| (3) | | | (3) | 1 | 9 | 10 | 8 | 7 | 5 | 6 | 6 | 7 | 5 |
| | | | | 2 | 13 | 11 | 12 | 12 | 13 | 11 | 10 | 8 | 9 |
| (4) | | | | (4) | 10 | 8 | 9 | 6 | 7 | 5 | 7 | 5 | 6 |
| | | | | | 12 | 13 | 11 | 13 | 11 | 12 | 9 | 10 | 8 |
| (5) | | | | | (5) | 1 | 1 | 2 | 3 | 4 | 2 | 4 | 3 |
| | | | | | | 7 | 6 | 11 | 13 | 12 | 8 | 10 | 9 |
| (6) | | | | | | (6) | 1 | 4 | 2 | 3 | 3 | 2 | 4 |
| | | | | | | | 5 | 13 | 12 | 11 | 10 | 9 | 8 |
| (7) | | | | | | | (7) | 3 | 4 | 2 | 4 | 3 | 2 |
| | | | | | | | | 12 | 11 | 13 | 9 | 8 | 10 |
| (8) | | | | | | | | (8) | 1 | 1 | 2 | 3 | 4 |
| | | | | | | | | | 10 | 9 | 5 | 7 | 6 |
| (9) | | | | | | | | | (9) | 1 | 4 | 2 | 3 |
| | | | | | | | | | | 8 | 7 | 6 | 5 |
| (10) | | | | | | | | | | (10) | 3 | 4 | 2 |
| | | | | | | | | | | | 6 | 5 | 7 |
| (11) | | | | | | | | | | | (11) | 1 | 1 |
| | | | | | | | | | | | | 13 | 12 |
| (12) | | | | | | | | | | | | (12) | 1 |
| | | | | | | | | | | | | | 11 |

**表 6.4　$L_{27}(3^{13})$ 表头设计**

| 因素数 | 列号 | | | | | | | | | | | | |
|---|---|---|---|---|---|---|---|---|---|---|---|---|---|
| | 1 | 2 | 3 | 4 | 5 | 6 | 7 | 8 | 9 | 10 | 11 | 12 | 13 |
| 3<br>4 | A<br>A | B<br>B | $A \times B_1$<br>$A \times B_1$<br>$C \times D_2$ | $A \times B_2$<br>$A \times B_2$ | C<br>C | $A \times C_1$<br>$A \times C_1$<br>$B \times D_2$ | $A \times C_2$<br>$A \times C_2$ | $B \times C_1$<br>$B \times C_1$<br>$A \times D_2$ | D | $A \times D_1$ | $B \times C_2$<br>$B \times C_2$ | $B \times D_1$ | $C \times D_1$ |
| 5 | A | B | $A \times B_1$ | $A \times B_2$ | C | $A \times C_1$ | $A \times C_2$ | $B \times C_1$ | D | | $B \times C_2$ | | E |

　　表头设计完之后，根据光照距离、光照时间、光源强度、红外热成像仪拍摄角度和光源摆放位置各因素所在的列，可以确定本正交实验中的 27 个实验方案，$L_{27}(3^{13})$ 正交表如表 6.5 所示。

表 6.5　$L_{27}(3^{13})$正交表

| 实验号 | 列号 | | | | | | | | | | | | |
|---|---|---|---|---|---|---|---|---|---|---|---|---|---|
| | 1 | 2 | 3 | 4 | 5 | 6 | 7 | 8 | 9 | 10 | 11 | 12 | 13 |
| 1 | 1 | 1 | 1 | 1 | 1 | 1 | 1 | 1 | 1 | 1 | 1 | 1 | 1 |
| 2 | 1 | 1 | 1 | 1 | 2 | 2 | 2 | 2 | 2 | 2 | 2 | 2 | 2 |
| 3 | 1 | 1 | 1 | 1 | 3 | 3 | 3 | 3 | 3 | 3 | 3 | 3 | 3 |
| 4 | 1 | 2 | 2 | 2 | 1 | 1 | 1 | 2 | 2 | 2 | 3 | 3 | 3 |
| 5 | 1 | 2 | 2 | 2 | 2 | 2 | 2 | 3 | 3 | 3 | 1 | 1 | 1 |
| 6 | 1 | 2 | 2 | 2 | 3 | 3 | 3 | 1 | 1 | 1 | 2 | 2 | 2 |
| 7 | 1 | 3 | 3 | 3 | 1 | 1 | 1 | 3 | 3 | 3 | 2 | 2 | 2 |
| 8 | 1 | 3 | 3 | 3 | 2 | 2 | 2 | 1 | 1 | 1 | 3 | 3 | 3 |
| 9 | 1 | 3 | 3 | 3 | 3 | 3 | 3 | 2 | 2 | 2 | 1 | 1 | 1 |
| 10 | 2 | 1 | 2 | 3 | 1 | 2 | 3 | 1 | 2 | 3 | 1 | 2 | 3 |
| 11 | 2 | 1 | 2 | 3 | 2 | 3 | 1 | 2 | 3 | 1 | 2 | 3 | 1 |
| 12 | 2 | 1 | 2 | 3 | 3 | 1 | 2 | 3 | 1 | 2 | 3 | 1 | 2 |
| 13 | 2 | 2 | 3 | 1 | 1 | 2 | 3 | 2 | 3 | 1 | 3 | 1 | 2 |
| 14 | 2 | 2 | 3 | 1 | 2 | 3 | 1 | 3 | 1 | 2 | 1 | 2 | 3 |
| 15 | 2 | 2 | 3 | 1 | 3 | 1 | 2 | 1 | 2 | 3 | 2 | 3 | 1 |
| 16 | 2 | 3 | 1 | 2 | 1 | 2 | 3 | 3 | 1 | 2 | 2 | 3 | 1 |
| 17 | 2 | 3 | 1 | 2 | 2 | 3 | 1 | 1 | 2 | 3 | 3 | 1 | 2 |
| 18 | 2 | 3 | 1 | 2 | 3 | 1 | 2 | 2 | 3 | 1 | 1 | 2 | 3 |
| 19 | 3 | 1 | 3 | 2 | 1 | 3 | 2 | 1 | 3 | 2 | 1 | 3 | 2 |
| 20 | 3 | 1 | 3 | 2 | 2 | 1 | 3 | 2 | 1 | 3 | 2 | 1 | 3 |
| 21 | 3 | 1 | 3 | 2 | 3 | 2 | 1 | 3 | 2 | 1 | 3 | 2 | 1 |
| 22 | 3 | 2 | 1 | 3 | 1 | 3 | 2 | 2 | 1 | 3 | 3 | 2 | 1 |
| 23 | 3 | 2 | 1 | 3 | 2 | 1 | 3 | 3 | 2 | 1 | 1 | 3 | 2 |
| 24 | 3 | 2 | 1 | 3 | 3 | 2 | 1 | 1 | 3 | 2 | 2 | 1 | 3 |
| 25 | 3 | 3 | 2 | 1 | 1 | 3 | 2 | 3 | 2 | 1 | 2 | 1 | 3 |
| 26 | 3 | 3 | 2 | 1 | 2 | 1 | 3 | 1 | 3 | 2 | 3 | 2 | 1 |
| 27 | 3 | 3 | 2 | 1 | 3 | 2 | 1 | 2 | 1 | 3 | 1 | 3 | 2 |

　　由于实验采用的是五因素三水平[9]的正交实验设计，因此每个因素的参数可分为三种工况，根据前面确定的光照距离、光照时间、光源强度、红外热成像仪

拍摄角度和光源摆放位置五个因素的边界条件。采用等分方法，确定每个因素的不同水平数据，其中光照距离的边界条件为 0.80～1.20m，因此光照距离为 0.80m、1.00m 和 1.20m，同理光照时间为 10min、20min、30min，光源强度为 100W、300W 和 500W，拍摄角度为 0°、30°和 45°，光源摆放位置包括上下、左右和对角。

各因素的实际数据与实验方案对应如表 6.6 所示。

表 6.6　$L_{27}(3^{13})$实际方案设计

| 实验号 | 1 光照距离(A)/m | 2 光照时间(B)/min | 5 光源强度(C)/W | 9 红外热成像仪拍摄角度(D)/(°) | 13 光源摆放位置(E) |
|---|---|---|---|---|---|
| 1 | 0.80 | 10 | 100 | 0 | 上下 |
| 2 | 0.80 | 10 | 300 | 30 | 左右 |
| 3 | 0.80 | 10 | 500 | 45 | 对角 |
| 4 | 0.80 | 20 | 100 | 30 | 对角 |
| 5 | 0.80 | 20 | 300 | 45 | 上下 |
| 6 | 0.80 | 20 | 500 | 0 | 左右 |
| 7 | 0.80 | 30 | 100 | 45 | 左右 |
| 8 | 0.80 | 30 | 300 | 0 | 对角 |
| 9 | 0.80 | 30 | 500 | 30 | 上下 |
| 10 | 1.00 | 10 | 100 | 30 | 对角 |
| 11 | 1.00 | 10 | 300 | 45 | 上下 |
| 12 | 1.00 | 10 | 500 | 0 | 左右 |
| 13 | 1.00 | 20 | 100 | 45 | 左右 |
| 14 | 1.00 | 20 | 300 | 0 | 对角 |
| 15 | 1.00 | 20 | 500 | 30 | 上下 |
| 16 | 1.00 | 30 | 100 | 0 | 上下 |
| 17 | 1.00 | 30 | 300 | 30 | 左右 |
| 18 | 1.00 | 30 | 500 | 45 | 对角 |
| 19 | 1.20 | 10 | 100 | 45 | 左右 |
| 20 | 1.20 | 10 | 300 | 0 | 对角 |
| 21 | 1.20 | 10 | 500 | 30 | 上下 |
| 22 | 1.20 | 20 | 100 | 0 | 上下 |
| 23 | 1.20 | 20 | 300 | 30 | 左右 |
| 24 | 1.20 | 20 | 500 | 45 | 对角 |
| 25 | 1.20 | 30 | 100 | 30 | 对角 |
| 26 | 1.20 | 30 | 300 | 45 | 上下 |
| 27 | 1.20 | 30 | 500 | 0 | 左右 |

## 6.2.2　红外图像测试正交实验

根据确定的正交实验方案，利用前面搭建的光照热激励红外图像煤岩界面识别实验台开展 27 组正交实验，利用红外热成像仪测试和采集各组的红外图像，如图 6.7 所示。

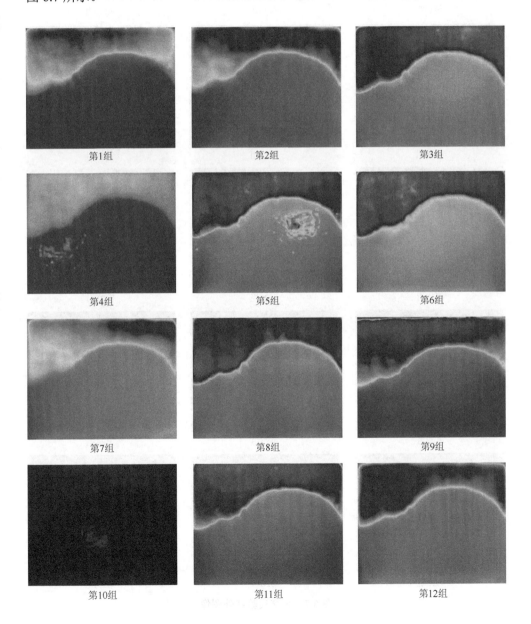

第1组　　　　　　　　第2组　　　　　　　　第3组

第4组　　　　　　　　第5组　　　　　　　　第6组

第7组　　　　　　　　第8组　　　　　　　　第9组

第10组　　　　　　　　第11组　　　　　　　　第12组

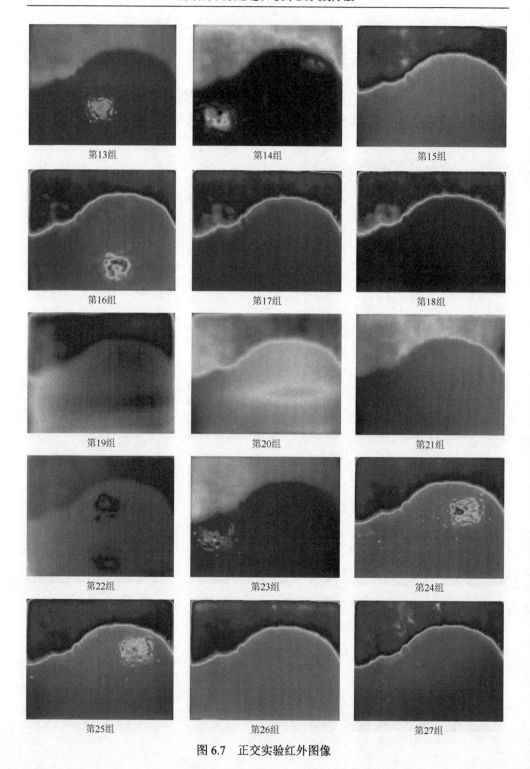

图 6.7　正交实验红外图像

　　由图 6.7 得到的 27 幅煤岩界面红外图像可以看出，煤岩界面的红外图像特征受光照距离、光照时间、光源强度、红外热成像仪拍摄角度和光源摆放位置各个因素的影响，在不同因素组合及交互作用下，其煤岩界面红外图像差异显著，有些实验组的煤岩红外图像可以较清楚地看到明显的温度分割带，而一些红外图像比较模糊，温度分割不是很清楚，且部分图像存在明显的局部噪声。因此，为了研究和分析在光照距离、光照时间、光源强度、红外热成像仪拍摄角度和光源摆放位置多因素作用下基于红外图像的煤岩界面识别效果，需要采用算法对煤岩界面红外图像进行进一步处理和分析。

## 6.2.3　煤岩红外图像界面提取

### 1. 基于 FCM 算法的煤岩红外图像分割

　　利用 FCM 算法[10-12]对图 6.7 中的 27 幅煤岩界面红外图像进行分割处理，得到的分割结果分别如图 6.8 所示。

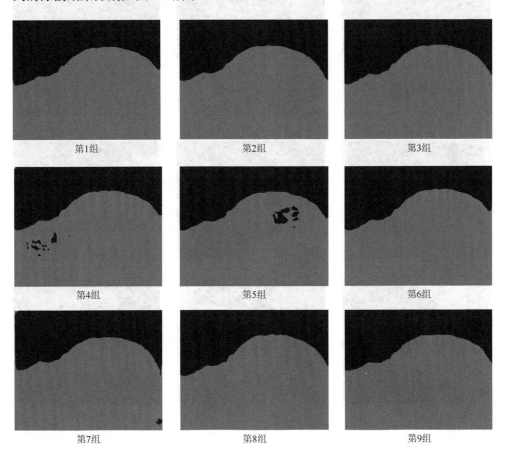

第1组　　　　　　　　　第2组　　　　　　　　　第3组

第4组　　　　　　　　　第5组　　　　　　　　　第6组

第7组　　　　　　　　　第8组　　　　　　　　　第9组

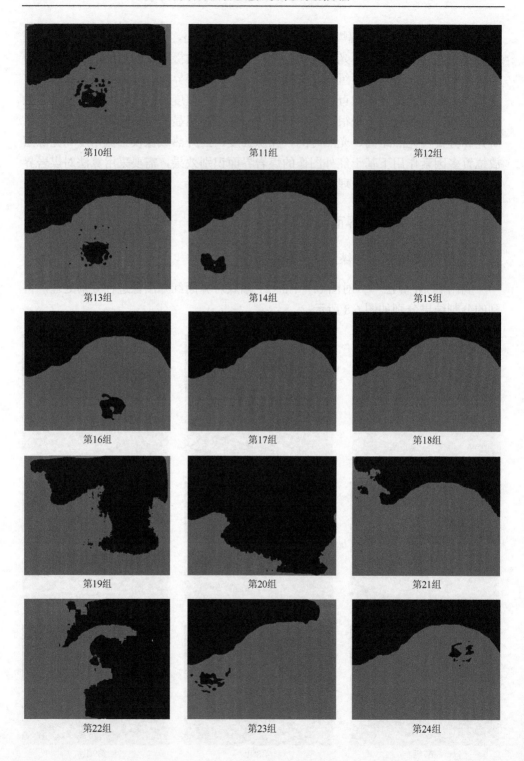

第10组　　　　　　　　　　第11组　　　　　　　　　　第12组

第13组　　　　　　　　　　第14组　　　　　　　　　　第15组

第16组　　　　　　　　　　第17组　　　　　　　　　　第18组

第19组　　　　　　　　　　第20组　　　　　　　　　　第21组

第22组　　　　　　　　　　第23组　　　　　　　　　　第24组

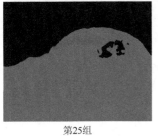  

第25组　　　　　　　　　　第26组　　　　　　　　　　第27组

图 6.8　煤岩界面红外图像分割结果

通过对比图 6.8 中 27 组煤岩界面红外图像分割结果可以看出，由于各组实验的光照距离、光照时间、光源强度、红外热成像仪拍摄角度、光源摆放位置和考虑的各因素之间的交互作用不同，其分割结果产生显著的差异。其中，第 19 组、第 20 组、第 22 组及第 23 组出现了明显的失真现象，而第 4 组、第 5 组、第 10 组、第 13 组、第 14 组、第 16 组、第 23 组、第 24 组和第 25 组的煤岩界面红外图像分割结果均出现不同程度的噪声现象，且其煤岩界面分割结果也存在显著的差异。相比之下，第 1 组、第 2 组、第 3 组、第 6 组、第 7 组、第 8 组、第 9 组、第 11 组、第 12 组、第 15 组、第 17 组、第 18 组、第 26 组和第 27 组的煤岩界面分割效果相对较好，但也相互存在差异，需要进行进一步的定量化分析，才能确定各组的煤岩界面分割精度。

### 2. 煤岩界面分割定量化精度分析

为了对正交实验各组煤岩界面红外图像的分割结果进行定量化分析，需要分别提取出每组红外图像分割结果中煤的识别误差和岩的识别误差，以随机测试的煤岩界面红外图像分割结果为例，如图 6.9 所示，其中，线条为实验煤岩试件的真实煤岩界面。由此，可以分别得到煤岩红外图像分割结果的煤识别误差面积 $s_1$ 和岩识别误差面积 $s_2$，如图 6.10 所示。再根据总面积 $S$，可计算得到各幅图像的识别精度 $I$，计算方法为

$$I_i = \frac{S_i - s_{1_i} - s_{2_i}}{S_i} \times 100\% \tag{6.1}$$

式中，$I_i$ 代表第 $i$ 幅红外图像分割结果的识别精度；$S_i$ 代表第 $i$ 幅煤岩界面红外图像的总面积；$s_{1_i}$ 代表第 $i$ 幅红外图像分割结果的煤识别误差面积；$s_{2_i}$ 代表第 $i$ 幅红外图像分割结果的岩识别误差面积；$i = 1, 2, \cdots, 27$。

根据式（6.1）可以计算各个煤岩界面红外图像分割后识别精度如表 6.7 所示，由表 6.7 可以看出，27 组实验的煤岩界面识别精度差异很大，最低精度为 44.96%，最高精度达到 97.44%。识别精度在 90% 以上的比例达到 81.48%，虽然第二组实验的识别精度最高，但无法确定第二组的各因素为最佳组合，需要进行进一步的分析。

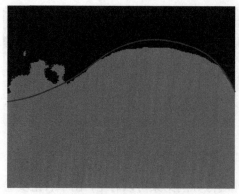

<table>
</table>

图 6.9　煤岩分割与实际界面对比　　　　　图 6.10　煤岩界面识别误差分析

**表 6.7　各组实验煤岩界面识别精度**

| 组序 | 精度/% | 组序 | 精度/% | 组序 | 精度/% |
|---|---|---|---|---|---|
| 1 | 95.67 | 10 | 89.14 | 19 | 66.31 |
| 2 | 96.21 | 11 | 95.91 | 20 | 51.13 |
| 3 | 96.72 | 12 | 96.68 | 21 | 89.02 |
| 4 | 95.76 | 13 | 92.33 | 22 | 44.96 |
| 5 | 96.34 | 14 | 94.52 | 23 | 89.48 |
| 6 | 97.17 | 15 | 96.69 | 24 | 94.98 |
| 7 | 95.58 | 16 | 93.78 | 25 | 94.29 |
| 8 | 96.29 | 17 | 96.51 | 26 | 95.99 |
| 9 | 97.44 | 18 | 97.10 | 27 | 96.74 |

## 6.2.4　正交实验识别精度结果分析

### 1. 数据直观分析

直观分析就是简单地计算各因素水平对正交实验结果的影响，并将影响采用图表形式表示出来，接下来利用极差分析获取最大值和最小值，进而得出水平搭配的优化方案，分析各因素对实验结果的影响程度。正交实验结果的直观分析步骤如下所示。

第一步，依次加和每次实验各因素的一水平、二水平和三水平的实验结果。

第二步，分别求出各因素水平结果的平均值 $K_{j1}$、$K_{j2}$ 和 $K_{j3}$，其中，$j = 1, 2, \cdots, 27$，并列入正交表中。

第三步，计算各因素的平均值的极差，对于三个以上的水平，则需计算最大平均值与最小平均值之间的差值 $R_j$。

$R_j$ 的大小可以反映出各因素对实验结果的影响程度。如果 $R_j$ 越大,那么该因素的影响程度越大,反之则越小。根据这一特征,确定出主、次要因素的排列顺序,进而合理选择各因素的水平。

(1) 确定因素主次顺序。表 6.8 为正交实验直观分析的结果。可以看出,各因素的极差大小关系为 $R_A > R_C > R_B > R_D > R_E$。因此,各因素从主到次的顺序依次为 A (光照距离)、C (光源强度)、B (光照时间)、D (红外热成像仪拍摄角度)、E (光源摆放位置)。

(2) 确定优方案。实验范围内获得的相对较优水平组合即为最优方案。实验指标对各因素优水平的确定具有显著的影响,实验指标为煤岩界面的识别精度,我们最终目标是获取高的煤岩界面识别精度,因此指标越大越好。因此,应选取指标大的水平作为最优水平,也就是各列 $K_j$ 中最大的那个值对应的水平。

根据表 6.8 可以看出,各因素 $K_j$ 对比如下所示。

因素 A:$K_1 > K_2 > K_3$。

因素 B:$K_3 > K_2 > K_1$。

因素 C:$K_3 > K_2 > K_1$。

因素 D:$K_2 > K_3 > K_1$。

因素 E:$K_2 > K_3 > K_1$。

所以,通过直观分析确定的最优方案为 $A_1B_3C_3D_2E_2$,即光照距离为 0.80m,光照时间为 30min,光源强度为 500W,红外热成像仪拍摄角度为 30°,光源摆放位置为左右摆放。

通过实验可以获得一组结果实验数据,但数据之间一般会存在一定的差异,即使在相同的条件下做几次实验,由于偶然因素的影响,所得的数据也不完全相等,这说明实验数据的波动不仅与实验条件的改变有关,也包括实验误差的影响,因此需要进行方差分析。

### 2. 煤岩界面识别正交实验方差分析

方差分析的根本原理就是计算出各因素及误差的离差平方和,进而求出均方、F 值和自由度,最后进行 F 检验。

如果安排检验采用的正交表为 $L_n(r^m)$,即 $r$ 表示因素的水平数,$m$ 表示正交表的列数,总检验次数为 $n$,设实验结果为 $y_i (i = 1, 2, \cdots, n)$。方差分析的基本步骤如下所示。

1) 计算离差平方和

(1) 总离差平方和。设

$$\bar{y} = \frac{1}{n} \sum_{i=1}^{n} y_i \tag{6.2}$$

表 6.8　直观分析表

列号

| 实验号 | A | B | A×B₁ | A×B₂ | C | A×C₁ | A×C₂ | B×C₁ | D | | B×C₂ | | E | 精度 |
|---|---|---|---|---|---|---|---|---|---|---|---|---|---|---|
| 1 | 1 | 1 | 1 | 1 | 1 | 1 | 1 | 1 | 1 | 1 | 1 | 1 | 1 | 95.67 |
| 2 | 1 | 1 | 1 | 1 | 2 | 2 | 2 | 2 | 2 | 2 | 2 | 2 | 2 | 96.21 |
| 3 | 1 | 1 | 1 | 1 | 3 | 3 | 3 | 3 | 3 | 3 | 3 | 3 | 3 | 96.72 |
| 4 | 1 | 2 | 2 | 2 | 1 | 1 | 1 | 2 | 2 | 2 | 3 | 3 | 3 | 95.76 |
| 5 | 1 | 2 | 2 | 2 | 2 | 2 | 2 | 3 | 3 | 3 | 1 | 1 | 1 | 96.34 |
| 6 | 1 | 2 | 2 | 2 | 3 | 3 | 3 | 1 | 1 | 1 | 2 | 2 | 2 | 97.17 |
| 7 | 1 | 3 | 3 | 3 | 1 | 1 | 1 | 3 | 3 | 3 | 2 | 2 | 2 | 95.58 |
| 8 | 1 | 3 | 3 | 3 | 2 | 2 | 2 | 1 | 1 | 1 | 3 | 3 | 3 | 96.29 |
| 9 | 1 | 3 | 3 | 3 | 3 | 3 | 3 | 2 | 2 | 2 | 1 | 1 | 1 | 97.44 |
| 10 | 2 | 1 | 2 | 3 | 1 | 2 | 3 | 1 | 2 | 3 | 1 | 2 | 3 | 89.14 |
| 11 | 2 | 1 | 2 | 3 | 2 | 3 | 1 | 2 | 3 | 1 | 2 | 3 | 1 | 95.91 |
| 12 | 2 | 1 | 2 | 3 | 3 | 1 | 2 | 3 | 1 | 2 | 3 | 1 | 2 | 96.68 |
| 13 | 2 | 2 | 3 | 1 | 1 | 2 | 3 | 2 | 3 | 1 | 3 | 1 | 2 | 92.33 |
| 14 | 2 | 2 | 3 | 1 | 2 | 3 | 1 | 3 | 1 | 2 | 1 | 2 | 3 | 94.52 |
| 15 | 2 | 2 | 3 | 1 | 3 | 1 | 2 | 1 | 2 | 3 | 2 | 3 | 1 | 96.69 |
| 16 | 2 | 3 | 1 | 2 | 1 | 2 | 3 | 3 | 1 | 2 | 2 | 3 | 1 | 93.78 |
| 17 | 2 | 3 | 1 | 2 | 2 | 3 | 1 | 1 | 2 | 3 | 3 | 1 | 2 | 96.51 |
| 18 | 2 | 3 | 1 | 2 | 3 | 1 | 2 | 2 | 3 | 1 | 1 | 2 | 3 | 97.1 |
| 19 | 3 | 1 | 3 | 2 | 1 | 3 | 2 | 1 | 3 | 2 | 1 | 3 | 2 | 66.31 |

续表

| 实验号 | A | B | A×B₁ | A×B₂ | C | A×C₁ | A×C₂ | B×C₁ | D | | B×C₂ | | E | 精度 |
|---|---|---|---|---|---|---|---|---|---|---|---|---|---|---|
| 20 | 3 | 1 | 3 | 2 | 2 | 1 | 3 | 2 | 1 | 3 | 2 | 1 | 3 | 51.13 |
| 21 | 3 | 1 | 3 | 2 | 3 | 2 | 1 | 3 | 2 | 1 | 3 | 2 | 1 | 89.02 |
| 22 | 3 | 2 | 1 | 3 | 1 | 3 | 2 | 2 | 3 | 3 | 3 | 2 | 1 | 44.96 |
| 23 | 3 | 2 | 1 | 3 | 2 | 2 | 3 | 3 | 2 | 3 | 1 | 3 | 2 | 89.48 |
| 24 | 3 | 2 | 1 | 3 | 3 | 2 | 1 | 1 | 2 | 2 | 2 | 1 | 3 | 94.98 |
| 25 | 3 | 3 | 2 | 1 | 1 | 3 | 2 | 3 | 2 | 1 | 2 | 1 | 3 | 94.29 |
| 26 | 3 | 3 | 2 | 1 | 2 | 1 | 3 | 1 | 2 | 2 | 3 | 2 | 1 | 95.99 |
| 27 | 3 | 3 | 2 | 1 | 3 | 2 | 1 | 2 | 1 | 3 | 1 | 3 | 2 | 96.74 |
| $K_1$ | 96.353 | 86.310 | 89.490 | 95.462 | 85.313 | 90.453 | 94.966 | 92.083 | 85.216 | 94.140 | 91.416 | 90.597 | 89.533 | $T=2442.74$ |
| $K_2$ | 94.740 | 89.137 | 95.336 | 87.013 | 90.264 | 93.870 | 87.208 | 85.287 | 93.838 | 92.408 | 90.638 | 88.854 | 91.890 | |
| $K_3$ | 80.322 | 95.969 | 86.590 | 88.940 | 95.838 | 87.092 | 89.242 | 94.046 | 92.362 | 84.868 | 89.362 | 91.964 | 89.992 | |
| $R$ | 16.031 | 9.659 | 8.746 | 8.449 | 10.525 | 6.778 | 7.758 | 8.759 | 8.622 | 9.272 | 2.054 | 3.110 | 2.357 | |

主→次顺序：A（光照距离）→C（光源强度）→B（光照时间）→D（红外热成像仪拍摄角度）→E（光源摆放位置）

最优方案：A₁B₃C₃D₂E₂

$$T = \sum_{i=1}^{n} y_i \tag{6.3}$$

$$Q = \sum_{i=1}^{n} y_i^2 \tag{6.4}$$

$$P = \frac{1}{n}\left(\sum_{i=1}^{n} y_i\right)^2 = \frac{T^2}{n} \tag{6.5}$$

则

$$SS_T = \sum_{i=1}^{n}(y_i - \bar{y})^2 = \sum_{i=1}^{n} y_i^2 - \frac{1}{n}\left(\sum_{i=1}^{n} y_i\right)^2 = Q - P \tag{6.6}$$

$SS_T$ 表示总离差平方和，体现了实验结果的总差异，它的大小能够反映各实验结果之间的差异，且成正比关系。而引起实验结果之间的差异的原因包括实验误差和因素水平的变化。

（2）各因素引起的离差平方和。假定正交表中的某一列上安排有因素 A，那么因素 A 引起的离差平方和表示为

$$SS_A = \frac{n}{r}\sum_{i=1}^{r}(k_i - \bar{y})^2 = \frac{r}{n}\left(\sum_{i=1}^{r} K_i^2\right) - \frac{T^2}{n} = \frac{r}{n}\left(\sum_{i=1}^{r} K_i^2\right) - P \tag{6.7}$$

若将因素 A 安排在正交表的第 $j(j = 1, 2, \cdots, m)$ 列上，那么 $SS_A = SS_j$，其中，$SS_j$ 为第 $j$ 列所引起的离差平方和，则

$$SS_j = \frac{n}{r}\sum_{i=1}^{r}(k_i - \bar{y})^2 = \frac{r}{n}\left(\sum_{i=1}^{r} K_i^2\right) - \frac{T^2}{n} = \frac{r}{n}\left(\sum_{i=1}^{r} K_i^2\right) - P \tag{6.8}$$

因此

$$SS_T = \sum_{j=1}^{m} SS_j \tag{6.9}$$

换而言之，总离差平方和为各列离差平方和的总和。

（3）实验误差的离差平方和。为便于方差分析，表头设计时通常要求留有空列作为误差列。因此，误差的离差平方和就是全部空列所对应离差平方和之和，表示为

$$SS_e = \sum SS_{空列} \tag{6.10}$$

（4）交互作用的离差平方和。正交实验设计过程中，交互作用看作一个因素，在正交表中与其他因素相同，均占有相应的列，同样会导致离差平方和。假如交互作用仅占一列，那么离差平方和与所在列的离差平方和相等；当交互作用占据多列时，那么离差平方和为所占各列离差平方和的综合。例如，交互作用 A×B 在正交表中占有 2 列，那么

$$SS_{A×B} = SS_{(A×B)_1} + SS_{(A×B)_2} \tag{6.11}$$

2）计算自由度

总平方和的总自由度

$$\mathrm{d}f_T = 实验总次数 - 1 = n - 1 \tag{6.12}$$

正交表中任意一列的离差平方和对应的自由度为

$$\mathrm{d}f_j = 因素水平数 - 1 = r - 1 \tag{6.13}$$

显然

$$\mathrm{d}f_T = \sum_{j=1}^{n} \mathrm{d}f_j \tag{6.14}$$

$$\mathrm{d}f_e = \sum \mathrm{d}f_{空列} \tag{6.15}$$

3）计算平均离差平方和（均方）

以 A 因素为例，因素的均方为

$$\mathrm{MS_A} = \frac{\mathrm{SS_A}}{\mathrm{d}f_A} \tag{6.16}$$

以 A×B 为例，交互作用的均方为

$$\mathrm{MS_{A \times B}} = \frac{\mathrm{SS_{A \times B}}}{\mathrm{d}f_{A \times B}} \tag{6.17}$$

实验误差的均方为

$$\mathrm{MS}_e = \frac{\mathrm{SS}_e}{\mathrm{d}f_e} \tag{6.18}$$

4）计算 F 值

F 值的计算是将各因素或交互作用的均方除以误差的均方，即

$$\mathrm{F_A} = \frac{\mathrm{MS_A}}{\mathrm{MS}_e} \tag{6.19}$$

5）显著性检验

假设一显著性水平 $\alpha$，检验因素 A 和交互作用 A×B 对实验结果有无显著影响。先从 F 分布表中查出临界值 $\mathrm{F}_\alpha(\mathrm{d}f_A, \mathrm{d}f_e)$ 和 $\mathrm{F}_\alpha(\mathrm{d}f_{A \times B}, \mathrm{d}f_e)$，然后比较 F 值与临界值的大小，若 $\mathrm{F_A} > \mathrm{F}_\alpha(\mathrm{d}f_A, \mathrm{d}f_e)$，则因素 A 对实验结果有显著影响；若 $\mathrm{F_A} < \mathrm{F}_\alpha(\mathrm{d}f_A, \mathrm{d}f_e)$，则因素 A 对实验结果无显著影响。同理，如果 $\mathrm{F_{A \times B}} > \mathrm{F}_\alpha(\mathrm{d}f_{A \times B}, \mathrm{d}f_e)$，那么表明交互作用 A×B 对实验结果具有显著影响，反之则无显著影响。通常，F 值与临界值的差值越大，表明该因素或交互作用对实验结果的影响越显著。

最后将方差分析结果列在方差分析表中。

原则上，对于满列的正交表不能进行方差分析，将第 10 列和第 12 列空白列作为误差列，根据方差分析的步骤，首先计算各因素的方差：

$$S_1^2 = (K_{11}^2 + K_{12}^2 + K_{13}^2) / 9 - T^2 / 27 = 1402.415$$

$$S_2^2 = (K_{21}^2 + K_{22}^2 + K_{23}^2)/9 - T^2/27 = 443.890$$
$$S_3^2 = (K_{31}^2 + K_{32}^2 + K_{33}^2)/9 - T^2/27 = 357.196$$
$$S_4^2 = (K_{41}^2 + K_{42}^2 + K_{43}^2)/9 - T^2/27 = 352.905$$
$$S_5^2 = (K_{51}^2 + K_{52}^2 + K_{53}^2)/9 - T^2/27 = 499.018$$
$$S_6^2 = (K_{61}^2 + K_{62}^2 + K_{63}^2)/9 - T^2/27 = 206.727$$
$$S_7^2 = (K_{71}^2 + K_{72}^2 + K_{73}^2)/9 - T^2/27 = 291.236$$
$$S_8^2 = (K_{81}^2 + K_{82}^2 + K_{83}^2)/9 - T^2/27 = 380.289$$
$$S_9^2 = (K_{91}^2 + K_{92}^2 + K_{93}^2)/9 - T^2/27 = 382.784$$
$$S_{11}^2 = (K_{111}^2 + K_{112}^2 + K_{113}^2)/9 - T^2/27 = 19.344$$
$$S_{13}^2 = (K_{131}^2 + K_{132}^2 + K_{133}^2)/9 - T^2/27 = 28.098$$

误差的离差平方和：
$$S_e^2 = S_{10}^2 + S_{12}^2 = 362.475 + 357.515 = 481.210$$

偏差平方和的计算公式为 $MS_j = S_j^2/f_j$；各因素的显著性通过 F 值来判定，$f_j = MS_j/MS_e$，$j = A、B、C、D、E、A×B、A×C$ 和 $B×C$。

由 F 分布表查得

$F_{0.01}(2, 8) = 8.65$，$F_{0.05}(2, 8) = 4.46$，$F_{0.10}(2, 8) = 3.11$；$F_{0.01}(4, 8) = 7.01$，$F_{0.05}(4, 8) = 3.84$，$F_{0.10}(4, 8) = 2.81$。

通过计算得到正交实验方差分析的离差平方和、自由度、均方、F 值和显著性，如表 6.9 所示，其中（**）表示该因素或交互作用对实验结果具有高度显著的影响，**表示该因素或交互作用对实验结果具有显著的影响，*表示该因素或交互作用对实验结果具有较显著的影响。

表 6.9　方差分析结果

| 方差来源 | 离差平方和（$s_j^2$） | 自由度（$f_j$） | 均方（$MS_j$） | F 值 | 显著性 |
|---|---|---|---|---|---|
| A | 1402.415 | 2 | 701.208 | 11.657 | （**） |
| B | 443.890 | 2 | 221.945 | 3.690 | * |
| C | 499.018 | 2 | 249.509 | 4.148 | * |
| D | 382.784 | 2 | 191.392 | 3.182 | * |
| E | 28.098 | 2 | 14.098 | 0.234 | |
| A×B | 710.101 | 4 | 170.525 | 2.835 | * |
| A×C | 497.963 | 4 | 124.491 | 2.070 | |
| B×C | 399.633 | 4 | 99.908 | 1.661 | |
| e | 481.210 | 8 | 60.152 | — | |

由表 6.9 可以看出，因素 A 的 F 值为 11.657，说明因素 A 对实验结果具有高度显著的影响，因素 B、C、D 和交互作用 A×B 对实验结果有显著的影响。根据 F 值计算结果可以得出，各因素对实验结果影响的主次关系依次为 A、C、B、D、A×B、E。

下面进行交互作用分析。

（1）A 和 B 的交互作用。A 和 B 的交互作用分析如表 6.10 所示，由 A 和 B 的交互作用可以看出，当光照距离为 0.80m，光照时间为 30min 时，识别精度为 96.437%，此时识别精度是最大的，所以应该选择因素组合 $A_1B_3$。

表 6.10　A 和 B 的交互作用分析

| B（光照时间） | A（光照距离） | | |
| --- | --- | --- | --- |
| | 0.8m | 1.0m | 1.2m |
| 10min | 96.200% | 93.910% | 68.820% |
| 20min | 96.423% | 94.513% | 76.473% |
| 30min | 96.437% | 95.797% | 95.673% |

（2）A 和 C 的交互作用。A 和 C 的交互作用如表 6.11 所示，由 A 和 C 的交互作用可以看出，当光照距离为 0.80m，光源强度为 500W 时，识别精度为 97.110%，此时识别精度是最大的，所以应该选择因素组合 $A_1C_3$。

表 6.11　A 和 C 的交互作用

| C（光源强度） | A（光照距离） | | |
| --- | --- | --- | --- |
| | 0.8m | 1.0m | 1.2m |
| 100W | 95.670% | 91.750% | 68.520% |
| 300W | 96.280% | 95.647% | 78.767% |
| 500W | 97.110% | 96.823% | 93.580% |

（3）B 和 C 的交互作用。B 和 C 的交互作用如表 6.12 所示，根据 B 和 C 的交互作用分析可以得到，当光照时间为 30min，光源强度为 500W 时，识别精度为最大，达到 97.093%，所以应该选择因素组合 $B_3C_3$。

表 6.12　B 和 C 的交互作用

| C（光源强度） | B（光照时间） | | |
| --- | --- | --- | --- |
| | 10min | 20min | 30min |
| 100W | 83.707% | 77.683% | 94.550% |
| 300W | 81.083% | 93.447% | 96.263% |
| 500W | 94.140% | 96.280% | 97.093% |

综合分析：由 A 和 B 的交互作用分析可知，$A_1$、$B_3$ 分别是 A 和 B 的最佳水平组合；由 A 和 C 的交互作用分析可以看出，$A_1$、$C_3$ 分别是 A 和 C 的最佳水平组合；由 B 和 C 的交互作用分析结果表明，B 和 C 的最佳水平组合分别是 $B_3$ 和 $C_3$。综合分析三个交互作用的结果得到如下结论：A、B、C 三者的最佳水平组合分别为 $A_1$、$B_3$、$C_3$，与各交互作用的独立分析结果一致；而 D、E 的交互作用在正交实验中未进行考虑，因此两者的最佳水平由极差分析的结果决定；此外，因为实验指标是煤岩界面的识别精度越大越好，因此最优化方案为 $A_1B_3C_3D_2E_2$，即光照距离为 0.80m，光源时间为 30min，光源强度为 500W，红外热成像仪拍摄角度为 30°，光源位置为水平摆放。

## 6.2.5　基于最优组合的参数优化

正交实验与遗传算法（genetic algorithm，GA）的联系如下所示。

（1）正交实验设计法是遗传算法[13, 14]的一种特例，即正交实验设计法是一种初始种群固定的、只使用定向变异算子的、只进化一代的遗传算法。

（2）遗传算法的步骤比正交实验设计法复杂，所需的实验次数也要多于正交实验设计法的实验次数，但它产生的解要优于正交实验设计法产生的解。

（3）遗传算法的隐并行性使得它在处理交互作用项时，效率比正交实验设计法要高。

（4）正交实验设计法可解决一般遗传算法中的最小欺骗问题。

### 1. 最小二乘法的基本原理和多项式拟合

最小二乘法[15, 16]的基本原理是从整体上考虑近似函数 $P(X)$ 同所给数据点 $(x_i, y_i)$ $(i = 0, 1, \cdots, m)$ 误差 $r_i = p(x_i) - y_i (i = 0, 1, \cdots, m)$ 的大小，常用的方法有以下三种：一是误差 $r_i = p(x_i) - y_i (i = 0, 1, \cdots, m)$ 绝对值的最大值 $\max\limits_{0 \leqslant i \leqslant m} |r_i|$，即误差向量 $r = (r_0, r_1, \cdots, r_m)^T$ 的 ∞-范数；二是误差绝对值的和 $\sum\limits_{i=0}^{m} |r_i|$，即误差向量 $r$ 的 1-范数；三是误差平方和 $\sum\limits_{i=0}^{m} r_i^2$ 的算术平方根，即误差向量 $r$ 的 2-范数；前两种方法简单、自然，但不便于微分运算，后一种方法相当于考虑 2-范数的平方，因此在曲线拟合中常采用误差平方和 $\sum\limits_{i=0}^{m} r_i^2$ 来度量误差$(i = 0, 1, \cdots, m)$的整体大小[17]。

数据拟合的具体做法是对给定的数据$(i = 0, 1, \cdots, m)$，在给定的函数类 $\varPhi$ 中，使误差$(i = 0, 1, \cdots, m)$的平方和最小，即

$$\sum_{i=0}^{m} r_i^2 = \sum_{i=0}^{m} [p(x_i) - y_i]^2 = \min \tag{6.20}$$

从几何意义上讲，就是寻求与给定点$(i = 0, 1, \cdots, m)$的距离平方和为最小的曲线。函数$P(X)$称为拟合函数或最小二乘解，求拟合函数$P(X)$的方法称为曲线拟合的最小二乘法。

假设给定数据点$(x_i, y_i)$ $(i = 0, 1, \cdots, m)$，$\Phi$为所有次数不超过$n(n \leqslant m)$的多项式构成的函数类，现求$p_n(x) = \sum_{k=0}^{n} a_k x^k \in \Phi$，使

$$I = \sum_{i=0}^{m} [p_n(x_i) - y_i]^2 = \sum_{i=0}^{m} \left( \sum_{k=0}^{n} a_k x_i^k - y_i \right)^2 = \min \tag{6.21}$$

当拟合函数为多项式时，称为多项式拟合，满足式（6.21）的称为最小二乘拟合多项式。

特别地，当$n = 1$时，称为线性拟合或直线拟合。显然

$$I = \sum_{i=0}^{m} \left( \sum_{k=0}^{n} a_k x_i^k - y_i \right)^2 \tag{6.22}$$

为$a_0, a_1, \cdots, a_n$的多元函数，因此上述问题即为求$I = I(a_0, a_1, \cdots, a_n)$的极值问题。由多元函数求极值的必要条件，得

$$\frac{\partial I}{\partial a_j} = 2 \sum_{i=0}^{m} \left( \sum_{k=0}^{n} a_k x_i^k - y_i \right) x_i^j = 0, \quad j = 0, 1, \cdots, n \tag{6.23}$$

即

$$\sum_{k=0}^{n} \left( \sum_{i=0}^{m} x_i^{j+k} \right) a_k = \sum_{i=0}^{m} x_i^j y_i, \quad j = 0, 1, \cdots, n \tag{6.24}$$

是关于$a_0, a_1, \cdots, a_n$的线性方程组，用矩阵表示为

$$\begin{bmatrix} m+1 & \sum\limits_{i=0}^{m} x_i & \cdots & \sum\limits_{i=0}^{m} x_i^n \\ \sum\limits_{i=0}^{m} x_i & \sum\limits_{i=0}^{m} x_i^2 & \cdots & \sum\limits_{i=0}^{m} x_i^{n+1} \\ \vdots & \vdots & & \vdots \\ \sum\limits_{i=0}^{m} x_i^n & \sum\limits_{i=0}^{m} x_i^{n+1} & \cdots & \sum\limits_{i=0}^{m} x_i^{2n} \end{bmatrix} \begin{bmatrix} a_0 \\ a_1 \\ \vdots \\ a_n \end{bmatrix} = \begin{bmatrix} \sum\limits_{i=0}^{m} y_i \\ \sum\limits_{i=0}^{m} x_i y_i \\ \vdots \\ \sum\limits_{i=0}^{m} x_i^n y_i \end{bmatrix} \tag{6.25}$$

式（6.24）或式（6.25）称为正规方程组或法方程组。

可以证明，式（6.25）的系数矩阵是一个对称正定矩阵，故存在唯一解。从式（6.25）中解出$a_k (k = 0, 1, \cdots, n)$，从而可得多项式

$$p_n(x) = \sum_{k=0}^{n} a_k x^k \tag{6.26}$$

可以证明，式（6.26）中的 $p_n(x)$ 满足式（6.21），即为所求的拟合多项式。我们把 $\sum_{i=0}^{m} [p_n(x_i) - y_i]^2$ 称为最小二乘拟合多项式 $p_n(x)$ 的平方误差，记作

$$\|r\|_2^2 = \sum_{i=0}^{m} [p_n(x_i) - y_i]^2 \tag{6.27}$$

由式（6.23）可得

$$\|r\|_2^2 = \sum_{i=0}^{m} y_i^2 - \sum_{k=0}^{n} a_k \left( \sum_{i=0}^{m} x_i^k y_i \right) \tag{6.28}$$

多项式拟合路线如图 6.11 所示。

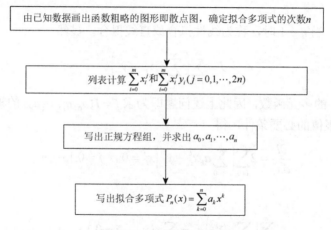

图 6.11　多项式拟合路线

### 2. 多项式拟合

（1）通过计算得到因素的平均值，结合其对应的影响因素水平，分析选取相应坐标点，并对坐标数据进行最小二乘法拟合。通过拟合，光照距离与精度之间的多项式拟合方程式为

$$Y_1 = -160.06x^2 + 280.05x - 25.245 \tag{6.29}$$

由式（6.29）可得光照距离与精度之间的多项式拟合图像如图 6.12 所示。

（2）通过计算得到因素的平均值，结合其对应的影响因素水平，分析选取相应坐标点，并对坐标数据进行最小二乘法拟合。通过拟合，光照时间与精度之间的多项式拟合方程式为

$$Y_2 = 0.020025x^2 - 0.31805x + 87.488 \tag{6.30}$$

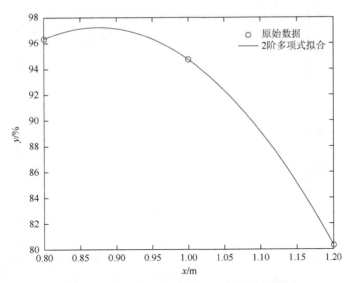

图 6.12　光照距离与精度之间的多项式拟合图像

由式（6.30）可得光照时间与精度之间的多项式拟合图像如图 6.13 所示。

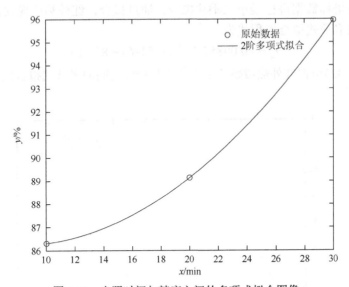

图 6.13　光照时间与精度之间的多项式拟合图像

（3）通过计算得到因素的平均值，结合其对应的影响因素水平，分析选取相应坐标点，并对坐标数据进行最小二乘法拟合。通过拟合，光源强度与精度之间的多项式拟合方程式为

$$Y_3 = 0.0000077875x^2 + 0.02164x + 83.071 \qquad (6.31)$$

由式（6.31）可得光源强度与精度之间的多项式拟合图像如图 6.14 所示。

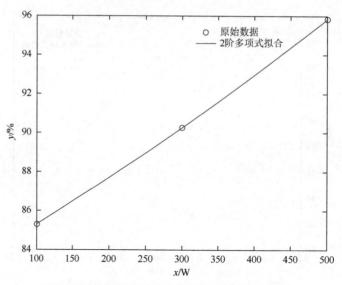

图 6.14　光源强度与精度之间的多项式拟合图像

通过计算得到因素的平均值，结合其对应的影响因素水平，分析选取相应坐标点，并对坐标数据进行最小二乘法拟合。通过拟合，红外热成像仪拍摄角度与精度之间的多项式拟合方程式为

$$Y_4 = -0.0085733x^2 + 0.5446x + 85.216 \qquad (6.32)$$

由式(6.32)可得红外热成像仪拍摄角度与精度之间的多项式拟合图像如图 6.15 所示。

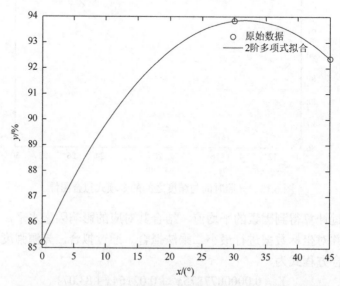

图 6.15　红外热成像仪拍摄角度与精度之间的多项式拟合图像

通过计算得到因素的平均值，结合其对应的影响因素水平，分析选取相应坐标点，并对坐标数据进行最小二乘法拟合。通过拟合，光源摆放位置与精度之间的多项式拟合方程式为

$$Y_5 = -0.00050642x^2 + 0.071767x + 89.533 \qquad (6.33)$$

由式（6.33）可得光源摆放位置与精度之间的多项式拟合图像如图6.16所示。

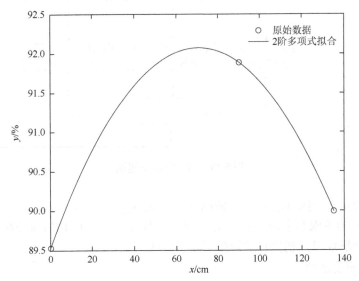

图6.16　光源摆放位置与精度之间的多项式拟合图像

**3．遗传算法**

遗传算法是一种基于自然选择和一种遗传变异等生物进化机制的全局性概率搜索算法，它在形式上也是一种迭代方法，它从选定的初始解出发，通过不断迭代逐步改进当前解，直至最后搜索到最优解或满意解[18, 19]。在进化计算中，迭代计算过程采用了模拟生物体的进化机制，从一组解出发，采用类似于自然选择和有性繁殖的方式，在继承原有优良基因的基础上，生成有更好性能指标的下一代解的群体。

遗传算法有较强的全局优化能力，是一种自适应的、智能的搜索技术，其主要应用领域是复杂的非线性优化问题。选择、交叉和变异是遗传算法的3个主要操作算子。遗传算法流程图如图6.17所示。

1）编码

其中解空间向GA空间的映射称为编码，它是连接问题与算法的桥梁。本问题中的设计变量均为连续变量，为了克服二进制编码在进行连续函数离散化时产生的映射误差和方便处理各约束条件，采用浮点数编码方法，染色体长度与设计变量的维数相同。

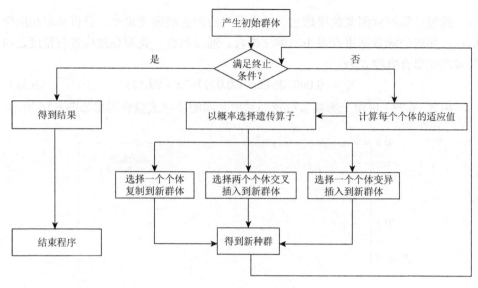

图 6.17　遗传算法流程图

设计变量 $X = [x_1, x_2, \cdots, x_n]$，染色体 $V_k = [v_{k1}, v_{k2}, \cdots, v_{kn}]$，$k = 1, 2, \cdots, m$。设 $x_i^u$、$x_i^v$ 分别为 $x_i$ 的下限和上限，$x_i^u \leqslant x_n \leqslant x_i^v$，$n$ 为第 $n$ 个染色体数；$m$ 为染色体的总数，称为种群规模，初始种群规模用随机方法产生。

2）适应度函数

度量个体适应度的函数称为适应度函数。实际工程优化问题一般都有一定的约束条件，惩罚技术是求解约束优化问题中最常用的技术。本质上它是通过惩罚不可行解将约束问题转化为无约束问题。在遗传算法中，惩罚技术用来在每代的种群中保持部分不可行解，使遗传搜索可以从可行域和不可行域两边来达到最优解。

对于非线性数学规划问题：

$$
\begin{aligned}
&\min\ f(x) \\
&\text{s.t.}\ \ g_i(X) \geqslant 0, \quad i = 1, 2, \cdots, m
\end{aligned}
\tag{6.34}
$$

3）选择算子

选择算子建立在对个体的适应度进行评价的基础上，选择算子的目的是把优化的个体直接遗传到下一代，或通过配对交叉产生新的个体再遗传到下一代。比例选择是最常用的选择算子，它是一种回放式随机采样的方法。设群体规模为 $m$，个体 $i$ 的适应度为 $F_i$，则个体 $i$ 被选中的概率为

$$
P_{is} = \frac{F_i}{\displaystyle\sum_{i=1}^{m} F_i}
\tag{6.35}
$$

适应度函数值越高的染色体被选中的机会越大。

4）交叉算子

首先定义交叉操作的概率 $P_C$，一般建议取值为 0.4～0.99。然后按概率 $P_C$ 把两个父代个体的部分结构加以交换重组而生成新个体。用浮点数编码方法表示的个体，在进行交叉时一般是进行算术交叉。假设在两个个体 $X_A^t$、$X_B^t$ 之间进行算术交叉，则交叉运算后所产生出的两个新个体是

$$\begin{cases} X_A^{t+1} = \alpha X_B^t + (1-\alpha)X_A^t \\ X_B^{t+1} = \alpha X_A^t + (1-\alpha)X_B^t \end{cases} \tag{6.36}$$

式中，$\alpha$ 为交叉参数，$\alpha \in (0,1)$。$\alpha$ 可以是一个常数，此时称为均匀算术交叉；$\alpha$ 也可以是一个由进化代数所决定的变量，此时称为非均匀算术交叉。

5）变异算子

在实数编码遗传算法中起很大作用的变异算子，在实数编码时，其作用不再像二进制编码时仅仅是简单地恢复群体中多样性的损失，它已经成为一个主要的搜索算子。定义参数 $P_m$ 作为变异操作的概率，建议取值为 0.01～0.1。采用非均匀变异，设个体

$$X = x_1 x_2 \cdots x_k \cdots x_l$$

若 $x_k$ 为变异点，其取值范围为 $[U_{min}^k, U_{max}^k]$，在该点对个体 $X$ 进行变异后，可得到一个新个体 $X = x_1 x_2 \cdots x_k \cdots x_l$，其中变异点的新基因值为

$$x_k' = \begin{cases} x_k + (U_{max}^k - x_k) \cdot (1 - r^{(1-G/T) \cdot b}), & Random(0,1) = 1 \\ x_k - (x_k - U_{min}^k) \cdot (1 - r^{(1-G/T) \cdot b}), & Random(0,1) = 0 \end{cases} \tag{6.37}$$

式中，$Random(0,1)$ 为以均等的概率从 0, 1 中任取其一；$r$ 为[0, 1]范围内符合均匀分布的一个随机数；$G$ 为当前代数；$T$ 为终止代数；$b$ 为调整变异步长的参数，随进化代数 $G$ 而动态变化。

6）终止代数

经过选择、交叉和变异操作就得到一个新的种群，上述步骤经过给定的循环代数之后，遗传算法终止，并将当前群体中的最佳个体作为所求问题的最优解输出。对于终止代数，建议取值 100～500。

4. 遗传算法求解

1）单因素曲线遗传算法分析

对单因素曲线进行遗传算法分析，设置适应度函数为式（6.29），选择函数为 normGeomSelect，选择算子为 0.08。交叉函数为 arithXover，交叉算子为 2。变异函数为 nonUnifMutation，变异算子为[2 25 3]。终止函数为 maxGenTerm，终止代数为 25。由图 6.18 计算结果可知：当光照距离为 0.8748m 时，迭代精度可达到 97.2528%，其迭代精度如图 6.19 所示。

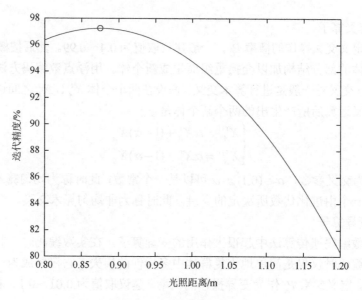

图 6.18　光照距离求解图形

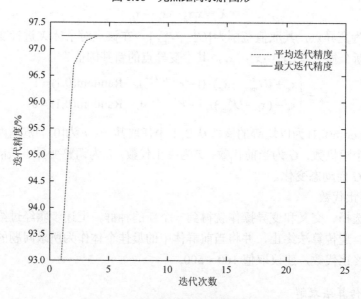

图 6.19　遗传算法光照距离迭代精度

对单因素曲线进行遗传算法分析，设置适应度函数为式（6.30），选择函数为 normGeomSelect，选择算子为 0.08。交叉函数为 arithXover，交叉算子为 2。变异函数为 nonUnifMutation，变异算子为 [2 25 3]。终止函数为 maxGenTerm，终止代数为 25。由图 6.20 计算结果可知：当光照时间为 29.9501min 时，迭代精度达到 95.9250%，其迭代精度如图 6.21 所示。

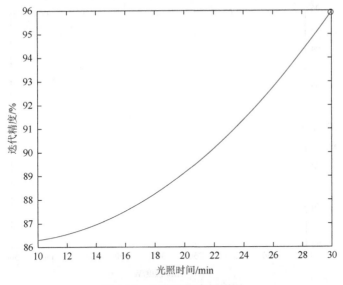

图 6.20　光照时间求解图形

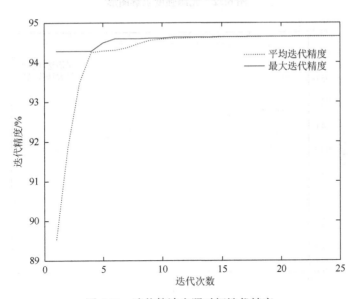

图 6.21　遗传算法光照时间迭代精度

　　对单因素曲线进行遗传算法分析，设置适应度函数为式（6.31），选择函数为 normGeomSelect，选择算子为 0.08。交叉函数为 arithXover，交叉算子为 2。变异函数为 nonUnifMutation，变异算子为[2 25 3]。终止函数为 maxGenTerm，终止代数为 25。由图 6.22 计算结果可知：当光源强度为 497.6409W 时，迭代精度可达到 95.7685%，其迭代精度如图 6.23 所示。

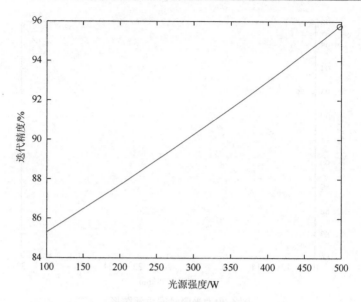

图 6.22　光源强度求解图形

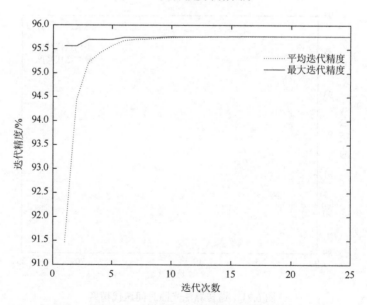

图 6.23　遗传算法光源强度迭代精度

对单因素曲线进行遗传算法分析，设置适应度函数为式（6.32），选择函数为 normGeomSelect，选择算子为 0.08。交叉函数为 arithXover，交叉算子为 2。变异函数为 nonUnifMutation，变异算子为[2 25 3]。终止函数为 maxGenTerm，终止代数为 25。由图 6.24 计算结果可知：当红外热成像仪拍摄角度为 31.7662°时，迭代精度可达到 93.8646%，其迭代精度如图 6.25 所示。

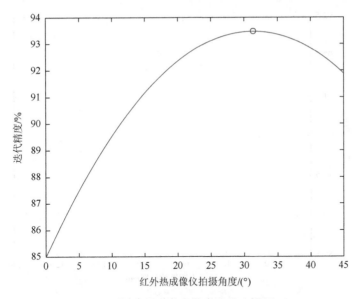

图 6.24　红外热成像仪拍摄角度求解图形

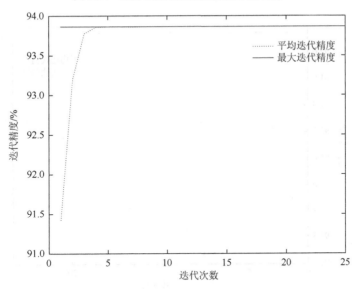

图 6.25　遗传算法红外热成像仪拍摄角度迭代精度

对单因素曲线进行遗传算法分析[20]，设置评价度函数为式（6.33），选择函数为 normGeomSelect，选择算子为 0.08。交叉函数为 arithXover，交叉算子为 2。变异函数为 nonUnifMutation，变异算子为[2 25 3]。终止函数为 maxGenTerm，终止代数为 25。由图 6.26 计算结果可知：当光源摆放位置为 70.8572cm 时，迭代精度可达到 92.0756%，其迭代精度如图 6.27 所示。

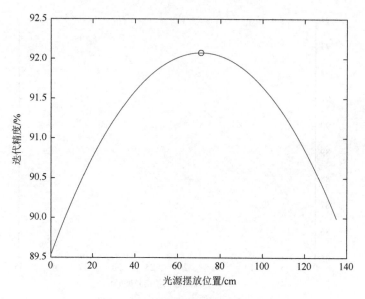

图 6.26　光源摆放位置求解图形

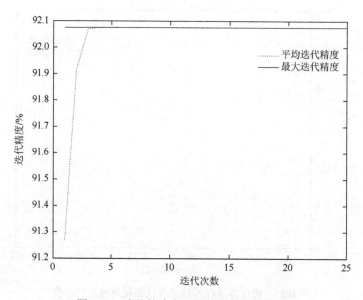

图 6.27　遗传算法光源摆放位置迭代精度

　　综合上述遗传算法计算，分析其收敛性。得出：当光照距离为 0.8748m，光照时间为 29.9501min，光源强度为 497.6409W，红外热成像仪拍摄角度为 31.7662°，光源摆放位置为 70.8572cm 时，其能在有限的步数中收敛，收敛数值稳定。煤岩识别精度达到一定水平。

2）多因素曲线整体遗传算法分析

为进一步整体分析因素对煤岩识别精度的影响，本节运用 MATLAB 遗传算法工具箱 GAOT 对五种因素做全局分析。将上面得到的五种拟合函数设置为遗传算法全局适应度函数。通过该适应度函数的数值计算与遗传算法分析，得出最优精度下的煤岩识别设置参数。

为得出最优煤岩识别设置参数，随机将一组煤岩识别设置参数及其对应的精度作为初始输入，代入全局优化遗传算法中，同时设置适应度函数为全体拟合函数，设计种群规模为 50，设置精度为 $10^{-6}$。得到初始群组。将初始群组进行迭代，优化为最优精度下的煤岩识别设置参数。设置适应度函数为全体拟合函数，选择函数为 normGeomSelect，选择算子为 0.09。交叉函数为 arithXover，交叉算子为 2。变异函数为 nonUnifMutation，变异算子为[2 300 3]。终止函数为 maxGenTerm，终止代数为 300。可计算得到：当光照距离为 0.8748m，光照时间为 29.8870min，光源强度为 496.0766W，红外热成像仪拍摄角度为 31.7557°，光源摆放位置为 70.9192cm 时，得出精度为最高值。其均方差误差变化曲线及适应度函数变化曲线分别如图 6.28 和图 6.29 所示。

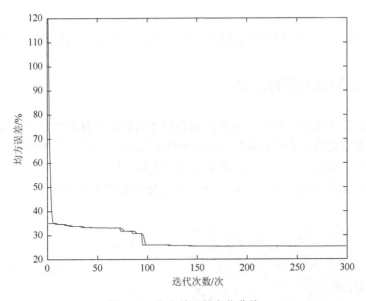

图 6.28　均方差误差变化曲线

通过分析可以看出，除安装角度外，其他各因素的优化计算结果与正交结果基本一致，验证了正交实验结果的可信度，而安装角度通过正交实验分析可以看出其影响显著性较小。因此，考虑到实际安装情况，最终确定本实验的各因素参数：光照距离为 0.80m，光照时间为 30min，光源强度为 500W，红外热成像仪拍摄角度为 30°，光源位置为水平摆放。

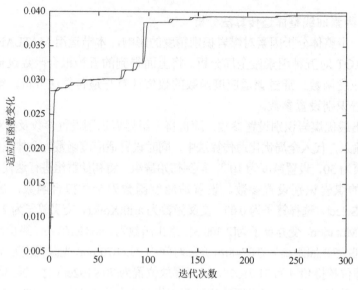

图 6.29　适应度函数变化曲线

# 6.3　基于主动激励红外图像的煤岩界面识别与精度分析

## 6.3.1　实验测试与图像分割

为了验证各优化参数对煤岩界面识别精度的影响及有效性，开展实验室随机煤岩试件识别实验，随机实验煤岩试件如图 6.30 所示，该试件的煤岩浇筑材料及配比与第 5 章煤岩试件相同，但煤岩界面的走向不同。

图 6.30 采用的煤岩试件的实际煤岩界面分布如图 6.31 所示。

图 6.30　随机实验煤岩试件

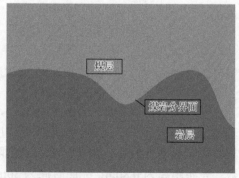

图 6.31　实际煤岩界面分布

根据确定的各参数的优化结果，确定本实验的各因素参数：光照距离为0.80m，光照时间为30min，光源强度为500W，红外热成像仪拍摄角度为30°，光源位置为水平摆放，采用红外热成像煤岩识别实验台开展实验，根据优化参数调节好光照距离、光源强度、红外热成像仪拍摄角度及光源摆放位置，同时控制好光照时间，实验过程如图6.32所示。

图 6.32　煤岩界面识别验证实验

为了避免单次测试中随机误差的影响，本次验证实验共进行四次，每次实验结束后，需要确保煤岩试件表面温度恢复为初始状态才能进行第二次实验，实验过程中严格控制好光照时间，保证在最优光照时间采集煤岩界面的红外热图像，最终测试得到四组实验的煤岩界面红外图像如图6.33所示。

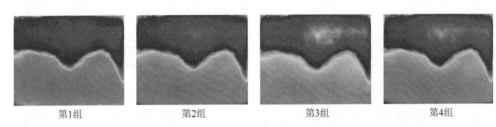

第1组　　　　　　第2组　　　　　　第3组　　　　　　第4组

图 6.33　实验验证红外图像采集结果

采用FCM算法对图6.33的四组红外图像进行图像分割，得到分割后的煤岩界面结果分别如图6.34所示。由图6.34分割结果可以看出，分割结果的煤岩分界面清晰，没有出现明显的噪声，四组图像分割结果的煤岩界面轨迹基本保持一致。

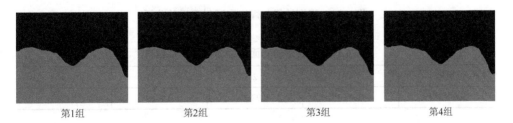

第1组　　　　　　第2组　　　　　　第3组　　　　　　第4组

图 6.34　红外图像分割结果

### 6.3.2　精度分析

为了分析实验验证结果的煤岩界面识别精度，对各分割结果进行定量化分析，通过与煤岩实际界面进行对比，得到各分割结果的煤识别误差和岩识别误差，如图 6.35 所示。根据式（6.1）可以计算出各分割结果的识别精度，如表 6.13 所示。

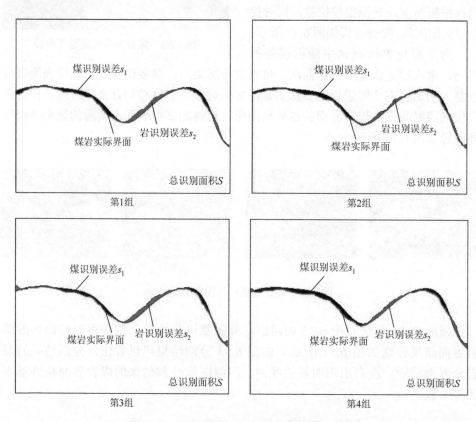

图 6.35　识别结果与煤岩实际界面误差分析

表 6.13　各组煤岩界面识别结果的识别精度

| 组号 | 1 | 2 | 3 | 4 |
|---|---|---|---|---|
| 识别精度/% | 0.9793 | 0.9810 | 0.9769 | 0.9819 |

由表 6.13 各组煤岩界面识别结果的精度可以看出，四组实验的识别精度较高，最低精度达到 97.69%，最高精度达到 98.19%，识别精度比较稳定，表明利

用正交实验及遗传算法优化得到的各影响因素的合理性及本煤岩识别方法的稳定性。基于各影响因素的最优参数，采集煤岩界面的主动激励红外图像，可以实现煤岩界面轨迹的高精度识别，为实现采煤机的自动化调高控制、智能化高效开采提供重要的技术手段。

## 6.4　局部最优参数影响分析及解决方案

### 6.4.1　煤岩界面识别精度影响因素及边界条件

影响煤岩界面识别结果精度的因素有多个，但通过大量前期实验发现，基于主动激励红外图像的煤岩界面识别精度主要受光照时间、光照距离及光源强度三个因素耦合影响显著[21-23]。根据井下开采工作面的实际工况，光照时间、光照距离及光源强度三个影响因素的边界条件要保持在一定范围内。

（1）光照时间 $T_a$。煤岩介质在不同光照时间作用下的温升差异性显著，如图 6.36 所示。可以看出，随着光照时间的变化，煤岩介质的红外图像表征发生显著变化，而煤岩介质的主动激励红外图像需要在采煤机开采前就要进行采集和处理分析。因此，局部一次红外图像采集区域的光照时间不宜过长，但如果光照时间过短，会导致煤岩介质的红外表征比较相近，不易区分煤岩分界面。因此，综合考虑，确定煤岩介质主动激励红外图像获取的光照时间 $T_a$ 的边界条件为

$$20\text{s} \leqslant T_a \leqslant 60\text{s} \tag{6.38}$$

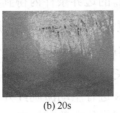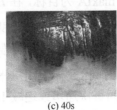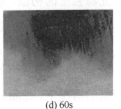

(a) 10s　　　　　　(b) 20s　　　　　　(c) 40s　　　　　　(d) 60s

图 6.36　不同光照时间煤岩介质红外图像

（2）光照距离 $L_a$。光照距离对煤岩介质受主动激励过程中的温升速率具有明显的影响，通过前期的实验表明，距离越近，煤岩的温升速度越快，但考虑到现场实际开采工况的局限性，主动激励装置不能过于靠近煤壁表面，防止采煤机截割或者垮落下的煤岩对激励装置造成破坏。因此，综合考虑，确定主动激励装置的光照距离范围 $L_a$ 为

$$1.5\text{m} \leqslant L_a \leqslant 2.5\text{m} \tag{6.39}$$

（3）光源强度 $S_a$。光源强度是影响煤岩介质温升速度的因素，光源强度体现

了主动激励装置对煤岩介质的辐射强度的大小，光源强度越强，则煤岩介质单位时间内的温升速度也越快，但高强度的光照需要大功率的激励装置，考虑到井下环境的易燃性及高爆性，光源强度也不宜过大。因此，综合考虑，光源强度的边界条件设定为

$$200\text{W} \leqslant S_a \leqslant 1000\text{W} \tag{6.40}$$

### 6.4.2 多参数耦合优化模型

1. 基于识别精度的多参数优化

对光照时间 $T_a$、光照距离 $L_a$ 及光源强度 $S_a$ 三个参数优化的最终目的是获取高精度的煤岩界面识别结果。因此，煤岩界面的识别精度 IA 与各影响参数满足一定的函数关系，表示为

$$\text{IA} = f(T_a + L_a + S_a) \tag{6.41}$$

以高精度的煤岩界面识别结果为优化目标，对光照时间 $T_a$、光照距离 $L_a$ 及光源强度 $S_a$ 进行优化，其实质就是不断地进行迭代优化，获取最优的光照时间 $T_a$、光照距离 $L_a$ 及光源强度 $S_a$，以实现煤岩界面的识别结果精度最高。如图 6.37 所示，三向分别表示影响煤岩界面识别精度的因素——光照时间 $T_a$、光照距离 $L_a$ 和光源强度 $S_a$，在各因素的边界条件范围内，先设定任意两个因素的初值。例如，图 6.37 中的光照时间 $T_a^{(0)}$、光照距离 $L_a^{(0)}$，在 $S_a$ 的边界条件范围内获取最高煤岩界面识别精度 $\max \text{IA}_{s_a}^{(1)}$ 的光源强度 $S_a^{(1)}$，随后以 $T_a^{(0)}$ 和优化后的 $S_a^{(1)}$ 为光照时间和光源强度的初值，以 $\max \text{IA}$ 为目标，在 $L_a$ 的边界条件内得到实现 $\max \text{IA}_{L_a}^{(1)}$ 的光照距离值 $L_a^{(1)}$，在此基础上，利用光源强度 $S_a^{(1)}$ 和光照距离 $L_a^{(1)}$ 进一步优化得到获取 $\max \text{IA}_{T_a}^{(1)}$ 的光照时间参数 $T_a^{(1)}$。以此类推，以式（6.42）的迭代形式对各参数进行不断优化，其中光照时间的迭代优化步长为 1s，即在光源距离和光源强度具有初值的情况下，光照时间每次递增或递减 1s 进行主动激励红外图像采集与识别精度分析，最终得到识别精度最高的光照时间优化参数。同理，光照距离的迭代优化步长为 0.1m，光源强度的迭代优化步长为 10W。

$$\begin{cases} \max \text{IA}_{S_a}^{(1)} = f(T_a^{(0)} + L_a^{(0)} + S_a^{(1)}) \\ \max \text{IA}_{L_a}^{(1)} = f(T_a^{(0)} + L_a^{(1)} + S_a^{(1)}) \\ \max \text{IA}_{T_a}^{(1)} = f(T_a^{(1)} + L_a^{(1)} + S_a^{(1)}) \\ \max \text{IA}_{S_a}^{(2)} = f(T_a^{(0)} + L_a^{(0)} + S_a^{(2)}) \\ \quad\vdots \qquad\qquad\qquad \vdots \\ \max \text{IA}_{T_a}^{(n+1)} = f(T_a^{(n+1)} + L_a^{(n+1)} + S_a^{(n+1)}) \end{cases} \tag{6.42}$$

在式（6.42）迭代优化过程中，当利用第 $n+1$ 次优化后的三个参数得到的煤岩界面识别精度与第 $n$ 次的差值的无穷范数在要求范围内时，即

$$\| \max \mathrm{IA}^{(n+1)} - \max \mathrm{IA}^{(n)} \|_{\infty} = \max \{| \max \mathrm{IA}^{(n+1)} - \max \mathrm{IA}^{(n)} |\} \leqslant r \quad （6.43）$$

则迭代终止。式（6.43）中 $r$ 表示式（6.42）的迭代终止条件，设定为 0.2%。

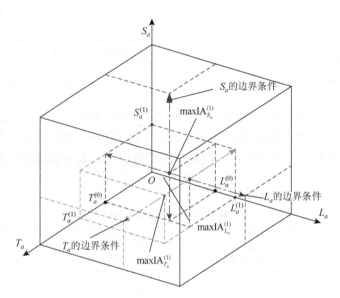

图 6.37　以精度为目标的多因素优化过程

## 2. 初值选取对识别精度的影响分析

根据构建的多参数耦合优化模型，对煤岩界面进行实际识别实验及精度分析，由于初值是在各影响因素的边界条件内自由选定的，且可以根据三个影响因素中任意两个因素的参数初值不断进行迭代优化，最后得到满足终止条件的光照时间 $T_a$、光照距离 $L_a$ 及光源强度 $S_a$ 的最优参数，因此采用多组初值进行实验，其各影响因素的参数初值设定如表 6.14 所示。

表 6.14　各影响因素的参数初值设定

| 组别 | 各影响因素的参数初值 | | |
| --- | --- | --- | --- |
| | 光照时间 $T_a$/s | 光照距离 $L_a$/m | 光源强度 $S_a$/W |
| 第一组 | 20 | 1.50 | — |
| 第二组 | 40 | 2.00 | — |
| 第三组 | 60 | 2.50 | — |
| 第四组 | 20 | — | 200 |

| 组别 | 各影响因素的参数初值 | | |
|---|---|---|---|
| | 光照时间 $T_a$/s | 光照距离 $L_a$/m | 光源强度 $S_a$/W |
| 第五组 | 40 | — | 600 |
| 第六组 | 60 | — | 1000 |
| 第七组 | — | 1.50 | 200 |
| 第八组 | — | 2.00 | 600 |
| 第九组 | — | 2.50 | 1000 |

　　根据表 6.14 中各组选取的光照时间 $T_a$、光照距离 $L_a$ 及光源强度 $S_a$ 的参数初值,根据式(6.42)提出的迭代优化方法,以煤岩界面的识别精度为优化指标,对各影响因素的参数进行优化,得到每组的各影响因素参数优化结果如表 6.15 所示。

表 6.15　每组的各影响因素参数优化结果

| 组别 | 各影响因素参数优化结果 | | |
|---|---|---|---|
| | 光照时间 $T_a$/s | 光照距离 $L_a$/m | 光源强度 $S_a$/W |
| 第一组 | 32 | 1.70 | 570 |
| 第二组 | 44 | 1.90 | 460 |
| 第三组 | 51 | 2.10 | 450 |
| 第四组 | 29 | 1.60 | 420 |
| 第五组 | 38 | 2.00 | 480 |
| 第六组 | 46 | 2.20 | 730 |
| 第七组 | 35 | 1.80 | 410 |
| 第八组 | 32 | 1.80 | 540 |
| 第九组 | 26 | 2.20 | 860 |

　　由表 6.15 可以看出,在选择不同影响因素的不同初值的情况下,其光照时间 $T_a$、光照距离 $L_a$ 及光源强度 $S_a$ 三个影响因素参数的优化结果也存在显著的差异,说明初值的选定对个影响因素的参数优化结果有着显著的影响。为了进一步地细化分析不同影响因素参数初值对煤岩界面识别精度的影响,图 6.38 给出了各组影响因素参数优化过程中对应的煤岩界面精度变化状态。

　　各影响因素参数的最优化是获取高精度煤岩界面识别结果的前提。但由图 6.38 可以看出,当各影响因素参数在约束条件内选择不同的初值时,其迭代优化次数及最终的煤岩界面识别精度也各不相同,这是由于各影响因素参数的初值在选定时是随机的,在迭代优化过程中容易造成局部识别精度最优的情况出现,虽然满足迭代优化的终止条件,但是得到的光照时间 $T_a$、光照距离 $L_a$ 及光源强度 $S_a$ 三个影响因素参数的优化结果并不能获取高的煤岩界面识别精度。因此,光照时间 $T_a$、光照距离 $L_a$ 及光源强度 $S_a$ 三个影响因素参数的初值选取及迭代优化的先后顺序并不能随机选定。

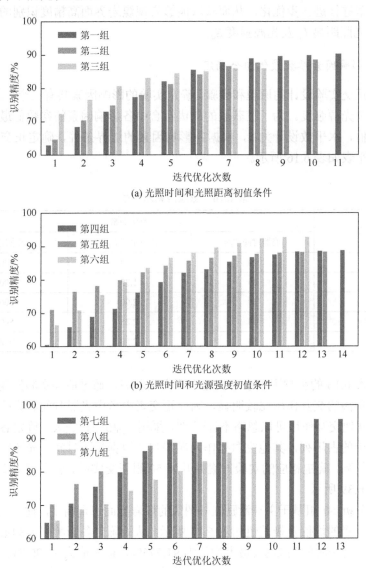

(a) 光照时间和光照距离初值条件

(b) 光照时间和光源强度初值条件

(c) 光照距离和光源强度初值条件

图 6.38　不同影响因素参数初值条件下精度分析

### 6.4.3　基于多影响因素最优组合的参数优化

利用正交实验可以获取各影响因素参数的最优组合及确定各影响因素对煤岩界面识别精度的影响显著性[24]。因此，首选确定光照时间 $T_a$、光照距离 $L_a$ 及光源强度 $S_a$ 三个影响因素参数的最优组合，并在各参数的最优组合附近利用构建的迭代优化模型进行进一步优化，从而获取能够实现煤岩界面高精度识别的最优光照时间 $T_a$、光照距离 $L_a$ 及光源强度 $S_a$。

#### 1. 多影响因素参数最优组合确定

根据正交实验设计的原理和步骤，确定实验的影响因素共有三个：光照时间、光照距离及光源强度。为了使获取的最优组合中各影响因素的参数值最大限度地接近最优值，水平数设计为 5，根据各影响因素的边界条件，确定正交实验的影响因素水平表如表 6.16 所示。

表 6.16　影响因素水平表

| 水平数 | 影响因素 | | |
|---|---|---|---|
| | 光照时间 $T_a$/s | 光照距离 $L_a$/m | 光源强度 $S_a$/W |
| 1 | 20 | 1.50 | 200 |
| 2 | 30 | 1.75 | 400 |
| 3 | 40 | 2.00 | 600 |
| 4 | 50 | 2.25 | 800 |
| 5 | 60 | 2.50 | 1000 |

根据表 6.16 的影响因素水平表建立正交实验表，通过前期实验发现，光照时间和光照距离的交互作用比较明显，因此正交表中考虑光照时间和光照距离的交互作用，其他交互作用可以忽略不计[25, 26]。采用 $L_{50}(5^{11})$ 正交表，确定各影响因素及交互作用的占用列，其他空白列作为误差列。根据光照时间、光照距离及光源强度所在的列，确定相应的实验方案并开展 50 组正交实验，整个正交实验及分析过程如图 6.39 所示。

分别分析 50 组基于主动激励红外图像的煤岩界面识别精度，通过直观分析得到各影响因素的均值及极差值如表 6.17 所示，从而确定各影响因素的最优组合及主次关系：光照时间为 20s（最大均值为 91.775%，极差值为 17.902%）→光源强度为 400W（最大均值为 90.359%，极差值为 16.693%）→光照距离为 2.25m（最大均值为 89.536%，极差值为 10.293%）。

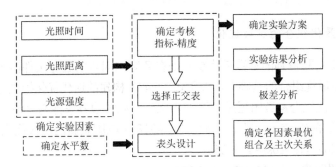

图 6.39　正交实验及分析过程

**表 6.17　各影响因素的均值及极差值分析**

| 数据 | 影响因素 | | |
|---|---|---|---|
| | 光照时间 | 光照距离 | 光源强度 |
| 均值 1 | 91.775% | 79.243% | 85.606% |
| 均值 2 | 88.619% | 83.394% | 90.359% |
| 均值 3 | 86.349% | 83.584% | 88.814% |
| 均值 4 | 80.739% | 89.536% | 82.610% |
| 均值 5 | 73.853% | 85.558% | 73.666% |
| 极差值 | 17.902% | 10.293% | 16.693% |

　　考虑光照时间和光照距离具有明显的交互作用，因此对光照时间和光照距离进行进一步的交互作用分析，如表 6.18 所示。由表 6.18 可以看出，当光照时间为 20s，光照距离为 2.25m 时，识别精度为 95.275%，在光照时间和光照距离的交互作用表中属于最大精度。因此，光照时间选择 20s，光照距离选择 2.25m 是最优组合，与之前的极差分析结果一致。于是，最终确定光照时间、光照距离及光源强度三个参数的最优组合为 20s、2.25m 和 400W。

**表 6.18　光照时间与光照距离交互作用**

| $L_a$/m | $T_d$/s | | | | |
|---|---|---|---|---|---|
| | 20 | 30 | 40 | 50 | 60 |
| 1.50 | 90.930% | 92.690% | 80.245% | 68.365% | 63.985% |
| 1.75 | 74.470% | 92.080% | 89.195% | 76.810% | 64.415% |
| 2.00 | 92.665% | 84.910% | 92.260% | 76.920% | 68.215% |
| 2.25 | 95.275% | 87.155% | 88.445% | 91.385% | 88.040% |
| 2.50 | 85.445% | 86.260% | 81.260% | 90.215% | 84.610% |

**2. 基于最优组合的参数优化**

根据正交实验得到的参数最优组合是在各影响因素的边界条件内选定水平参数的最优值，在最优组合的基础上，采用式（6.42）构建的迭代优化模型对各参数在各影响因素的最优组合参数附近进行进一步优化。此时边界条件为"最优参数±|最优参数–最优参数前/后水平值|"。由此可以得到各影响因素新的迭代优化边界条件。

（1）光照时间：$20s \leqslant T_a \leqslant 25s$。

（2）光照距离：$2.125m \leqslant L_a \leqslant 2.375m$。

（3）光源强度：$300W \leqslant S_a \leqslant 500W$。

根据新的边界条件，采用式（6.42）进行迭代优化，根据正交实验得到的最优组合的主次关系，说明光照时间对煤岩界面识别精度的影响最大，其次是光源强度，最后是光照距离。因此，首先以得到的光照距离与光源强度的最优组合参数作为初值对光照时间进行迭代优化；其次，采用迭代优化后的光照时间与光照距离的初值对光源强度进行迭代优化；最后对光照距离进行迭代优化，以此类推，最终得到满足终止条件（6.43）的各影响因素最优参数分别为光照时间 21.5s、光源强度 225W 和光照距离 2.20m，其迭代过程中煤岩界面的识别精度变化如图 6.40 所示。本次迭代优化过程中光照时间的迭代优化步长为 0.5s，光照距离的迭代优化步长为 0.025m，光源强度的迭代优化步长为 5W。各影响因素的步长均不同程度进行了细化，保证参数优化结果的精准性。

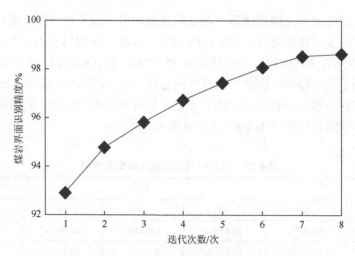

图 6.40　迭代次数与识别精度曲线

由图 6.40 可以看出，整个迭代优化过程共进行 8 次迭代，最终的煤岩界面识别精度为 98.67%，明显高于采用随机选定初值得到的最高识别精度 95.48%。

这表明利用优化后的各影响因素的最优参数值，能够获取更高精度的煤岩界面识别结果。

### 6.4.4　实验对比分析

为了验证各影响因素参数优化数值的普适性，利用图 6.41 所示的煤岩界面模拟实验平台，开展基于主动激励红外图像的煤岩界面识别实验，如图 6.42 所示。实验过程中设置光照时间为 21.5s、光源强度为 225W 和光照距离为 2.20m，共针对四组不同煤岩试件进行激励和红外图像采集、分析与识别，每组煤岩试件进行三次实验，最终得到的煤岩界面识别精度如表 6.19 所示。

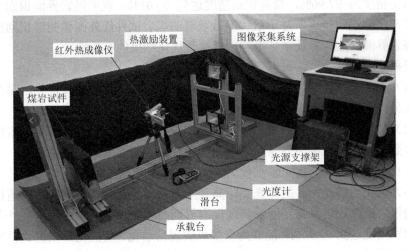

图 6.41　煤岩界面识别模拟实验平台

图 6.42　基于主动激励红外图像的煤岩界面识别实验

**表 6.19　基于最优参数的煤岩界面识别精度**

| 组别 | 实验次数 | | |
|------|--------|--------|--------|
|      | 1      | 2      | 3      |
| 第一组 | 98.33% | 98.41% | 98.39% |
| 第二组 | 98.67% | 98.74% | 98.88% |
| 第三组 | 99.01% | 98.82% | 98.65% |
| 第四组 | 97.96% | 98.22% | 98.15% |

由表 6.19 可以看出，利用优化得到了光照时间、光照距离及光源强度的最优参数进行煤岩试件的主动激励红外图像采集与识别，四组煤岩试件共 12 次实验，最低识别精度为 97.96%，最高识别精度达到 99.01%。表明煤岩界面识别结果均具有非常高的识别精度，基于最优参数获取的煤岩试件红外图像能够识别出高精度的煤岩界面轨迹，验证了各影响因素参数优化结果的有效性。

根据实验研究结果，可以得到以下结论：

（1）在各影响因素边界条件内采用任意选定的初值进行迭代优化，易产生局部参数最优问题，导致煤岩界面识别精度参差不齐，识别效果不稳定。

（2）利用正交实验先获取光照时间、光照距离和光源强度各影响因素的最优组合参数，再从小范围边界条件内迭代优化获取各影响因素的最优参数，其迭代优化步长更小，每次迭代实验次数更少，但参数的精准度明显升高。

（3）优化后的光照时间、光照距离和光源强度参数具有非常好的普适性，针对不同煤岩试件均可以得到能够实现煤岩界面高精度识别的主动激励红外图像，最低识别精度达到 97.96%，能够为采煤机实现自动化、智能化开采提供精准的煤岩截割轨迹。

## 参 考 文 献

[1]　巩玉发，段劲松. 基于正交设计的冲击荷载下型钢混凝土梁动力性能有限元分析[J]. 力学季刊，2018，39（4）：837-846.

[2]　常占瑛，古丽巴哈尔·卡吾力，王梅，等. 基于多指标权重分析和正交设计法优选复方必清颗粒的提取工艺[J]. 中国现代应用药学，2019，36（1）：64-68.

[3]　杨柏枫，刘川，黄加亮. 基于正交设计双燃料发动机的运行参数匹配[J]. 泉州师范学院学报，2018，36（6）：46-51，80.

[4]　夏路，解挺. 基于正交实验的 PTFE 基复合材料摩擦学性能优化研究[J]. 功能材料，2019，50（5）：5190-5193，5198.

[5]　臧孟炎，董豪哲，彭国民，等. 基于正交试验设计的变速器啸叫特性优化[J]. 汽车工程，2018，40（6）：713-718.

[6]　余果，尹玉环，高嘉爽，等. 基于正交试验-BP 神经网络的 GH4169 膜片微束 TIG 焊接工艺优化[J]. 焊接学报，2018，39（11）：119-123.

[7]　刘志刚, 曹安业, 井广成. 煤体卸压爆破参数正交试验优化设计研究[J]. 采矿与安全工程学报, 2018, 35（5）: 931-939.

[8]　郑建新, 刘威成, 段玉涛. 7075 铝合金二维超声挤压加工表面质量影响因素及其交互作用研究[J]. 兵工学报, 2017, 38（6）: 1231-1238.

[9]　万霖, 王洪超, 车刚. 嵌入旋转气腔式水稻穴直播排种器设计与试验[J]. 农业机械学报, 2019, 50（11）: 74-84.

[10]　曹军峰, 史加成, 罗海波, 等. 采用聚类分割和直方图均衡的图像增强算法[J]. 红外与激光工程, 2012, 41（12）: 3436-3441.

[11]　杨秀坤, 钟明亮, 景晓军, 等. 基于 W2DPCA-FCM 的近红外显微图像分割[J]. 光学学报, 2013, 33（8）: 73-78.

[12]　刘炜, 王聪华, 赵尔平, 等. 基于背景类别分层分离的不透水面间接提取——以兰州城关区 EO-1 ALI 图像为例[J]. 浙江大学学报（工学版）, 2019, 53（1）: 137-145, 185.

[13]　Xu C W, Nie W, Yang S B, et al. Numerical simulation of the multi-index orthogonal experiments on the spray dust-settling devices[J]. Powder Technology, 2020, 371（1）: 217-230.

[14]　吴贯锋, 徐扬, 常文静, 等. 基于 OpenMP 的并行遗传算法求解 SAT 问题[J]. 西南交通大学学报, 2019, 54（2）: 428-435.

[15]　武维维, 叶林梅, 邵晓东, 等. 基于多目标遗传算法的虚拟人作业姿态仿真[J]. 计算机集成制造系统, 2019, 25（1）: 155-164.

[16]　梁北辰, 戴景民. 偏最小二乘法在系统故障诊断中的应用[J]. 哈尔滨工业大学学报, 2020, 52（3）: 156-164.

[17]　史红梅, 许明, 余祖俊. 基于最小二乘法曲线拟合的轨距参数测量方法[J]. 铁道学报, 2019, 41（12）: 81-88.

[18]　Zhou L C, Jin F J, Wu H H, et al. Parameters estimate of recurrent quantum stochastic filter for time variant frequency periodic signals[J]. Journal of Central South University, 2019, 26（12）: 3328-3337.

[19]　Su C, Hu Z Y, Liu Y. Multi-component opportunistic maintenance optimization for wind turbines with consideration of seasonal factor[J]. Journal of Central South University, 2020, 27（2）: 490-499.

[20]　秦大同, 林毓培, 刘星源, 等. 基于系统效率的 PHEV 动力与控制参数优化[J]. 湖南大学学报（自然科学版）, 2018, 45（2）: 62-68.

[21]　杨恩, 王世博, 葛世荣, 等. 煤岩界面的高光谱识别原理[J]. 煤炭学报, 2018, 43（S2）: 646-653.

[22]　吴婕萍, 李国辉. 煤岩界面自动识别技术发展现状及其趋势[J]. 工矿自动化, 2015, 41（12）: 44-49.

[23]　张强, 王海舰, 郭桐, 等. 基于截齿截割红外热像的采煤机煤岩界面识别研究[J]. 煤炭科学技术, 2017, 45（5）: 22-27.

[24]　种照辉, 李学华, 姚强岭, 等. 基于正交试验煤岩互层顶板巷道失稳因素研究[J]. 中国矿业大学学报, 2015, 44（2）: 220-226.

[25]　彭永伟, 齐庆新, 李宏艳, 等. 高强度地下开采对岩体断裂带高度影响因素的数值模拟分析[J]. 煤炭学报, 2009（2）: 145-149.

[26]　丁效雷, 姚强岭, 王益品, 等. 基于现场实测的巷道破坏原因及治理对策分析[J]. 煤矿安全, 2009, 413（4）: 91-94.

# 第7章 结论与技术创新

## 7.1 结 论

煤岩界面的感知与精准识别是实现综采工作面自动化、智能化、无人化开采急需解决的首要问题，其核心意义和目标在于提高识别结果的精度，确保识别结果最大限度地逼近真实煤岩轨迹。本书分别从多传感信息融合和主动激励红外感知识别两个角度对煤岩界面的感知和识别技术进行了阐述，旨在从真正意义上探寻煤岩界面的真实分布轨迹，实现煤岩界面的有效、精确识别。

1. 基于多传感信息融合的煤岩界面识别技术

本书针对目前煤岩界面识别技术及方法存在的缺陷和不足，采用多信息融合决策方法对实现煤岩界面精确识别的关键技术进行了深入研究，采用先进、智能的数据处理、分析及融合决策方法，采用多种分析与识别方法对多截割信号进行特征抽取，挖掘不同截煤比截割时多信号的特征趋势，结合模糊熵、隶属度函数、优化算法及 D-S 证据理论构建煤岩界面多信息融合决策模型，实现煤岩界面的精确识别。其主要结论如下所示。

（1）不同截煤比煤岩试件截割过程中，随着煤岩试件中岩石比例的不断增大，截割滚筒受到的截割阻力不断增大，截割电机三相电流峰值及电流有效值 $I_{RMS}$ 随之增大，截全煤时最小电流有效值为 1014mA，截全岩时最大电流有效值为 1185mA。

（2）不同截煤比煤岩试件截割过程中，其截齿与煤岩接触表面均产生显著的温度场及瞬时闪温区，煤岩试件中岩石所占比例越大，其摩擦表面温度场的相对高温区域面积越大，其最大瞬时闪温值越高，截全煤时最小瞬时闪温值为 18.88℃，截全岩时最大瞬时闪温值为 31.43℃。

（3）采用小波分解和小波能量重构方法分析确定了在不同截煤比煤岩试件截割过程中，其声发射能量主要集中在 12.5～25kHz 与 37.5～50kHz 频带内，且两个频带内的能量随煤岩试件中岩石比例的增大呈规律性增长趋势。

（4）不同截煤比煤岩试件截割过程中，其振动加速度信号的方根幅值、平均幅值、均方幅值三个时域统计特征参数均能够反映截齿截割过程中截煤比的变化趋势，结合小波包分析与小波能量重构方法确定 $y$ 轴振动信号在 50～100Hz 频段的能量能够有效地反映截齿截割过程中截煤比的变化，截煤比与 $y$ 轴振动加速度均方幅值成反比关系，即截煤比越小，$y$ 轴振动加速度幅值均方幅值越大。

（5）通过采样得到振动信号、电流信号、声发射信号及红外图像信号的 50 组特征数据样本，建立了各截割特征信号的特征样本数据库，分析发现各截割信号特征样本数据与煤岩试件的截煤比成反比关系，与煤岩试件中岩石所占比例成正比关系，为构建隶属度函数优化模型提供了重要的数值依据。

（6）分析得到不同截煤比工况下各截割信号的特征样本具有一定的模糊性，并以此为基础建立基于最小模糊熵的隶属度函数优化模型，结合 PSO 算法计算得到各特征信号的隶属度函数阈值，建立各特征信号优化后的隶属度函数。

（7）结合 D-S 证据理论及优化后的隶属度函数构建煤岩界面多信息融合决策识别模型，确定模型的基本概率分配函数、信息融合规则及融合决策准则，通过随机采样数据融合分析得到的识别结果信度达到 0.9143，不确定性概率仅为 0.0110，识别精度高，验证了模型的识别精度及可靠性。

（8）根据各特征信号的隶属度特征，利用最大隶属度与次大隶属度的比值，提出各证据体的权重系数优化算法；根据各证据体之间冲突和关联性，提出无冲突、单证据体或多证据体关联性冲突及证据体无关联冲突时各证据体权重系数的修正算法，构建自适应权重系数分配煤岩识别模型；进一步提高了融合结果的精度，同时降低了识别结果的不确定度。

（9）通过分析多采样点融合识别结果，发现其识别结果均分布在具有最大信度和次大信度的截煤比识别结果之间，且相对接近于具有最大信度的截煤比识别结果；研究了基于识别目标信度值优化的煤岩界面识别方法，根据定量分析方法，得到实验室随机煤岩界面多信息融合识别结果的煤层残余量与岩层侵蚀量均显著地小于单一信号识别结果，总误差百分比降低为 1.89%，煤岩界面识别结果高度逼近实际煤岩界面，识别结果验证了煤岩界面多信息融合决策模型的识别精度及可靠性。

（10）基于最小模糊熵构建的截齿不同磨损程度的隶属度函数模型，其阈值发生显著变化，表明截齿不同磨损状态下隶属度函数的优化结果并非固定不变，而是呈现动态变化的。随着截齿磨损程度的加剧，基于单一隶属度函数的煤岩界面识别精度明显下降，最大下降幅度达到 43.04%；而利用考虑截齿损耗的匹配隶属度函数可以实现煤岩界面的持续、高精度识别，识别误差在 1.54%范围内浮动，为采煤机自动化开采提供精准的截割轨迹。

## 2. 基于主动激励红外图像的煤岩界面感知识别技术

本书通过研究煤岩表面不同影响因素作用下的红外表征，提出了一种基于多影响因素耦合优化的煤岩界面主动红外感知识别方法。考虑光照时间、光照距离、光源强度红外热成像仪拍摄角度及光源位置等多因素耦合作用对煤岩界面识别精度的影响，通过测试、采集各因素不同参数工况下煤岩试件的主动激励红外图像信息，利用正交实验方法确定实现煤岩界面高精度识别的多因素参数的最优组合。结合迭代优化方法在最优组合附近搜索各影响因素的最优参数，克服局部参数最优的问题，实现煤岩界面的高精度识别。其主要结论如下所示。

（1）利用搭建的煤岩界面红外图像识别实验平台开展正交实验，通过采取正交实验的 27 组煤岩红外图像，采用 FCM 算法对各红外图像进行分割处理，并计算各分割结果的识别精度，通过极差分析和方差分析，最终确定因素影响的主次关系依次为 A，C，B，D，A×B，E，最优化方案为 $A_1B_3C_3D_2E_2$，即光照距离为 0.80m，光照时间为 30min，光源强度为 500W，红外热成像仪拍摄角度为 30°，光源位置为水平摆放。

（2）采用全局优化遗传算法对正交实验分析得到的各影响因素的优化参数进行验证，分别得到利用单因素遗传算法模型及全局遗传算法模型的优化结果。两种模型结果表明：当光照距离为 0.8748m，光照时间为 29.9501，光源强度为 497.6409，红外热成像仪拍摄角度为 31.7662°，光源摆放位置为 70.8572cm 时，其煤岩识别精度能达到较高水平，其优化结果与正交实验结果基本一致，考虑到实际安装、调节的便利性，最终确定采用正交实验的优化结果作为最优组合参数。

（3）在各影响因素边界条件内采用任意选定的初值进行迭代优化，易产生局部参数最优问题，导致煤岩界面识别精度参差不齐，识别效果不稳定。利用正交实验先获取光照时间、光照距离和光源强度各影响因素的最优组合参数，再从小范围边界条件内迭代优化获取各影响因素的最优参数，其迭代优化步长更小，每次迭代试验次数更少，但参数的精准度明显升高。

（4）优化后的光照时间、光照距离和光源强度参数具有非常好的普适性，针对不同煤岩试件均可以得到能够实现煤岩界面高精度识别的主动激励红外图像，最低识别精度达到 97.96%以上，能够为采煤机实现自动化、智能化开采提供精准的煤岩截割轨迹。

## 7.2　技　术　创　新

（1）本书提出一种采用振动信号、电流信号、声发射信号及温度信号多截割特征信号实现煤岩界面识别的新方法，多角度反映不同截煤比煤岩截割过程中的表征信息，为煤岩界面融合决策识别模型提供了丰富的特征数据样本，采用 7 种不同比例煤岩试件进行实验截割和特征信号的提取，以滚筒直径为基准对截煤比进行多层次划分，实现煤岩截割比例的分段特征信号提取，为实现煤岩界面的精确识别提供了精细化的数据样本。

（2）本书构建基于 PSO-最小模糊熵的多截割特征信号隶属度函数优化求解模型，以最小模糊熵为优化目标，结合 PSO 算法实现各特征信号隶属度函数阈值的优化求解，得到各特征信号具有最小模糊度的隶属度函数，为提高融合模型的识别精度奠定了坚实的基础。

（3）本书建立基于 D-S 证据理论及自适应权重系数分配的煤岩界面多信息融合决策模型，根据各特征信号的隶属特征，改进各证据体的权重系数分配方法，同时根据各证据体冲突的关联性特征，对各证据体权重系数的优化算法进行修正，实现各证据体权重系数的自适应分配，有效地提高识别结果的信度，大大降低了识别结果的不确定度。

（4）本书研究了基于识别目标信度值的煤岩界面轨迹优化方法，确定了实际煤岩轨迹在各采样点均分布在具有最大信度和次大信度的截煤比识别结果之间，得到基于识别结果信度值的煤岩界面识别优化算法，实现了识别结果与实际煤岩界面的高度逼近，为实现煤岩界面的精确识别及采煤机自动调高控制提供了重要的技术手段。

（5）本书利用迭代算法对影响煤岩主动激励红外图像识别精度的多影响因素进行约束，克服局部最优导致的精度不高的瓶颈难题，并在其邻域内确定各影响因素的最优参数，获取能够实现煤岩界面预先感知与精准识别的煤岩红外图像。

（6）本书提出基于主动激励红外图像的煤岩界面预先感知及精准识别技术，可广泛地应用于不同矿区、不同开采工作面煤岩界面的预先、精准识别，实现矿山煤炭高效、高质、无人化开采。此外，该技术还可指导放射性矿产、金属矿产、化工矿产的探测与开采及隧道掘进、城市地下工程等领域的施工；提取主动激励作用下煤岩界面的红外图像表征信息，对研究煤岩的分布轨迹和走向机理、优化开采格局具有重要的理论意义和工程实践价值。从长远来看，本书研究成果对于矿山节能降耗开采、装备智能化开采、提高煤炭产量和经济效益、降低开采安全风险具有积极推进作用，尤其是在无人化开采和灾害防治领域具有深远的意义和广阔的应用前景。